"十四五"职业教育国家规划教材
安徽省"十四五"高等职业教育规划教材

安全评价技术

（第2版）

主　编　周　波　肖家平　骆大勇
副主编　李　薇　耿　铭　伍爱友
　　　　吴　令　李　焱　谭芳敏
　　　　周旋旋
主　审　董书满

中国矿业大学出版社
·徐州·

内容提要

本书根据高等职业教育安全类专业人才培养目标，按照安全评价报告的编写步骤，采用“项目＋任务”的方式，结合大量案例，对安全评价的实用知识进行了较为详细的阐述。本书内容包括：安全评价概述，危险源辨识与分析，安全评价单元的划分与评价方法的选择，定性、定量安全评价方法，安全对策措施与评价结论，安全评价报告与质量控制等。

本书可作为高职院校安全类专业的教学用书，也可作为从事安全评价、安全管理工作的专业技术人员的实用参考书，还可作为注册安全工程师和安全评价师考试辅导用书。

图书在版编目(CIP)数据

安全评价技术/周波，肖家平，骆大勇主编. —2版. —徐州：中国矿业大学出版社，2023.12

ISBN 978-7-5646-6102-1

Ⅰ. ①安… Ⅱ. ①周… ②肖… ③骆… Ⅲ. ①安全评价 Ⅳ. ①X913

中国国家版本馆CIP数据核字(2023)第250709号

书　　名 安全评价技术
主　　编 周　波　肖家平　骆大勇
责任编辑 陈红梅
出版发行 中国矿业大学出版社有限责任公司
（江苏省徐州市解放南路　邮编 221008）
营销热线 (0516)83885370　83884103
出版服务 (0516)83995789　83884920
网　　址 http://www.cumtp.com　**E-mail**:cumtpvip@cumtp.com
印　　刷 徐州中矿大印发科技有限公司
开　　本 787 mm×1092 mm　1/16　**印张** 16.25　**字数** 406 千字
版次印次 2023年12月第2版　2023年12月第1次印刷
定　　价 50.00元
（图书出现印装质量问题，本社负责调换）

前 言

安全评价起源于20世纪30年代美国的保险业。从20世纪80年代开始，我国在安全生产监管工作中逐步建立了安全评价制度。目前，我国的安全评价工作已经进入了比较成熟的阶段。根据工程、系统生命周期和评价的目的，安全评价可划分为安全预评价、安全验收评价和安全现状评价。1999年，我国开始实行安全评价从业人员从业资格考试；2008年，我国将安全评价从业人员从业资格考试改为安全评价师职业资格考试。截至2022年，全国有近3万名安全评价师注册，加上注册安全工程师以及其他安全工作人员，从事安全评价工作的人数已超过10万人。随着安全评价技术在我国的快速发展，大家逐渐意识到，只有全面了解和掌握整个系统的安全状况，客观、科学地衡量企业的事故风险大小，才能分清轻重缓急，有针对性地采取相应安全对策，从而保障企业安全生产。因此，安全评价越来越受到政府部门、企业和高等院校的重视，很多院校的安全类专业相继开设了“安全评价”课程。为了满足我国高等职业教育的教学需要，根据安全类专业人才培养目标，我们在第一版的基础上修订、再版了《安全评价技术》一书。该书2023年入选《“十四五”职业教育国家规划教材》和《安徽省“十四五”高等职业教育规划教材》目录。

本书充分反映了安全评价理念和实践的最新研究成果，知识结构完整，内容由浅入深、浅显易懂、实用性强，除了突显知识性和技能性，还增加了大量的安全评价案例。全书采用“项目＋任务”的方式，系统介绍安全评价概述，危险源辨识与分析，安全评价单元的划分与评价方法的选择，定性、定量安全评价方法，安全对策措施与评价结论，安全评价报告与质量控制6个项目，每个项目分为多个任务，每个任务包括学习目标、实例展示、相关知识、知识拓展、思考练习、技能训练。与此同时，本书将习近平新时代中国特色社会主义思想的世界观和方法论引入教学内容，以加强学生素质教育和课程思政教育。

本书由全国多所高等院校、企业从事安全评价工作的教师和专家编写而成，编写人员大部分具有安全评价师职业资格，均具备安全评价知识和技能水平。具体编写分工如下：项目1至项目5以及全书的实例展示、知识拓展、思考练习和技能训练由淮南职业技术学院周波编写；项目4（任务十）、项目5部分内容、项目6由淮南职业技术学院肖家平、重庆工程职业技术学院骆大勇、湖南安全技术职业学院李薇、淮南职业技术学院谭芳敏、大同煤炭职业技术学院耿铭、湖南科技大学伍爱友、安徽华泰安全评价有限责任公司吴令、浙江省隧道工程公司李焱、江苏安全技术职业学院周旋旋共同编写。

全书由周波(国家一级安全评价师、国家注册安全工程师)统稿、定稿;安徽华泰安全评价有限责任公司董书满对全书进行了审定。

淮南职业技术学院朱云辉、孙泽宏、史长胜和曹祺以及淮南永泰安全生产技术服务有限公司叶晓春对本书编写提供了大量帮助,本书在编写过程中也得到了全国兄弟院校的大力支持,编者们在此表示衷心的感谢!

由于编写时间短促,书中难免存在疏漏之处,敬请广大读者批评指正。

编　者

2023年9月

目　　录

项目1　安全评价概述

项目2　危险源辨识与分析

项目3 安全评价单元的划分与评价方法的选择

项目4 定性、定量安全评价方法

项目5　安全对策措施与评价结论

项目6 安全评价报告与质量控制

项目1　安全评价概述

【学习目标】

知识目标：了解安全评价相关概念和发展历程，熟悉安全评价的原理和原则，掌握安全评价的主要内容和分类。

技能目标：编制安全评价工作计划表。

【实例展示】

下面以××公司××联碱技改工程安全验收评价项目为例，列出其评价报告目录，让读者了解安全评价报告的基本构成和主要内容。

1　前期准备

1.1　评价目的

1.2　安全评价对象和范围

1.3　成立评价组、收集和整理安全评价所需资料

1.4　评价程序

2　建设项目概况

2.1　建设单位基本情况

2.2　建设项目概况

2.3　采用的主要技术、工艺(方式)水平对比

2.4　建设项目主要设备和设施名称、型号、材质、数量和主要特种设备

2.5　建设项目外部基本情况

3　危险、有害因素的辨识结果及依据说明

3.1　原料、中间产品、最终产品理化特性分析结果

3.2　危险化学品的包装、储存、运输的技术要求

3.3　爆炸、火灾、中毒、灼烫事故的危险、有害因素及分布

3.4　其他危险、有害因素及分布

3.5　重大危险源辨识结果及分级

3.6　重点监管危险化学品辨识与分析

3.7　重点监控危险化学品工艺辨识与分析

3.8　防爆区域划分结果

4　评价单元的划分与评价方法的选择结果及理由说明

5　危险、有害程度分析结果

5.1　固有危险程度分析

5.1.1　爆炸性、可燃性、毒性、腐蚀性化学品固有危险性定性分析结果

5.1.2 爆炸性、可燃性、毒性、腐蚀性化学品固有危险性定量分析结果
5.1.3 作业场所固有危险程度分析结果
5.1.4 评价单元固有危险程度分析结果
5.2 风险程度分析结果
5.2.1 区域规划、总平面布置及周边关系单元风险程度分析结果
5.2.2 生产系统单元风险程度分析结果
5.2.3 储罐区单元风险程度分析结果
5.2.4 公用工程及辅助设施单元风险程度分析结果
5.2.5 安全管理单元风险程度分析结果
5.2.6 重点监管的危险化学品风险程度分析结果
6 安全条件和安全生产条件分析结果
6.1 项目的安全条件
6.1.1 项目选址
6.1.2 项目对周边的影响分析结果
6.1.3 周边对项目的影响分析结果
6.1.4 项目内部装置及建(构)筑物防火间距安全检查表
6.1.5 自然条件的影响
6.2 安全生产条件的分析结果
6.2.1 调查、分析建设项目安全设施的施工质量情况
6.2.2 调查、分析建设项目安全设施在施工前后的检验、检测情况及有效性情况
6.2.3 调查、分析建设项目安全设施试生产(使用)前的调试情况
6.2.4 项目采用的安全设施情况
6.2.5 项目采用的事故预防和控制设施
6.2.6 安全生产管理分析结果
6.2.7 安全生产投入的情况
6.2.8 重大危险源的辨识和已确定的重大危险源检测、评估和监控情况
6.2.9 生产过程中采取的自动控制措施
6.2.10 主要工艺过程联锁
6.2.11 自控系统公用工程
6.2.10 主要装置、设备或设施分析结果
6.2.13 原料、辅助材料和产品分析结果
6.2.13 作业场所分析结果
6.2.14 事故及应急管理分析结果
6.2.15 其他方面
6.3 可能发生的危险化学品事故及后果、对策
6.3.1 预测可能发生的各种危险化学品事故及后果、对策
6.3.2 事故案例的后果和原因
7 事故应急救援预案
7.1 编制事故应急救援预案

7.2　试运行期间应急预案演练

8　安全评价结论

8.1　各单元安全检查表汇总

8.2　现场勘查存在的问题及安全隐患整改复查情况

8.3　现场整改复查情况

8.4　结论

8.5　建议

9　与建设单位交换意见情况

附件

F1　选用的安全评价方法简介

F2　危险、有害因素辨识过程

F3　定性、定量分析危险、有害程度的过程

F4　安全评价依据目录

F6　附件

F7　图表

【相关知识】

一、安全评价及相关概念

1. 安全评价

安全评价，国外称之为危险评价或风险评价。学者们对安全评价有不同的定义，《安全评价通则》(AQ 8001—2007)中则定义：安全评价是以实现安全为目的，应用安全系统工程原理和方法，辨识与分析工程、系统、生产经营活动中的危险、有害因素，预测发生事故或造成职业危害的可能性及其严重程度，提出科学、合理、可行的安全对策措施建议，做出评价结论的活动。

2022年3月16日，应急管理部对《安全评价通则(征求意见稿)》等4项推荐性行业标准发布征求意见，其征求意见稿中对安全评价的定义为：以实现系统安全为目的，经现场勘验和信息采集，应用安全系统工程的原理和方法，识别、分析、预测系统生命周期内不同阶段存在的安全风险，提出安全风险控制对策措施和建议，有效管控安全风险，做出安全风险可控程度的结果综述的活动。因此，安全评价可针对一个特定的对象，也可针对一定区域范围。

2. 安全

安全是指客观事物的危险程度能够为人们普遍接受的状态。人们从事的某项活动或某系统，即某一客观事物是否安全，这是人们对这一事物的主观评价。当人们权衡利害关系、认为该事物的危险程度可以接受时，则这种事物的状态是安全的；否则，该事物就是危险的。安全也指不因人、机、媒介的相互作用而导致系统受损失、人员受伤害、任务受影响或造成时间的损失，即免遭不可接受危险的伤害。安全的实质就是防止事故，消除导致死亡、伤害、急性职业危害及各种财产损失发生的条件，在人类生产过程中将系统的运行状态对人类的生命、财产、环境可能产生的损害控制在人类能接受水平以下的状态。

3. 事故

事故是人(个人或集体)在为实现某种意图而进行的活动过程中突然发生的、违反人的意志的、迫使活动暂时或永久停止的事件。因此,事故是指造成人员死亡、伤害、职业病以及财产损失或其他损失的意外事件。事件的发生可能造成事故,也可能并未造成任何损失。对于没有造成人员死亡、伤害、职业病、财产损失或其他损失的事件,称之为"未遂事件"或"未遂过失"。因此,事件包括事故事件,也包括未遂事件。

4. 危险

危险,又称为风险,通常是指危害或危害因素。从广义上讲,危险是一种环境或状态,是指超出人的控制之外的某种潜在的环境条件,即有遭到损失的可能性。从狭义上讲,危险是一个系统存在的不安全的可能性及其程度。风险是危险、危害事故发生的可能性与危险、危害事故严重程度的综合度量。衡量风险大小的指标是风险率(R),它等于事故发生的概率(P)与事故损失严重程度(S)的乘积。具体可表示为:

$$R = P \times S \tag{1-1}$$

由于概率值难以取得,常用频率代替概率。具体可表示为:

$$\text{风险率} = \frac{\text{事故次数}}{\text{单位时间}} \times \frac{\text{事故损失}}{\text{事故次数}} = \frac{\text{事故损失}}{\text{单位时间}} \tag{1-2}$$

单位时间可以是系统的运行周期,也可以是一年或几年;事故损失可以表示为死亡人数、事故次数、损失工作日数或经济损失等;风险率可以定量表示为百万工时死亡事故率、百万工时总事故率等,对于财产损失可以表示为千人经济损失率等。

5. 危险源

可能导致死亡、伤害、职业病、财产损失、工作环境破坏或这些情况组合的根源或状态,可以是存在危险的一台设备、一处设施或一个系统,也可能是一台设备、一处设施或一个系统中存在危险的一部分。危险源由 3 个要素构成,即潜在危险性、存在条件和触发因素。

6. 重大危险源

《危险化学品重大危险源辨识》(GB 18218—2018)中将危险化学品重大危险源定义为:长期地或临时地生产、储存、使用和经营危险化学品,且危险化学品的数量等于或超过临界量的单元。这里的单元指的是一个(套)生产装置、设施或场所,或者同属一个生产经营单位的且边缘距离小于 500 m 的几个(套)生产装置、设施或场所。单元内存在危险化学品的数量等于或超过《危险化学品重大危险源辨识》(GB 18218—2018)中规定的临界量,即被认定为重大危险源。《危险化学品重大危险源辨识》(GB 18218—2018)适用于生产、储存、使用和经营危险化学品的生产经营单位;不适用于:① 核设施和加工放射性物质的工厂,但这些设施和工厂中处理非放射性物质的部门除外;② 军事设施;③ 采矿业,但涉及危险化学品的加工工艺及储存活动除外;④ 危险化学品的厂外运输(包括铁路、道路、水路、航空、管道等运输方式);⑤ 海上石油天然气开采活动。

《中华人民共和国安全生产法》(以下简称《安全生产法》)中规定:重大危险源,是指长期地或者临时地生产、搬运、使用或者储存危险物品,且危险物品的数量等于或者超过临界量的单元(包括场所和设施)。

7. 事故隐患

事故隐患是指作业场所、设备及设施的不安全状态,人的不安全行为和管理上的缺陷,是引发安全事故的直接原因。

8. 系统安全

系统安全是指在系统寿命期间内应用系统安全工程和管理方法，识别系统中的危险源，定性或定量表征其危险性，并采取控制措施使其危险性最小化，从而使系统在规定的性能、时间和成本范围内达到最佳的可接受安全程度。因此，在生产中为了确保系统安全，需要按系统工程的方法对系统进行深入分析和评价，及时发现固有和潜在的各类危险和危害，提出应采取的解决方案和途径。

9. 安全系统工程

安全系统工程是运用系统论的观点和方法，结合工程学原理及有关专业知识来研究生产安全管理和工程的新学科。它是以预测和防止事故为中心，以识别、分析、评价和控制安全风险为重点，开发、研究出来的安全理论和方法体系。安全系统工程的理论基础是安全科学和系统科学，主要是工矿企业劳动安全卫生领域的系统工程；安全系统工程追求的是整个系统的安全和系统全过程的安全，其研究内容包括以下几个方面：危险的识别、分析与事故预测；消除、控制导致事故的危险；分析构成安全系统各单元间的关系和相互影响；协调各单元间的关系；判明各种状况下危险因素的特点及其可能导致的灾害性事故；通过定性和定量分析对系统的安全性做出预测和评价，取得系统安全的最佳设计，并将系统事故降至最低的可接受限度。危险识别、风险评价、风险控制是安全系统工程方法的基本内容，其中危险识别是风险评价和风险控制的基础。

10. 安全控制系统

安全控制系统是由各种相互制约和影响的安全因素所组成的、具有一定安全特征和功能的全体，主要包括安全物质（如工具设备、能源、危险物质、环境等）和安全信息（如政策、法规、指令、情报、资料、数据等）。从控制论的角度分析系统安全问题可以认识到：系统的不安全状态是系统内在结构、系统输入、环境干扰等因素综合作用的结果；系统的可控性是系统的固有特性，不可能通过改变外部输入来改变系统的可控性，在系统设计时必须保证系统的安全可控性；在系统安全可控的前提下，通过采取适当的控制措施，可将系统控制在安全状态；安全控制系统中人是最重要的因素，既是控制的施加者，也是安全保护的主要对象。

11. 安全决策

安全决策是在通过对系统过去、现在发生的事故进行分析的基础上，运用预测技术手段，对系统未来事故变化规律做出合理判断的过程。具体讲就是根据生产经营活动中需要解决的特定安全问题，遵照安全标准和安全操作要求，对系统过去、现在发生的事故进行分析，运用预测技术手段，对系统未来事故变化规律做出合理判断，并对提出的多种合理的安全措施方案，进行论证、评价、判断，从中选定最优方案予以实施的过程。

12. 安全管理

安全管理就是管理者对安全生产进行的计划、组织、指挥、协调和控制等一系列活动，以保护职工在生产过程中的安全与健康，避免或减少国家和集体财产受到损失，为各项事业的顺利发展提供安全保障。

13. 安全科学与技术

安全科学是人类生产、生活、生存过程中，避免和控制人为技术、自然因素或人为-自然因素所带来的危险、危害、意外事故和灾害的一门学问。安全科学以技术风险作为研究对象，通过对事故与灾害的避免，从而控制和减轻损害及损失，达到人类生产、生活和生存的安全。

14. 安全质量标准化

安全质量标准化，即安全生产工作标准化，是指企业建立实施具有健全科学的安全生产责任制、安全生产规章制度和安全操作技术规程，各生产环节和相关岗位的安全生产工作符合法律、法规、规章、规程、安全技术标准等，并达到和保持一定的标准，使企业始终处于安全生产的良好状态。它包含了安全管理标准化、作业行为标准化、生产条件标准化和作业环境标准化。

15. 安全评价机构

安全评价机构是指具备国家规定的资质条件、依法取得资质，按照审定的业务范围开展安全评价活动的专业技术服务组织，分为甲级机构和乙级机构。

16. 安全评价师

安全评价师，又称为安全评价工程技术人员，是指从事生产安全风险度分析、事故影响范围预测、损害程度估算并制定防范措施的工程技术人员。本职业共设 3 个等级：三级安全评价师（国家职业资格三级）、二级安全评价师（国家职业资格二级）、一级安全评价师（国家职业资格一级）。

二、安全评价的产生与发展

1. 国外安全评价的产生和发展

20 世纪 30 年代，美国的保险公司为客户承担各种风险，为了衡量收取客户多少费用才能承担风险，便提出了风险评价技术。风险评价技术在保险行业中应用非常成功，并且在 20 世纪 60 年代得到了很大的发展，被应用于美国军事工业，从而促使了美国系统安全工程的研究和发展。

1962 年 4 月，美国公布了第一个有关系统安全的说明书——《空军弹道导弹系统安全工程》，这是系统安全理论的首次实际应用。1969 年，美国国防部批准并颁布了最具有代表性的系统安全军事标准——《系统安全大纲要点》(MIL-STD-822)，对完成系统在安全方面的目标、计划和手段（包括设计、措施和评价）提出了具体要求和程序。此项标准于 1977 年修订为 MIL-STD-822A，1984 年又修订为 MIL-STD-822B，该标准对系统整个寿命周期中的安全要求、安全工作项目都做了具体规定。MIL-STD-822 从一开始实施就对世界安全和防火领域产生了巨大影响，迅速被日本、英国和欧洲其他国家引进并使用。此后，系统安全工程方法陆续推广到航空、航天、核工业、石油、化工等领域，并不断得到发展、完善，成为现代系统安全工程的一种新的理论、方法体系，在当今安全科学中占有非常重要的地位。系统安全工程的发展和应用为预测、预防事故的系统安全评价奠定了可靠的基础。安全评价的实际作用又促使许多国家的政府机构、企业（集团）不断加强对安全评价的研究，研发出自己的评价方法，对系统进行事先、事后的评价，分析、预测系统的安全可靠性，努力避免不必要的损失。

1964 年，美国道(DOW)化学公司根据化工生产的特点，首先开发出火灾、爆炸危险指数评价法，用于对化工装置进行安全评价。1993 年，该方法发展到第七版，已是一个非常成功且完整的化工安全评价方法。该方法以工艺单元重要危险物质在标准状态下的火灾、爆炸或释放出危险性潜在能量的大小为基础，从而确定物质系数(MF)，通过一般工艺过程和特殊工艺过程的危险性系数($F_1 \times F_2$)计算单元火灾、爆炸指数(F&EI);同时,根据安全措施补偿系数(C)确定停产损失(BI)和危险等级,并提出安全对策措施,使危险降低到人们可以接受的程度。由于该评价方法日趋科学、合理、切合实际,在全世界的工业领域得到了一定程度的应用,引起世界各国的广泛研究、探讨,推动了评价方法的发展。

1974 年,英国帝国化学工业公司(ICI)蒙德(Mond)分部在美国道化学公司的火灾、爆炸危险指数评价法基础上,发展了某些补偿系数,引进了毒性指标,使评价结果更加切合实际,提出了蒙德火灾、爆炸、毒性指标评价法。

1974 年 6 月,英国弗利克斯巴勒发生重大爆炸事故,事故后英国安全与卫生委员会设立了重大危险咨询委员会(ACMH)。

1974 年,美国原子能委员会在没有核电站事故先例的情况下,应用系统安全工程分析方法,提出了著名的《核电站风险报告》(WASH-1400),并被以后发生的核电站事故所证实。

1976 年,日本劳动省发布了化工联合企业安全六阶段评价法。该评价法采用系统安全工程的综合分析与评价法,使化工厂的安全性在规划、设计阶段就能得到充分的保障,并陆续开发了匹田法等评价方法。日本《劳动安全卫生法》规定由劳动基准监督署对建设项目实行事先审查和许可证制度;美国对重要工程项目的竣工、投产都要求进行安全评价。

20 世纪 70 年代以后,世界范围内发生了许多震惊世界的火灾、爆炸、有毒物质的泄漏事故。恶性事故造成的人员严重伤亡和巨大的财产损失,促使各国政府、议会立法或颁布规定,规定工程项目、技术开发项目都必须进行安全评价,并对安全设计提出明确的要求。

1982 年,欧共体颁布关于重大危险源控制的《塞韦索法令Ⅰ》,要求各成员国实施该法令,对重大危险源进行安全评价。1996 年 12 月,欧盟又颁布了新法令,即《塞韦索法令Ⅱ》。

1988 年,国际劳工组织公布了《重大事故控制指南》,推荐荷兰劳动总管理局的单元危险性快速排序法。该方法是道化学火灾、爆炸危险指数评价法的简化,使用起来简捷、方便,主要用于评价生产装置火灾、爆炸潜在危险性大小,找出危险设备、危险部位。1990 年,国际劳工组织公布了《重大工业事故预防实用规程》,1992 年又公布了《工作中安全使用化学品实用规程》,都对安全评价提出了要求。1993 年 6 月,第 80 届国际劳工大会通过了《预防重大工业事故公约》(174 号国际公约)和《1993 年预防重大工业事故建议书》(181 号建议书),为建立国家重大危险源控制系统奠定了基础。

1996 年 9 月,澳大利亚国家职业安全卫生委员会颁布了国家标准《重大危险源控制》和《重大危险源控制实施规定》,各州将使用该标准作为控制重大危险源的立法依据。

2002 年,欧盟《未来化学品政策战略》白皮书中明确提出,危险化学品的登记及风险评价将作为政府强制性的指令。

目前,大多数工业发达国家已将安全评价作为工厂设计和选址、系统设计、工艺过程、事故预防措施及制订应急计划的重要依据。近年来,为了适应安全评价的需要,世界各国开发了包括危险辨识、事故后果模型、事故频率分析、综合危险定量分析等内容的商用化安全评价计算机软件包。随着信息处理技术和事故预防技术的进步,新的实用安全评价软件不断地进入市场。计算机安全评价软件包可以帮助人们找出导致事故发生的主要原因,认识潜在事故的严重程度,并确定降低危险的方法。随着安全评价技术的发展,安全评价已在现代企业管理中占有优先的地位。由于安全评价在减少事故,特别是重大恶性事故方面取得的巨大效益,许多国家政府和企业愿意投入巨额资金进行安全评价。英国政府规定,凡未进行安全评价的新建企业不准开工；美国、加拿大等国家成立了专门进行安全评价的安全评价咨询公司；在亚洲，日本、韩国、印度、印尼、泰国、马来西亚、巴基斯坦等国家都积极开展重大危险源辨识与评价工作，有的国家还建立了国家重大危险源控制系统。

2. 我国安全评价的产生与发展

安全评价在我国的产生和发展经历了"先引进吸收到大量实践与应用，再到开发出一些适合我国国情的安全评价方法，进而完善安全评价法律、法规和标准"3 个阶段。

(1) 第一阶段(20 世纪 60—80 年代初期)：吸收发展一些引进的安全评价方法

该时期安全系统工程、安全评价被引入我国，受到许多大中型企业和行业管理部门的高度重视，通过吸收消化国外的安全评价方法，一些企业开始尝试将安全评价应用到安全管理过程中，矿山、机械、冶金、化工、航空航天等行业的有关企业开始应用安全评价方法，如安全检查表(SCL)、故障树分析(FTA)、事件树分析(ETA)、预先危险性分析(PHA)、故障类型及影响分析(FMEA)、危险与可操作性分析(HAZOP)、作业条件危险性评价(LEC)、管理疏忽与危险树(MORT)等，此外一些石油、化工等易燃、易爆危险性较大的企业，应用道化学公司火灾、爆炸危险指数评价方法进行了安全评价，许多行业和地方政府的有关部门制定了安全检查表和安全评价标准。该时期以应用引进的安全评价方法为主，自主开发的安全评价方法较少，将安全评价应用到企业安全管理的也较少，风险管理还没有被我国广大企业重视。

(2) 第二阶段(20 世纪 80 年代—20 世纪末)：开发了一些自主知识产权的安全评价方法

1986 年，劳动人事部分别向有关科研单位下达了机械工厂危险程度分级、化工厂危险程度分级、冶金工厂危险程度分级等科研项目。1987 年，机械电子部首先提出了在机械行业内开展机械工厂安全评价，并于 1988 年 1 月 1 日颁布了首个部委级安全评价标准——《机械工厂安全性评价标准》，1997 年进行了修订。由原化工部劳动保护研究所提出的化工厂危险程度分级方法是在吸收道化学公司火灾、爆炸危险指数评价方法的基础上，通过计算物质指数、物量指数和工艺参数、设备系数、厂房系数、安全系数、环境系数等得出工厂的固有危险指数，进行固有危险性分级，用工厂安全管理的等级修正工厂固有危险等级后，得出工厂的危险等级。《机械工厂安全性评价标准》已应用于我国 1 000 多家企业，化工厂危险程度分级方法和冶金工厂危险程度分级方法等也在相应行业的几十家企业进行了实践。该时期我国研发了一些具有自主知识产权的安全评价方法，如《机械工厂安全性评价标准》《航空航天工业工厂安全评价规程》、TQ 80/60 安全检查表以及重大火灾、爆炸、泄漏危险指数法。一些企业在管理中使用了安全评价后，开始认识到风险管理在企业管理中的重要作用。该阶段原劳动部还颁布了《建设项目(工程)劳动安全卫生预评价导则》，开始了建设项目安全预评价相关法规的建设。

1990 年 10 月，由国防科学技术工业委员会批准发布了类似美国军用标准 MIL-STD-822B 的军用标准——《系统安全性通用大纲》(GJB 900—90)。

1991 年，在国家"八五"科技攻关课题中，安全评价方法研究被列为重点攻关项目。由原劳动部劳动保护科学研究所、化工部劳动保护研究所等单位完成的"易燃、易爆、有毒重大危险源辨识、评价技术研究"，将重大危险源评价分为固有危险性评价和现实危险性评价，后者是在前者的基础上考虑各种控制因素，反映了人对控制事故发生和事故后果扩大的主观能动作用。易燃、易爆、有毒重大危险源辨识评价方法填补了我国跨行业重大危险源评价方法的空白，在事故严重度评价中建立了伤害模型库，采用了定量的计算方法，使我国工业安全评价方法的研究从定性评价进入定量评价阶段。

1992年，国家技术监督局发布了《光气及光气化产品生产装置安全评价通则》(GB 13548—92)强制性国家标准，规定了安全评价的原则和方法。

1992年10月，中国石化总公司推出检查表形式的《石化生产经营单位安全性综合评价办法》。此外，我国有关部门还颁布了《电子生产经营单位安全性评价标准》《航空航天工业工厂安全评价规程》《兵器工业机械工厂安全性评价方法和标准》《医药工业生产经营单位安全性评价通则》等。

1995年10月1日，《重大事故隐患管理规定》实施。

1996年10月，劳动部颁布了《建设项目(工程)劳动安全卫生监察规定》(劳动部令第3号)，规定6类建设项目必须进行劳动安全卫生预评价，并且分别于1998年颁布了《建设项目(工程)劳动安全卫生预评价管理办法》(劳动部令第10号)、《建设项目(工程)劳动安全卫生预评价单位资格认可与管理规则》(劳动部令第11号)和《建设项目(工程)劳动安全卫生预评价导则》(LD/T 106—1998)。这些法规和标准在进行预评价的阶段、预评价承担单位的资质、预评价程序、预评价大纲和报告的主要内容等方面做了详细的规定，而规范则促进了建设项目安全预评价工作的开展。

1997年，北京等6座城市进行了重大危险源普查试点，共普查出万余个重大危险源，建立了重大危险源数据库，其中北京、青岛等城市还建立了重大危险源地理信息系统；1999年，国家经济贸易委员会又在重庆、南京两市开展试点。

1999年，国家经济贸易委员会发布了《关于对建设项目(工程)劳动安全卫生预评价单位进行资格认可的通知》(国经贸安全〔1999〕500号)，从政策上将此项工作引向更深的层次。

1999年，安全评价从业人员的资格管理开始实行从业资格考试管理办法。

2000年，为对重大危险源进行辨识、评价和控制，国家质量技术监督局发布了《重大危险源辨识》(GB 18218—2000)。

(3) 第三阶段(2001年至今)：安全评价法律、法规完善阶段

2000年12月31日，国务院批准了《国家安全生产监督管理局(国家煤矿安全监察局)职能配置、内设机构和人员编制规定》，国家安全生产监督管理局正式成立。“国家—省—市—县”四级安全生产监督管理部门的建立，标志着我国安全生产管理体制改革取得了重大进展，新体制、新机构正式运行。

2002年11月1日起实施的《安全生产法》规定，生产经营单位的建设项目必须实施“三同时”；同时还规定，矿山建设项目和用于生产、储存危险物品的建设项目应进行安全条件论证和安全评价。该法律的颁布进一步推动了安全评价工作向更广、更深的方向发展。

2003年，国家安全生产监督管理局陆续颁布了《安全评价通则》(安监管技装字〔2003〕37号)、《安全预评价导则》(安监管技装字〔2003〕77号)、《煤矿安全评价导则》(煤安监技装字〔2003〕114号)等各类安全评价导则。

2004年10月24日，国家安全生产监督管理局(国家煤矿安全监察局)发布了《安全评价机构管理规定》(安监局令第13号)等一系列规章制度和安全评价的技术规范，确定了“安全评价人员资格”证书管理制度，实行了资格考试办法。

2005 年 2 月，国家安全生产监督管理总局成立。

2006 年 12 月，据国家安全生产监督管理总局统计，全国共有 147 家甲级资质安全评价机构和 279 家乙级资质安全评价机构。

2007 年，国家安全生产监督管理总局又对《安全评价通则》及相关的各类评价导则进行了修订，以中华人民共和国安全生产行业标准发布。

2007 年 9 月，全国从事安全评价工作的人员已达 5 万人，这些从业人员分布于我国 31 个省、自治区、直辖市的国民经济各领域，他们为安全生产提供了强有力的技术支持与服务。

2007 年 11 月，劳动和社会保障部向社会发布我国服务业领域近年来产生的 10 个新职业，安全评价师就是其中之一。安全评价师这一新职业的设立，为促进从业人员业务水平的提高，保证安全评价规范发展，确保安全法律法规的贯彻执行，从源头上建立安全生产长效机制，促进企业安全生产水平的提高发挥重要作用。截至 2007 年年底，全国共有 18 169 名从业人员取得了国家安全生产监督管理总局颁发的“安全评价人员资格证书”，有效地规范并促进了安全评价从业队伍的发展。

2008 年 4 月 19 日，劳动和社会保障部制定了《安全评价师国家职业标准(试行)》，将安全评价师改为职业资格考试，安全评价师分为一、二、三级。

2008 年 6 月，据国家安全生产监督管理总局统计，全国安全评价师总数不足 2 万人。

2009 年 3 月 31 日，国家质量监督检验检疫总局、国家标准化管理委员会发布了《危险化学品重大危险源辨识》(GB 18218—2009)，同时废除《重大危险源辨识》(GB 18218—2000)。

2009 年 7 月 1 日，国家安全生产监督管理总局重新发布《安全评价机构管理规定》(安监总局令第 22 号)，将“安全评价师”这一职业资格列为机构资质条件。至此“安全评价人员资格证书”圆满地完成了安全评价发展初期的历史使命，正式退出了安全评价行业的舞台。

需要指出的是，2008—2010 年国家没有组织安全评价师考试。

2011 年 2 月 1 日，《建设项目安全设施“三同时”监督管理暂行办法》(安监总局令第 36 号)施行，该办法规定了生产经营单位新建、改建、扩建工程项目在不同阶段进行安全评价的类型、内容和审查程序。

2011 年，为加强安全评价机构队伍建设，提高评价人员的业务水平，安全评价人员职业资格考试在停了 3 年之后，中国安全生产协会又开始组织安全评价师的职业资格考试。

2012 年，国家安全生产监督管理总局统计显示，全国取得安全评价师执业资格的人数为1.77万人，全国取得注册安全工程师执业资格的人数为 16.9 万人。

2012 年 2 月，国家安全生产监督管理总局统计显示，全国共有 172 家甲级资质安全评价机构和 359 家乙级资质安全评价机构。

2012 年 4 月，《危险化学品建设项目安全监督管理办法》(安监总局令第 45 号)施行，同时废止《危险化学品建设项目安全许可实施办法》。

2013 年，《职业病危害评价通则》(AQ/T 8008—2013)、《危险与可操作性分析(HAZOP 分析)应用导则》(AQ/T 3049—2013)、《化工企业定量风险评价导则》(AQ/T 3046—2013)等安全评价规范发布并施行。

2014 年 10 月，国务院发布的《国务院关于取消和调整一批行政审批项目等事项的决定》(国发〔2014〕50号)中取消了"安全评价人员资格证书",规范为"安全评价师资格证书"。该年度《煤矿建设项目安全验收评价实施细则》(AQ 1096—2014)、《煤矿建设项目安全预评价实施细则》(AQ 1095—2014)等安全评价规范发布并施行。

2014年12月1日,修订后的《安全生产法》施行,明确规定矿山、金属冶炼建设项目和用于生产、储存、装卸危险物品的建设项目,应当按照国家有关规定进行安全评价;规范了承担安全评价单位和生产经营单位的责任。

2015年7月,《中华人民共和国职业分类大典》中"安全评价工程技术人员"(职业代码:2-02-28-04)被列为第二大类"专业技术人员"下的"安全工程技术人员"职业。而《中华人民共和国职业分类大典(2022年版)》对安全评价工程技术人员职业的保留和职能的更新,说明了在国民安全意识不断提高的社会背景下,安全评价在生产生活的活动中扮演着越来越重要的角色,作为统筹经济社会全面发展的重要内容,成为国家经济社会发展强有力的保障。

2015年,《国家安全监管总局关于废止和修改危险化学品等领域七部规章的决定》(安监总局令第79号)、《安全评价与检测检验机构规范从业五条规定(试行)》(安监总局令第17号)等相继实施,国家安全生产监督管理总局对涉及危险化学品、烟花爆竹、易制毒化学品、石油天然气管道安全管理等领域的部门规章进行了清理。截至2015年年底,全国已经有26 207名安全评价从业人员取得了不同级别的"安全评价师国家职业资格证书",成为安全评价行业安全生产专业技术服务工作的中坚力量,在我国安全生产事业中发挥着越来越大的作用,同时也预示着在未来的经济社会发展过程中需要更多合格的专业人才为国家的安全事业服务。

2016年6月1日,中国安全生产协会印发并施行《安全评价师从业注册规则》。其目的是加强行业自律、规范安全评价师从业行为;引导安全评价机构提高技术服务能力,建立、健全行规行约;维护市场秩序,推动安全评价诚信体系建设,更好地服务于安全生产。

2018年,国家市场监督管理总局、国家标准化管理委员会发布《危险化学品重大危险源辨识》(GB 18218—2018),同时废除《危险化学品重大危险源辨识》(GB 18218—2009)。

2020年7月10日,国家人力资源和社会保障部发布《人力资源社会保障部办公厅关于对水平评价类技能人员职业资格退出目录有关安排进行公示的公告》,安全评价师退出执业资格目录。

2021年5月15日,应急管理部办公厅发布《安全评价机构执业行为专项整治方案》(应急厅〔2021〕38号),全面清理整顿安全评价市场,持续推动安全评价机构、生产经营单位坚守安全生产底线、红线。同时,通过专项整治剖析制约安全评价高质量发展的深层原因,从体制、机制以及法律、法规层面研究治本举措。

2022年3月16日,应急管理部规划财务司发布《关于征求〈安全评价通则(征求意见稿)〉等4项安全评价推荐性标准意见的函》,旨在进一步规范安全评价从业行为,切实提高安全评价服务质量和效能。

2022年9月30日,国家市场监督管理总局认证认可技术研究中心发布《市场监管总局认证中心关于开展人员能力验证工作(第二批)的通知》,面向社会正式开展人员能力验证工作,其中包含安全评价师能力验证。人员能力验证是采用合格评定技术验证人员从业能力的创新工作,与职业资格准入、职业技能鉴定、人员认证等无关,自愿选择、自愿参加。原安全评价师职业技能等级鉴定依然有效。

2023 年 4 月 18 日，中国安全生产协会安全评价工作委员会发布《关于公开征求〈安全评价师从业注册规则〉修订意见的公告》，进一步规范安全评价师从业行为，推动安全评价诚信体系建设，更好地服务于安全生产。

我国在现行的《安全生产法》《危险化学品安全管理条例》《安全生产许可证条例》等有关法律、法规中明确了企业依法进行安全评价的责任，对高危行业的企业提出了依法进行安全评价的要求。安全评价机构作为中介服务机构开始出现，从事安全评价的人员不断增加，安全评价逐渐发展成为一个新的领域。尽管国内外已研究开发出几十种安全评价方法和商业化的安全评价软件包，但每种评价方法都有一定的适用范围和限度。定性评价方法主要依靠经验判断，不同类型评价对象的评价结果没有可比性。道化学火灾、爆炸危险指数评价法主要用于评价规划和运行的石油、化工企业生产、储存装置的火灾、爆炸危险性，但该方法在指标选取和参数确定等方面还存在缺陷。概率风险评价方法以人机系统可靠性分析为基础，要求具备评价对象的元部件和子系统以及人的可靠性数据库和相关的事故后果伤害模型。定量安全评价方法不够完善，还需进一步研究各类事故后果模型、事故经济损失评价方法、事故对生态环境影响评价方法、人的行为安全性评价方法以及不同行业可接受的风险标准等。

三、安全评价的原理与原则

1. 安全评价的原理

安全评价应用领域宽广，评价的方法和手段众多，评价对象各不相同，究其思维方式却是一致的。将安全评价的思维方式和依据的理论统称为安全评价原理。常用的安全评价原理有相关性原理、类推原理、惯性原理和量变到质变原理等。

(1) 相关性原理

相关性是指一个系统，其属性、特征与事故和职业危害存在着因果关系。每个系统都有着自身的总目标，而构成系统的所有子系统、单元都为实现这一总目标而实现各自的分目标。如何使这些目标达到最佳则是系统工程要研究并解决的问题。系统的整体目标（功能）是由组成系统的各子系统、单元综合发挥作用的结果。因此，不仅系统与子系统，子系统与单元有着密切的联系，而且各子系统之间、各单元之间、各元素之间也都存在着相关关系。所以，在评价过程中只有找出这种相关关系、建立相关模型，才能正确地对系统的安全性做出评价。具体表达式如下：

$$E = \max f(X,R,C) \tag{1-1}$$

式中，E 为最优结合效果；X 为系统组成的要素集，即组成系统的所有元素；R 为系统组成要素的相关关系集，即系统各元素之间的所有相关关系；C 为系统组成的要素及其相关关系在各阶层上可能的分布形式；$f(X,R,C)$ 分别为 X、R、C 的结合效果函数。

对系统的要素集(X)、关系集(R)和层次分布形式(C)的分析，可阐明系统整体的性质。要使系统目标达到最佳程度，只有使上述三者达到最优结合，才能产生最优结合效果 E。

要对系统做出准确的安全评价，必须对要素之间及要素与系统之间的相关关系和相关程度给出量的概念。要做到这一点，就要求在分析大量生产运行数据、事故统计资料的基础上，得出相关的数学模型，以便建立合理的安全评价数学模型。

(2) 类推原理

类推评价法是经常使用的一种安全评价方法。它可以由一种现象推算另一种现象，还可以依据已掌握的实际统计资料以及科学的估计推算方法推算出基本符合实际的所需资料，以弥补调查统计资料的不足，供分析研究用。其基本模式为：若A、B表示两个不同对象，A有属性 $P_1, P_2, \cdots, P_m, P_n$，B有属性 $P_1, P_2, \cdots, P_m$，且 $n>m$，则推断B具有属性 P_n。

$$\frac{\begin{array}{c}\text{A有属性 } P_1, P_2, \cdots, P_m, P_n \\ \text{B有属性 } P_1, P_2, \cdots, P_m\end{array}}{\text{所以，B也有属性 } P_n (n > m)}$$

为保证类比推理结论的可靠性，应注意以下几点：要尽量多地列举两个或两类对象所共有或共缺的属性；两个类比对象所共有或共缺的属性越本质，则推出的结论越可靠；两个类比对象共有或共缺的对象与类推的属性之间具有本质和必然的联系，则推出结论的可靠性就高。

类推评价法可做定量类推和定性类推。常用的类推方法如下：

① 平衡推算法。平衡推算法是根据相互依存的平衡关系来推算所缺的有关指标的方法。例如，利用海因里希关于重伤、死亡、轻伤及无伤害事故比例1∶29∶300的规律，在已知重伤死亡数据的情况下，可推算出轻伤和无伤害事故数据。

② 代替推算法。代替推算法是利用具有密切联系（相似）的有关资料和数据来代替所缺资料和数据的方法。例如，对新建装置安全预评价时，可使用与其类似的已有装置资料、数据对其进行评价；在职业卫生评价中，人们通常类比同类或类似装置的工业卫生检测数据进行评价。

③ 因素推算法。因素推算法是根据指标之间的联系，从已知因素的数据推算有关未知指标数据的方法。例如，已知系统发生事故的概率（P）和事故损失严重程度（S），就可利用 R 与 P 和 S 的关系求得风险率，即 $R=P\times S$。

④ 抽样推算法。抽样推算法是根据抽样或典型调查资料推算系统总体特征的方法。这种方法是数理统计分析中常用的方法，是以部分样本代表整个样本空间来对总体进行统计分析的一种方法。

⑤ 比例推算法。比例推算法是根据社会经济现象的内在联系，用某一时期、地区、部门或单位的实际比例，推算另一类似时期、地区、部门或单位有关指标的方法。例如，控制图法的控制中心线的确定是根据上一个统计期间的平均事故率来确定的；国外各行业安全指标的确定通常也都是根据前几年的年度事故平均数值来确定的。

⑥ 概率推算法。概率是指某一事件发生的可能性大小。事故的发生是一种随机事件，任何随机事件在一定条件下是否发生是没有规律的，但其发生概率是一客观存在的定值。因此，根据有限的实际统计资料，采用概率论和数理统计方法可求出随机事件出现各种状态的概率。可以用概率值预测未来系统发生事故可能性的大小，以此来衡量系统危险性的大小、安全程度的高低。美国原子能委员会发布的《核电站风险报告》采用的方法基本上是概率推算法。

（3）惯性原理

任何事物在其发展过程中，从过去到现在以及延伸至将来，都具有一定的延续性，这种延续性称为惯性。利用惯性可以研究事物或评价系统的未来发展趋势。例如，从一个单位过去的安全生产状况、事故统计资料，可以找出安全生产及事故发展变化趋势，推测其未来安全状态。

(4) 量变到质变原理

任何一个事物在发展变化过程中都存在着从量变到质变的规律。同样，在一个系统中，许多有关安全的因素也都存在着从量变到质变的过程。在评价一个系统的安全时，也都离不开从量变到质变的原理。例如，道化学公司火灾、爆炸危险指数评价法（第七版）中，关于按 F&EI（火灾、爆炸指数）划分的危险等级，从“1 至≥159，经过了≤60，61～96，97～127，128～158，≥159”的量变到质变过程，即分别为“最轻”级、“较轻”级、“中等”级、“很大”级、“非常大”级。而在评价结论中，“中等”级及其以下的级别是“可以接受的”（在提出对策措施时可不考虑），而“很大”级、“非常大”级则是“不能接受的”（应考虑对策措施）。因此，在安全评价时，考虑到各种危险、有害因素对人体的危害，以及采用的评价方法进行等级划分等，均需要应用量变到质变的原理。

上述原理是人们经过长期研究和实践总结出来的。在实际评价工作中，应综合应用这些基本原理指导安全评价，并创造出各种评价方法，进一步在各个领域中加以运用。掌握评价基本原理可以建立正确的思维方式，对于评价人员拓展思路、合理选择和灵活运用评价方法都是十分必要的。世界上没有一成不变的事物，评价对象的发展不是过去状态的简单延续，评价的事件也不是自己类似事件的机械再现，相似不等于相同。因此，在评价过程中还应对客观情况进行具体分析，以提高评价结果的准确程度。

2. 安全评价的原则

安全评价是落实“安全第一、预防为主、综合治理”方针的重要技术保障，是安全生产监督管理的重要手段。要做好这项工作，必须以被评价项目的具体情况为基础，以国家安全法规及有关技术标准为依据，用严肃的科学态度，认真负责的精神，强烈的责任感和事业心，全面、仔细、深入地开展和完成评价任务。工作中必须自始至终遵循科学性、公正性、合法性和针对性原则。

四、安全评价的依据

安全评价的依据包括：国家和地方的有关法律、法规和标准；企业内部的规章制度和技术规范；可接受风险标准以及前人的经验和教训等。

1. 法律、法规和标准

(1) 安全生产法律、法规体系（表 1-1）

表 1-1 我国安全生产法律、法规体系

序号	法律、法规	说明
1	宪法	宪法的许多条文直接涉及安全生产和劳动保护问题，这些规定既是安全法规制定的最高法律依据，又是安全法律、法规的一种表现形式
2	法律	（全国人民代表大会常务委员会制定、颁布，特别行政区法律除外） ① 专门法律； ② 相关法律； ③ 特别行政区的法律

表 1-1(续)

序号	法律、法规	说明
3	法规	① 行政法规； ② 地方性法规
4	规章	① 部门规章； ② 地方政府规章
5	自治条例和单行条例	① 自治区的自治条例和单行条例，报全国人民代表大会常务委员会批准后生效； ② 自治州、自治县的自治条例和单行条例，报省、自治区、直辖市的人民代表大会常务委员会批准后生效
6	法定标准	① 国家标准； ② 行业标准； ③ 地方标准； ④ 企业标准
7	国际条约	国际法主体之间以国际法为准则为确立其相互权利和义务而缔结的书面协议。国际条约包括一般性的条约和特别条约，主要是我国批准的国际劳工公约

(2) 与安全评价有关的主要法律、法规

①《安全生产法》(2002年11月1日起施行，2021年6月10日第十三届全国人民代表大会常务委员会第二十九次会议通过第三次修正)。其中涉及安全评价的规定有：

a. 矿山、金属冶炼建设项目和用于生产、储存、装卸危险物品的建设项目，应当按照国家有关规定进行安全评价。

b. 承担安全评价、认证、检测、检验职责的机构应当具备国家规定的资质条件，并对其做出的安全评价、认证、检测、检验结果的合法性、真实性。

c. 承担安全评价、认证、检测、检验职责的机构出具失实报告的，责令停业整顿，并处三万元以上十万元以下的罚款；给他人造成损害的，依法承担赔偿责任。承担安全评价、认证、检测、检验职责的机构租借资质、挂靠、出具虚假报告的，没收违法所得；违法所得在十万元以上的，并处违法所得二倍以上五倍以下的罚款；没有违法所得或者违法所得不足十万元的，单处或者并处十万元以上二十万元以下的罚款；对其直接负责的主管人员和其他直接责任人员处五万元以上十万元以下的罚款；给他人造成损害的，与生产经营单位承担连带赔偿责任；构成犯罪的，依照刑法有关规定追究刑事责任。对有前款违法行为的机构及其直接责任人员，吊销其相应资质和资格，五年内不得从事安全评价、认证、检测、检验等工作，情节严重的，实行终身行业和职业禁入。

d. 未按照规定对矿山、金属冶炼建设项目或者用于生产、储存、装卸危险物品的建设项目进行安全评价的，责令停止建设或者停产停业整顿，限期改正，并处十万元以上五十万元以下的罚款，对其直接负责的主管人员和其他直接责任人员处二万元以上五万元以下的罚款；逾期未改正的，处五十万元以上一百万元以下的罚款，对其直接负责的主管人员和其他直接责任人员处五万元以上十万元以下的罚款；构成犯罪的，依照刑法有关规定追究刑事责任。

②《安全生产许可证条例》(2014年7月29日起施行)。国家对矿山企业、建筑施工企业和危险化学品、烟花爆竹、民用爆炸物品生产企业(以下统称企业)实行安全生产许可制

度。企业要取得安全生产许可证，应当依法进行安全评价。

③《建设项目安全设施“三同时”监督管理办法》(2011 年 2 月 1 日起施行，2015 年 4 月 2 日国家安全生产监督管理总局令第 77 号修正)。该暂行办法规定：非煤矿矿山建设项目，生产、储存危险化学品(包括使用长输管道输送危险化学品)的建设项目，生产、储存烟花爆竹的建设项目，金属冶炼建设项目，使用危险化学品从事生产并且使用量达到规定数量的化工建设项目(属于危险化学品生产的除外)，法律、行政法规和国务院规定的其他建设项目，在进行可行性研究时，生产经营单位应当按照国家规定，进行安全预评价。生产经营单位应当委托具有相应资质的安全评价机构，对其建设项目进行安全预评价，并编制安全预评价报告。办法对建设项目安全预评价、建设项目安全设施设计审查、建设项目安全设施施工和竣工验收等内容作出了明确规定。

④ 安全评价规范。现行的安全评价规范包括：《安全评价通则》(AQ 8001—2007)、《安全预评价导则》(AQ 8002—2007)、《安全验收评价导则》(AQ 8003—2007)、《煤矿建设项目安全预评价实施细则》(AQ 1095—2014)、《煤矿建设项目安全验收评价实施细则》(AQ 1096—2014)、《城市轨道交通试运营前安全评价规范》(AQ/T 8007—2013)、《涂装工程安全评价导则》(AQ 5206—2011)。在某些特殊情况和要求下，可根据安全评价通则和导则制定出内容更为详细的安全评价规范。

⑤ 其他。例如，《中华人民共和国矿山安全法》《中华人民共和国职业病防治法》《中华人民共和国矿山安全法实施条例》《中华人民共和国矿产资源法》《生产安全事故报告和调查处理条例》《民用爆炸物品安全管理条例》等安全评价相关法律、法规。

2. 企业内部的规章制度和技术规范

具体包括：安全组织机构、安全规章制度、应急救援预案等资料。

3. 风险判别指标

风险判别指标(以下简称指标)或判别准则的目标值，是用来衡量系统风险大小以及风险危害性是否可接受的尺度。无论是定性评价还是定量评价，若没有指标，评价者将无法判定系统的风险是高还是低，是否达到了不可接受的程度，以及改善到什么程度的系统安全水平才可以接受。常用的指标有安全系数、可接受指标、安全指标(包括事故频率、财产损失率和死亡概率等)或失效概率等。在判别指标中，特别值得说明的是风险的可接受指标。世界上没有绝对的安全，所谓安全，就是事故风险达到了合理可行并尽可能低的程度。减少风险是要付出代价的，无论减少风险发生的概率还是采取防范措施使可能造成的损失降到最低，都要投入资金、技术和劳务。通常的做法是将风险限定在一个合理的、可接受的水平上。因此，安全评价中不是以风险性为零作为可接受的标准，而是以一个合理的、可接受的指标作为可接受标准。

4. 前人的经验和教训

收集国内外与评价项目相关的事故案例，分析其事故原因，吸取教训和采取安全技术措施。

五、安全评价的内容与分类

1. 安全评价的内容

安全评价的基本程序包括前期准备，危险、有害因素辨识与分析，评价单元划分，定性、定量评价，提出安全对策措施及建议，给出评价结论，编制安全评价报告等，见表 1-2。

表 1-2 安全评价内容

序号	安全评价程序	安全评价内容
1	前期准备	明确评价对象和评价类型，确定评价范围和评价责任。开展项目现场勘查，进行项目风险分析，准备有关安全评价所需的设备、工具，收集相关法律法规、标准、规章、规范等资料
2	危险、有害因素辨识与分析	根据评价对象的具体情况和现场勘查结果，辨识和分析危险、有害因素，确定其存在的部位、方式，以及发生作用的途径和变化规律。通过危险、有害因素与对应安全设施匹配分析，排查事故隐患
3	评价单元划分	依据系统分解原理、划分子系统的流程和方法，将整个评价对象划分为数个不同的子系统，以便开展安全评价。评价单元划分应科学、合理，单元应相对独立；充分考虑评价对象运营功能模块分布；覆盖所有评价范围
4	定性、定量评价	根据评价单元的特性，选择合理的评价方法，对评价对象发生事故的可能性及其严重程度进行定性、定量评价
5	对策措施及建议	依据危险、有害因素辨识结果与定性、定量评价结果，遵循针对性、技术可行性、经济合理性等原则，提出消除、减弱或降低危险、危害的技术和管理对策措施及建议。提出的对策措施及建议应具体翔实，具有可操作性
6	安全评价结论	安全评价机构应遵循客观、公正、真实的原则，明确给出安全评价结论。安全评价结论的内容应包括评价结果，评价对象与国家有关安全生产的法律法规、标准、规章、规范的符合程度，从风险管理角度对评价对象发生事故的可能性和事故后果的严重程度的预测结果，以及采纳安全对策措施及建议后的安全状态等
7	编制安全评价报告	安全评价报告应全面、系统、概括地反映安全评价过程的全部工作，文字应简洁明了，内容全面，条理清楚，数据完整，取值合理，提出的对策措施具体、合理、可行，评价结论客观、正确。安全评价报告作为第三方出具的技术性咨询文件，可为政府安全生产监管、监察部门、行业主管部门等相关单位对评价对象的安全行为进行法律、法规、标准、行政规章、规范的符合性判别

2．安全评价的分类

（1）按照安全评价的范围分类

目前，国内根据工程、系统生命周期和评价的目的，将安全评价分为安全预评价、安全验收评价、安全现状评价等。

① 安全预评价。安全预评价是在建设项目可行性研究阶段、工业园区规划阶段或生产经营活动组织实施之前，根据相关的基础资料，辨识与分析评价对象存在的危险、有害因素，预测事故发生的可能性及其严重程度，提出科学、合理、可行的安全对策措施建议，给出安全预评价结论的活动。

通过安全预评价形成的安全预评价报告，将作为项目报批的文件之一，向政府安全管理部门提供的同时，也提供给建设单位、设计单位、业主，作为项目最终设计的重要依据文件之一。建设单位、设计单位、业主在项目设计阶段、建设阶段和运营时期，必须落实安全预评价所提出的各项措施，切实做到建设项目安全设施的“三同时”。

② 安全验收评价。安全验收评价是在建设项目试生产阶段,评价建设项目安全设施与主体工程同时设计、同时施工、同时投入生产和使用的落实情况,评价安全生产管理措施到位情况,评价安全生产规章制度健全情况,评价事故应急救援预案的建立情况,从整体上评价建设项目的安全运行状况和安全管理情况,给出安全验收评价结论的活动。安全验收评价是为安全验收进行的技术准备。

在安全验收评价中,要查看安全预评价提出的安全措施在设计中是否得到落实、初步设计中的各项安全设施是否在项目建设中得到落实,还要查看施工过程中的安全监理记录,安全设施调试、运行和检测情况以及隐蔽工程等的安全设施落实情况。最终形成的安全验收评价报告,将作为建设单位向政府安全生产监督管理机构申请建设项目安全验收审批的依据。另外,通过安全验收还可检查生产经营单位的安全生产保障、安全管理制度,确认《安全生产法》的落实。

③ 安全现状评价。安全现状评价是针对生产经营活动的运行状况和安全管理等情况,辨识与分析其存在的危险、有害因素,预测发生事故或造成职业危害的可能性及其严重程度,提出科学、合理、可行的安全对策措施建议,给出安全现状评价结论的活动。

安全现状评价既适用于对一个生产经营单位或一个工业园区的评价,也适用于某一特定的生产方式、生产工艺、生产装置或作业场所的评价。

安全预评价在系统设计之前进行;安全验收评价与安全现状评价同在系统诞生后有效寿命期内进行,安全验收评价是在“系统有效寿命期”早期(试生产阶段后)进行,安全现状评价是在“系统有效寿命期”的中、后期进行,从本质上讲安全验收评价是特殊的安全现状评价。

(2) 按评价结果量化程度分类

按照评价结果量化的性质,安全评价分为定性评价和定量评价。

① 定性评价。定性评价是根据经验对生产工艺、设备、环境、人员配置和管理等方面的安全状况进行定性的判断。评价结果由危险结果给出,可以为“是、非”“合格、不合格”等形式,安全检查表是一种常用的定性的评价方法。定性安全评价可以按次序揭示系统、子系统中存在的所有危险性,由于使用了系统工程方法,可以做到全面、周详。这种方法还能大致把危险性进行重要程度分类,以便按轻重缓急,分别采取适当的安全措施。在工程设计之前采取这种方法,可以提高人们选用较安全的工艺和原材料;在设计完成之后、施工之前选用这种方法,可以找出设计缺陷,及早采取修正措施。它还可以帮助制定和修改有关安全操作的规章制度,作为安全教育的教材和进行安全检查的依据,并且可以为定量安全评价做好准备。

② 定量评价。定量评价方法是通过数学计算得出评价结论的方法,是指按照数量分析方法,从客观量化角度对科学数据资源进行的优选与评价。定量方法为人们提供了一个系统、客观的数量分析方法,结果更加直观、具体,是评价科学数据资源的发展方向。定量评价是用设备、设施或系统的事故发生概率和事故严重程度进行评价的方法。

3. 安全评价的特点

① 安全评价是一门控制系统总损失的技术。

② 安全评价是一门保障企业不断进步的技术。

③ 安全评价必须全面、系统。

④ 安全评价的着眼点是预防事故,因而带有预测的性质。

⑤ 安全评价涉及多个领域,因而评价的方法应当多样化。

⑥ 安全评价的具体工作主要是调查研究。

六、安全评价的目的和意义

1. 安全评价的目的

安全评价的目的是查找、分析和预测工程、系统存在的危险、有害因素及可能导致的危险、危害后果和程度，提出合理可行的安全对策措施，指导危险源监控和事故预防，以达到最低事故率、最小损失和最优的安全投资效益。安全评价可以达到以下目的：

（1）提高系统本质安全化程度

通过安全评价，对工程或系统的设计、建设、运行等过程中存在的事故和事故隐患进行系统分析，针对事故和事故隐患发生的可能原因事件和条件，提出消除危险的最佳技术措施方案，特别是从设计上采取相应措施，设置多重安全屏障，实现生产过程的本质安全化，做到即使发生误操作或设备故障时，系统存在的危险因素也不会导致重大事故发生。

（2）实现全过程安全控制

在系统设计前进行安全评价，可避免选用不安全的工艺流程和危险在原材料及不合适的设备、设施，避免安全设施不符合要求或存在缺陷，并提出降低或消除危险的有效方法。系统设计后进行安全评价，可查出设计中的缺陷和不足，及早采取改进和预防措施。系统建成后进行安全评价，可了解系统的现实危险性，为进一步采取降低危险性的措施提供依据。

（3）建立系统安全的最优方案，为决策提供依据

通过安全评价，可确定系统存在的危险及其分布部位、数目，预测系统发生事故的概率及其严重度，进而提出应采取的安全对策措施等。决策者可以根据评价结果选择系统安全最优方案和进行管理决策。

（4）为实现安全技术、安全管理的标准化和科学化创造条件

通过对设备、设施或系统在生产过程中的安全性是否符合有关技术标准、规范相关规定的评价，对照技术标准、规范找出存在的问题和不足，实现安全技术和安全管理的标准化、科学化。

2. 安全评价的意义

安全评价可有效地预防事故的发生，减少财产损失和人员伤亡。安全评价与日常安全管理和安全监督检查工作不同。安全评价是从系统安全的角度出发，分析、论证和评估可能产生的损失和伤害及其影响、严重程度，提出应采取的对策措施等。

（1）安全评价是安全管理的一个必要组成部分

“安全第一、预防为主、综合治理”是我国的安全生产方针，安全评价则是预测、预防事故的重要手段。通过安全评价可确认生产经营单位是否具备必要的安全生产条件。

（2）有助于政府安全生产监督管理部门对生产经营单位的安全生产实行宏观控制

安全预评价，能提高工程设计的质量和系统的安全可靠程度；安全验收评价，是根据国家有关技术标准、规范对设备、设施和系统进行的符合性评价，能提高安全达标水平；安全现状评价，可客观地对生产经营单位的安全水平做出评价，使生产经营单位不仅了解可能存在的危险性，而且明确了改进的方向，同时也为安全生产监督管理部门了解生产经营单位安全生产现状、实施宏观调控打下了基础；专项安全评价，可为生产经营单位和政府安全生产监督管理部门的管理决策提供科学依据。

（3）有助于安全投资的合理选择

安全评价不仅能确认系统的危险性，而且能进一步预测危险性发展为事故的可能性及事故造成损失的严重程度，并以说明系统危险可能造成负效益的大小，合理地选择控制措施，确定安全措施投入的多少，从而使安全投入和可能减少的负效益达到合理的平衡。

（4）有助于提高生产经营单位的安全管理水平

安全评价可以使生产经营单位安全管理变事后处理为事先预测、预防。传统安全管理方法的特点是凭经验进行管理，多为事故发生后再进行处理。通过安全评价，可以预先识别系统的危险性，分析生产经营单位的安全状况，全面地评价系统及各部分的危险程度和安全管理状况，促使生产经营单位达到规定的安全要求。安全评价可使生产经营单位安全管理变纵向单一管理为全面系统管理。安全评价可以使生产经营单位安全管理变经验管理为目标管理。安全评价可以使各部门、全体职工明确各自的安全目标，在明确的目标下，统一步调、分头进行，从而使安全管理工作做到科学化、统一化、标准化。

（5）有助于生产经营单位提高经济效益

通过安全预评价，可减少项目建成后由于安全要求引起的调整和返工建设；通过安全验收评价，可将潜在的事故隐患在设施运行前消除；通过安全现状评价，可使生产经营单位了解可能存在的危险，并为安全管理提供依据。生产经营单位的安全生产水平的提高无疑可带来经济效益的提高，使生产经营单位真正实现安全生产和经济效益的同步增长。

七、安全评价工作计划

1. 安全评价工作计划的基本内容

安全评价工作计划是操作性很强的安全评价工作过程，也是实施方案和日程安排。因此，要从“做什么”“怎么做”“做到何种程度”进行具体说明。安全评价工作计划的基本内容主要包括：

① 安全评价项目概况。

② 信息采集。

③ 信息分析思路。

④ 划分安全评价单元。

⑤ 选择安全评价方法。

⑥ 提出事故隐患和评价结论的思路。

⑦ 提出安全对策措施的基本方案。

⑧ 安全评价工作计划进度。

2. 安全评价工作计划编制前的准备

（1）安全评价过程策划

安全评价业务洽谈人员在业务接洽时，对外应提出安全评价项目进行现场勘察的要求，了解委托安全评价单位的需求和评价类型，调查项目概况，收集安全评价项目的基本信息；对内应提出安全评价过程策划。安全评价过程策划的内容一般包括：

① 考虑委托安全评价单位的需求，结合安全评价实际可操作状况，确定安全评价范围。

② 提出安全评价所需要的信息内容。

③ 分析安全评价范围内建（构）筑物及场地布置、工艺及设备、安全工程设计、安全生产管理、其他综合性措施项目及周边环境的初步情况。

④ 概略分析危险有害因素及相关作业场所。

⑤ 提出安全评价项目重点。

⑥ 建议选择安全评价方法。

⑦ 估计实施安全评价的工时。

(2) 分析预测安全评价项目的风险程度

根据项目概况和安全评价项目的基本信息，在安全评价过程策划的基础上，按分析预测安全评价项目的风险程度的内容，由安全评价负责人或其委托人主持，召集业务人员、技术人员、财务人员到场的会议，分析承接安全评价项目的风险。

(3) 实施安全评价可行性分析

安全评价可行性分析内容一般包括：

① 判断安全评价项目是否超出本安全评价机构的评价资质范围。

② 判定安全评价收费是否符合当地安全评价收费参考标准或指导价。

③ 安全评价现场是否存在难以整改的先天不足。

④ 是否能提供关键批文或证书。

⑤ 项目是否存在恶意违规现象。

⑥ 拟订合同的条款是否满足国家法律、法规的要求。

⑦ 以安全评价成本(工、料、费、税、利)核定拟订合同金额是否可接受。

⑧ 本安全评价机构是否有技术实力完成安全评价项目。

⑨ 对于具有高危工艺(如硝化工艺、合成氨工艺、加氢工艺等)的安全评价项目，安全评价机构承担的风险能否接受。

⑩ 是否能按期、按质完成安全评价工作。

3. 编制安全评价工作计划

完成安全评价工作计划编制前的准备，并与委托安全评价单位签订《安全评价合同》之后，在工况调查、分析危险和有害因素分布及其受控制情况的基础上，依据委托安全评价单位的需求、安全评价类型和安全评价机构的技术能力，对照有关安全生产的法律法规和技术标准，确定安全评价的重点和要求，考虑安全评价项目的实际情况选择安全评价方案，并测算安全评价进度，编制安全评价工作计划。编制安全评价工作计划的主要内容包括：

(1) 安全评价项目概况

列出委托安全评价单位的评价目的，说明安全评价类型，介绍安全评价项目的基本信息、平面布置和工艺过程，结合安全评价实际可操作性给出安全评价范围定义并进行说明。

(2) 信息采集及途径

列出安全评价需要采集的信息，如危险有害因素信息、主要安全设施信息、危险区域内人员和财产信息等。说明信息的获取途径，如直接采集、间接采集(类比)等。

(3) 信息分析思路

分析危险源可能产生危险的严重性、事故触发条件的可能性、事故可能对人和财产造成的破坏性等。

(4) 划分安全评价单元并确定评价重点

按照安全系统工程的原理，考虑各方面的综合或联合作用，将安全评价系统划分成若干个结构和功能相对独立的子系统作为安全评价单元。

4．编制安全评价工作计划表

计划表主要反映工作计划与日程进度的关系。将安全评价的具体工作，按工作过程顺序相连（纵坐标），标出每个项目工作起始时间和完成时间（横坐标），建立安全评价工作计划进度表，即“甘特图”，或称横道图、线条图。

（1）计划表编制步骤

编制安全评价项目的计划简表如下：

① 把完成的工作按过程先后列出内容，形成“工作计划过程内容序列”。

② 规定日程的时间单位（如日、周、月、年等）。

③ 编制工作计划表。一般在表的左边列出“工作计划过程内容序列”，表的上方列出日程进度的时间（日期）序列，形成工作内容与时间的矩阵。

④ 在计划完成各项工作内容的时间跨度上做标记，反映各项工作的计划进度。

（2）安全评价工作计划表编制举例

编制工作计划表，见表1-3。

表1-3　某项目安全评价工作计划表

工作内容	1	2	3	4	5	6	7	8	9	10	11	12	13	14
业务洽谈	→													
调查分析		—	→											
信息采集			—	—	—	—	—	—	—	—	→			
危险识别			—	—	—	→								
现场勘查	→			—	—	→				→				
检测检验				—	—	→								
分析评价					—	—	→							
隐患判断							—	—	→					
安全对策							—	—	—	→				
评价结论										—	→			
报告编制				—	—	—	—	—	—	—	→			
报告审核											—	→		
文件整理													→	
报告发出														→

（3）计划表审核与调整

根据安全评价项目的不同特点、复杂程度和项目规模调整日程进度，特别是多个安全评价项目交叉进行时，进度节点可做适当变化，但必须在安全评价合同有效期内完成工作。

5．安全评价工作计划的作用

安全评价工作计划是评价机构在完成某个安全评价项目期间对安全评价工作过程进行的总体设计、对安全评价工作内容预先做出的日程安排。在安全评价工作开始之前，编制安全评价工作计划的意义和作用主要体现在以下几个方面：

（1）根据安全评价范围对安全评价工作的内容和过程提出总体设计方案

在进行危险源(危险和有害因素)识别的基础上划分安全评价单元、选择安全评价方法、得到安全评价结论、提出安全对策,使评价范围涉及的工作内容和过程在安全评价中得到落实。

(2) 保证安全评价工作的进度

在安全评价工作计划中,将安全评价范围涉及的工作内容和过程置入了开始时间和完成时间的节点,使安全评价有了时间进度的保证。

(3) 增加安全评价工作的可操作性

在安全评价实施之前,制订安全评价工作计划,使委托安全评价单位提前了解安全评价的工作过程,更有利于做好安全评价的配合工作。委托安全评价单位若对安全评价工作计划有不同意见可以及时反馈,安全评价单位在实施安全评价前有时间调整安全评价工作计划。若安全评价工作计划取得专家评审,则可以得到权威确认,避免安全评价工作实施时临时遇到问题匆忙应对,影响安全评价工作进度,从而增加了安全评价工作的可操作性。

【知识拓展】

安全评价师国家职业标准的有关规定。

1. 安全评价师鉴定科目

鉴定科目为理论知识、综合评审,三级评价师鉴定科目为理论知识和专业能力,一级和二级评价师鉴定科目为理论知识、专业能力和综合评审,采取闭卷笔试方式鉴定,每个科目满分100分,取得60分及以上者此科目通过,全部科目通过者视为鉴定合格。单科合格成绩保留1年,未全部通过的考生在成绩保留期内可参加一次补考。

已取得《注册安全工程师执业资格证书》人员参加安全评价师职业资格鉴定,其理论知识科目视同通过。

2. 安全评价师职业资格考试申报条件

(1) 基本文化程度

大学专科学历。

(2) 各级别报名条件

① 三级安全评价师,具备以下条件之一者:

a. 取得安全工程类专业大学专科学历证书,从事安全生产相关工作5年以上。

b. 取得其他专业大学专科学历证书,从事安全生产相关工作5年以上,经三级安全评价师职业培训达规定标准学时数,并取得结业证书。

c. 取得安全工程类专业大学本科学历证书,从事安全生产相关工作3年以上。

d. 取得其他专业本科学历证书,从事安全生产相关工作3年以上,经三级安全评价师职业培训达规定标准学时数,并取得结业证书。

② 二级安全评价师,具备以下条件之一者:

a. 连续从事安全生产相关工作13年以上。

b. 取得三级安全评价师职业资格证书后,连续从事本职业工作5年以上。

c. 取得三级安全评价师职业资格证书后,连续从事本职业工作4年以上,经二级安全评价师职业培训达规定标准学时数,并取得结业证书。

d. 取得安全工程类专业大学本科学历证书后,连续从事本职业工作5年以上,或取得其他专业大学本科学历证书后,连续从事本职业工作7年以上,经二级安全评价师职业培训达规定标准学时数，并取得结业证书。

e. 取得硕士研究生以上学历证书后，连续从事本职业工作2年以上，经二级安全评价师职业培训达规定标准学时数，并取得结业证书。

③ 一级安全评价师，具备以下条件之一者：

a. 连续从事安全生产相关工作19年以上。

b. 取得二级安全评价师职业资格证书后，连续从事本职业工作4年以上。

c. 取得二级安全评价师职业资格证书后，连续从事本职业工作3年以上，经一级安全评价师职业培训达规定标准学时数，并取得结业证书。

d. 取得硕士研究生以上学历证书，从事安全生产相关工作10年以上，经一级安全评价师职业培训达规定标准学时数，并取得结业证书。

(3) 已经取得《安全评价师职业资格证书》人员

已经取得证书的人员只能按照升级条件的要求参加鉴定，不能越级参加鉴定。

3. 安全评价师的工作能力要求

三级安全评价师、二级安全评价师、一级安全评价师的工作能力要求依次递进，高级别涵盖低级别的要求。

(1) 三级安全评价师(表1-4)

表1-4　三级安全评价师的工作能力要求

职业功能	工作内容	能力要求	相关知识
1. 危险、有害因素辨识	前期准备	1. 能采集安全评价所需的法律、法规、标准、规范、事故案例信息； 2. 能采集被评价对象所涉及的人、机、物、法、环，基础技术资料	1. 基础资料信息采集方法； 2. 生产安全事故案例分析知识
	现场勘查	1. 能对类比工程进行调查； 2. 能按现场勘查方案对现场周边环境、水文地质条件等的安全状况进行调查； 3. 能使用现场询问观察法、现场检查表对被评价对象的内外部安全距离、安全设施设备装置运行状况、安全监控状况、检测检验状况及管理情况等进行查验	1. 现场调查分析方法； 2. 与评价相关的工程设计、勘查基础知识； 3. 安全生产条件； 4. 安全检查表编写知识
	危险、有害因素分析	1. 能对现场勘查结果进行汇总； 2. 能对独立生产单元、辅助单元、设施设备装置、作业场所存在的危险、有害因素进行识别； 3. 能分析危险、有害因素分布情况	1. 危险、有害因素辨识方法； 2.《生产过程危险和有害因素分类与代码》(GB/T 13861—2022)知识； 3.《企业职工伤亡事故分类》(GB 6441—86)知识； 4. 重大危险源辨识知识

表 1-4(续)

职业功能	工作内容	能力要求	相关知识
2. 危险与危害程度评价	划分评价单元	1. 能以危险、有害因素的类别划分评价单元； 2. 能以装置特征和物质特性划分评价单元； 3. 能依据评价方法的有关规定划分评价单元	评价单元划分的原则与方法
	定性、定量评价	能使用安全检查表、预先危险性分析、作业条件危险性评价、风险矩阵、重大危险源辨识方法进行评价	1. 安全评价方法的确定原则； 2. 预先危险性分析、作业条件危险性评价、风险矩阵重大危险源辨识方法知识
3. 风险控制	提出安全对策措施	1. 能提出评价单元的技术、布局、工艺、方式和设施、设备、装置方面的安全对策措施； 2. 能提出评价单元配套和辅助工程的安全对策措施； 3. 能提出制定评价单元应急救援措施的技术要点	安全对策措施基本知识
	编制评价报告	1. 能编制安全评价报告前言、编制依据、项目概况、危险有害因素辨识、定性、定量评价、单元安全对策措施等章节内容； 2. 能按照安全评价有关规范编制安全评价报告的单元评价结论	1. 单元评价结论编制原则； 2. 安全评价报告编写规范

(2) 二级安全评价师(表 1-5)

表 1-5　二级安全评价师的工作能力要求

职业功能	工作内容	能力要求	相关知识
1. 危险、有害因素辨识	前期准备	1. 能编制危险、有害因素辨识方案及现场检查表； 2. 能分析评价对象，能定评价范围	1. 工程项目危险有害特征知识； 2. 计划表编制方法
	危险、有害因素分析	1. 能对建设项目和生产经营单位存在的危险、有害因素进行分类； 2. 能对建设项目和生产经营单位存在的危险、有害因素进行分析	1. 企业生产工艺基础知识； 2. 各类安全评价导则和细则
2. 危险与危害程度评价	定性评价	能运用故障假设分析法与故障假设/检查表分析法、故障类型和影响分析法、工作任务分析法进行评价	故障假设分析法与故障假设/检查表分析法、故障类型和影响分析法、工作任务分析法知识
	定量评价	能运用故障树，事件树，火灾、爆炸危险指数评价法，概率理论分析方法进行评价	故障树，事件树，火灾、爆炸危险指数评价法，概率理论分析方法知识

表 1-5(续)

职业功能	工作内容	能力要求	相关知识
3. 风险控制	提出安全对策措施	1. 能提出安全技术对策措施； 2. 能提出安全管理对策措施； 3. 能编制事故应急救援预案	安全评价对策措施效果知识
	编制评价报告	1. 能确定综合评价结论，完成安全评价报告； 2. 能对安全评价报告进行内部审核	安全评价过程控制基本知识
4. 技术管理	项目实施计划管理	1. 能对评价项目承受风险进行分析； 2. 能编制现场勘查人员及器材设备配置方案； 3. 能编制项目实施计划	1. 人员配置管理计划知识； 2. 项目勘查方案编写要求
	项目成果管理	1. 能对项目完成情况进行跟踪； 2. 能根据用户意见对评价报告进行完善	信息反馈与交流知识
5. 培训与指导	培训	1. 能编制三级安全评价师培训计划； 2. 能编制三级安全评价师培训讲义	1. 培训讲义编写基本知识； 2. 多媒体课程开发知识； 3. 专业能力指导方法
	指导	1. 能指导三级安全评价师进行评价工作； 2. 能编制三级安全评价人员作业指导书	

(3) 一级安全评价师(表 1-6)

表 1-6　一级安全评价师的工作能力要求

职业功能	工作内容	能力要求	相关知识
1. 危险、有害因素辨识	前期准备	1. 能编制区域经济发展和产业结构、社会人文环境和周边自然生态状况等资料的收集方案； 2. 能编制区域危险、有害因素分析方案	区域危险、有害因素辨识方案编制原则和要素
	危险有害因素分析	1. 能分析区域内建设项目和生产经营单位的危险、有害因素对区域周边单位生产、经营活动或者居民生活的影响； 2. 能分析区域周边单位生产、经营活动或者居民生活对区域内建设项目和生产经营单位的影响； 3. 能分析区域所在地的自然条件对建设项目和生产经营单位的影响	1. 自然灾害知识； 2. 选址与总图布置知识
2. 危险与危害程度评价	定性评价	能运用危险和可操作性研究，认知可靠性分析、模糊理论法进行评价	危险和可操作性研究，认知可靠性分析，模糊理论法知识
	定量评价	1. 能运用液体及气体泄漏扩散、火焰与辐射强度、火球爆炸伤害、爆炸冲击波超压伤害、气云爆炸超压破坏、凝聚态爆炸、粉尘爆炸、爆炸伤害 TNT 当量模型进行评价； 2. 能运用事故频率分析方法对发生事故概率进行评价； 3. 能进行风险等级、事故损失评价	1. 事故后果预测方法； 2. 事故频率分析方法； 3. 定量风险评价知识； 4. 财产损失预测知识

表 1-6(续)

<table>
<tr><th>职业功能</th><th>工作内容</th><th>能力要求</th><th>相关知识</th></tr>
<tr><td rowspan="2">3. 风险控制</td><td>报告审核</td><td>1. 能提出和确定安全评价报告审核要素；
2. 能制订安全评价报告审核方案；
3. 能对安全评价报告进行审定</td><td>安全评价报告审核知识</td></tr>
<tr><td>项目方案编制</td><td>1. 能编制安全评价项目投标书；
2. 能确定项目风险分析方案；
3. 能审定评价工作计划</td><td>1. 项目投标知识；
2. 项目风险分析知识；
3. 技术经济分析方法</td></tr>
<tr><td rowspan="2">4. 技术管理</td><td>评价技术创新与开发</td><td>1. 能运用国内外新的安全评价方法进行评价；
2. 能创新与开发新的安全评价技术方法</td><td rowspan="2">1. 安全评价数据库功能设置知识；
2. 信息处理知识</td></tr>
<tr><td>技术支撑</td><td>1. 能提出安全评价基础数据库的建立方案；
2. 能提出安全评价技术支撑体系建设方案</td></tr>
<tr><td>5. 培训与指导</td><td>培训</td><td>1. 能编制二级安全评价师培训计划；
2. 能编制二级安全评价师培训教材</td><td>教案编写基本知识</td></tr>
</table>

2023 年中国安全生产协会未开展安全评价师职业技能等级认定工作。

根据国家市场监督管理总局论证认可技术研究中心文件(国认研办〔2023〕83)，2022 年开始启动开展人员能力验证工作，安全评价师作为能力提升类进入论证专业范围，要求参加人员能力验证满足 42 学时的学时要求。原则上每个季度最后一个周末为“人员能力验证日”。

安全评价师职业技能等级认定工作是否继续开展，暂时没有明确的通知。

【思考练习】

1. 安全评价就是以实现(　　)为目的，应用安全系统工程的原理和方法，辨识与分析系统中存在的(　　)因素，预测发生事故或造成职业危害的(　　)，提出科学、合理、可行的(　　)，并给出评价结论的活动。

2. 关于常用的安全评价原理，下列说法错误的是(　　)。

A. 相关性原理　　B. 类推原理

C. 惯性原理　　D. 弹性原理

3. 简述安全评价程序。

4. 在建设项目试生产阶段，评价建设项目安全设施与主体工程同时设计、同时施工、同时投入生产和使用的落实情况，属于(　　)。

A. 安全预评价　　B. 安全验收评价

C. 安全现状评价　　D. 专项安全评价

5. 安全(　　)评价是在建设项目可行性研究阶段、工业园区规划阶段或生产经营活动组织实施之前进行的评价活动。

6. 根据工程、系统生命周期和评价的目的，安全评价划分为安全预评价、安全验收评价、(　　)、专项安全评价、(　　)。

7. 在安全评价实施之前，制订安全评价工作(　　)，使委托安全评价单位提前了解安全评价的工作过程，更有利于做好安全评价的配合工作。

8. 简述安全评价的目的和意义。

【技能训练】

某化工厂或矿山建设项目需要开展安全预评价工作，请使用甘特图法编制一份该项目安全评价工作计划表，评价工作计划时长2.5个月。

项目 2　危险源辨识与分析

任务一　危险、有害因素的辨识与分析

【学习目标】

知识目标：掌握危险、有害因素的类型。

技能目标：能够根据辨识标准对评价对象进行危险、有害因素辨识和分析。

【实例展示】

下面以某化工企业安全验收评价为例，介绍危险、有害因素的辨识与分析过程。

本项目的原料有液氨、压缩空气；原料不属于易制毒化学品。主要辅助材料包括铂催化剂、添加剂（主要成分为磺酸盐）、包裹剂（主要成分为脂肪胺和磺酸盐）、氢气（瓶装，氧化炉点火用）等。本项目氢气为易燃气体，只做氧化炉点火用，每次 4 瓶；本项目的中间产品为 NO_x（NO、NO_2 的混合物）、稀硝酸。中间产品 NO_2 为中度危害化学品，NO 属于中度危害气体；本项目的产品为稀硝酸和硝酸铵。稀硝酸为酸性腐蚀品，硝酸铵为易制爆品。稀硝酸和硝酸铵均不属于易制毒化学品；主要危险化学品理化性质、危险性及危险类别见表 2-1。其他化学品的性质介绍见表 2-2。依据公司硝酸铵质量证明书，硝酸铵含量为 99.5%，可燃物含量≤0.01%，硝酸铵不属于可燃物，是氧化剂，属于助燃物，硝酸铵危规号为 51069。经核实，该项目循环水处理装置所用氯气最高日使用量为 90 kg，现场氯气储罐 2 个、每个罐储量 1 000 kg。

氯气的危险有害分析：氯气在储存和使用过程中会产生中毒、火灾和爆炸的安全事故，氯气含水分过高导致设备及管道腐蚀；液氯蒸发器内温度、压力过高等生产系统失控；尾气处理系统发生事故；机械设备密封不严；监控系统失控；操作失误；维修不及时等；氯气储存设备在氯气干燥的条件下不会发生腐蚀，但是在含水量超过 5×10^{-5} 后，氯气就能够与水作用生成酸，对钢瓶或容器进行腐蚀，使储存设备穿孔，导致泄漏爆炸事故；同时产生氢气，使氯气的浓度进入爆炸极限范围。

氯气使用过程中采取的安全措施：氯气瓶间配置氯气气体检测和报警设施 2 套，循环水氯气瓶间设置氯气吸收装置，泄漏的氯气进入碱塔进行吸收，同时设置了事故池，事故发生时可处理泄漏的氯气瓶。因此，氯气使用过程中采取的措施符合安全要求。

表 2-1　危险、有害物质类别

序号	名称	危险类别	危险化学品类别			危险特性	备注
			火灾	毒性	腐蚀		
1	氨气	23000 有毒气体	乙类	轻度 危害	腐蚀	燃烧爆炸危险性：与空气混合能形成爆炸性混合物；遇见明火、高热能引起燃烧爆炸；与氟、氯等接触会发生剧烈的化学反应；若遇高热，容器内压增大，有开裂和爆炸的危险	
2	一氧 化氮	23009 有毒气体	乙类	中度 危害	腐蚀	燃烧爆炸危险性：遇见氢气爆炸而化合；接触空气散发出棕色有氧化烟雾，强氧化性，与有机物如锯末、棉花等接触引起燃烧	
3	二氧 化氮	23012 有毒气体	乙类	中度 危害	腐蚀	本品不会燃烧，但可助燃。具有强氧化性；与易燃物硫、磷、有机物、还原剂接触，能发生化学反应，甚至助燃；若遇高热，容器内压增大，有开裂和爆炸的危险	
4	稀硝酸	81002 酸性腐蚀品	乙类	中度 危害	腐蚀	燃烧爆炸危险性：具有强氧化性。与易燃物（如苯）和有机物（如糖、纤维素等）接触会发生剧烈反应，甚至引起燃烧；与碱金属能发生剧烈反应，具有强腐蚀性	
5	硝酸铵	51069 氧化性物质 可燃物含量 小于 0.2%	甲类	轻度 危害	无腐蚀	燃烧爆炸危险性：与还原剂、有机物、易燃物（如硫、磷或金属粉末）能形成爆炸性混合物，经摩擦、振动或撞击可引起燃烧或爆炸。急剧加热可发生爆炸	
6	氢气	21001 易燃气体	甲类	—	—	危险特性：与空气混合能形成爆炸性混合物，遇明火、高热能引起燃烧爆炸；气体比空气轻，在室内使用和储存时，漏气上升滞留屋顶不易排出，遇火星会引起爆炸；与氟、氯等能发生剧烈的化学反应	
7	氯气	第 2、3 类 有毒气体	乙类	重度 危害	腐蚀	燃烧爆炸危险性：一般可燃物大都能在氯气中燃烧，易燃性气体和蒸气能与氯气形成爆炸性混合物，对金属和非金属有腐蚀作用。它是一种强烈刺激性气体，长期低浓度接触，可能造成多种疾病，高浓度氯气会造成中毒	

表 2-2　其他化学品特性介绍

序号	物质名称	火灾危 险类别	理化性质
1	铂催化剂	戊类	主要成分是铂，这是一种银白色有光泽的金属，熔点 1 772 ℃，沸点（3 827±100）℃，密度 21.45 g/cm³（20 ℃），较软，有良好的延展性、导热性和导电性。海绵铂为灰色海绵状物质，有很大的比表面积，对气体（特别是氢气、氧气和一氧化碳）有较强的吸收能力。粉末状的铂黑能吸收大量氢气。铂的化学性质不活泼，在空气和潮湿环境中稳定，低于 450 ℃加热时，表面形成二氧化铂薄膜，高温下能与硫、磷、卤素发生反应。铂不溶于盐酸、硫酸、硝酸和碱溶液，但可溶于王水和熔融的碱

表 2-2(续)

序号	物质名称	火灾危险类别	理化性质
2	添加剂	戊类	主要成分为磺酸盐。磺酸盐属于清净分散剂类物质,其碱性、钙含量高,对油泥清净效果好,物理性质:闪点≥170 ℃,色度 ASTM(单倍稀释)≤8,黏度(100 ℃)≤200 mm^2/s
3	包裹剂	戊类	主要成分为脂肪胺和磺酸盐,是广泛使用的阳离子表面活性剂和其他表面活性剂的原料,也是制造合成染料、合成药物和合成洗涤剂等的原料,主要用作纤维柔软剂

表 2-3 危险、有害因素分布情况

危险、有害因素分布			主要危险、有害物质	危险、有害因素类别				
				火灾	爆炸	中毒	化学灼伤	灼烫
稀硝酸生产装置	1	氨空制备	氨气		●	●	●	●
	2	氨氧化	氨气、氧化氮	●	●			●
	3	酸吸收	氮氧化物、硝酸			●	●	
	4	酸槽	稀硝酸			●	●	
硝酸铵生产装置	5	氨蒸发	氨气		●	●	●	●
	6	反应	氨硝酸、硝酸铵		●	●	●	
	7	硝酸铵溶液蒸发	硝酸铵			●		●
	8	造粒	硝酸铵		●			
	9	包装	硝酸铵		●			
	10	硝酸铵库	硝酸铵		●			
辅助设备	11	变配电		●	●			●
	12	循环水	氯气			●		

表 2-4 主要危险、有害因素分布区域

序号	危险、有害因素	危险、有害因素存在部位
1	火灾、爆炸	稀硝酸生产装置、硝酸铵生产装置、硝酸储槽、包装楼及硝酸铵仓库、变配电所
2	中毒和窒息	稀硝酸生产装置(氨气、氧化氮气体)、硝酸铵生产装置(氨气)
3	灼烫	稀硝酸的泄漏、高温物体表面、高温物料的泄漏、腐蚀性气体的泄漏

建设项目可能出现作业人员伤亡的其他危险、有害因素(包括粉尘、噪声、振动、机械伤害、高处坠落、触电等),见表 2-5。

表 2-5 其他危险、有害因素及其分布

序号	危险、有害因素	危险、有害因素存在部位
1	机械伤害	施工建设过程或生产过程涉及的各类机械设备传动部件、工器件等
2	起重伤害	起重机械吊装、检修场所
3	物体打击	施工建设过程及各类机械设备传动部件、工器件等

表 2-5(续)

序号	危险、有害因素	危险、有害因素存在部位
4	触电伤害	施工临时用电配电房及各类电气设备,总变(配)电,车间、库房等处各类电气控制箱、开关柜、配电装置
5	高处坠落	工程施工及检修现场;高处作业以及建筑、电气等高处检(维)修
6	淹溺	循环水池、污水处理池、中和池等若无护栏,会造成淹溺事故
7	灼烫	高温设备
8	车辆伤害	厂区内工程施工及生产运输过程
9	坍塌	施工建设过程及高层建筑物、设备
10	其他	噪声:厂区内各种泵及机械设备、噪声设施;粉尘:硝酸铵造粒、输送、包装及储存

【相关知识】

一、危险、有害因素概述

1. 危险、有害因素的定义

危险是指可能造成人员伤害、职业病、财产损失、作业环境破坏的根源或状态。危险因素是指能对人造成伤亡或者对物造成突发性损害的因素。有害因素是指能影响人的身体健康,导致疾病,或者对物造成慢性损害的因素。危险因素强调突发性和瞬间作用,而有害因素则强调在一定时间范围内的积累作用。通常情况下,对二者并不加以区分而统称为危险、有害因素,主要指能对人造成伤亡、对物造成突发性损坏或影响人的身体健康导致疾病、对物造成慢性损坏的因素。客观存在的危险、有害物质和能量超过临界值的设备、设施和场所,都可能成为危险、有害因素。

2. 危险、有害因素的产生

所有危险、有害因素尽管表现形式不同,但从本质上讲,之所以能造成危险、危害后果(伤亡事故、损害人身健康和物的损坏等)均可归结为存在能量、有害物质和能量、有害物质失去控制两方面因素的综合作用,并导致能量的意外释放或有害物质泄漏、散发的结果。因此,存在能量、有害物质和失控是危险、有害因素产生的根本原因,都是危险、有害因素。

3. 危险、有害因素的特征

所谓危险、有害,是指导致意外损失发生的灾害事故的不确定性,即在特定期间、特定客观情况下,导致损失的事件是否发生、何时发生、损失的范围和程度的不可预见性和不可控制性。具体包含两个方面的含义:一是危险、有害的不确定性;二是危险、有害事件的发生给人类造成的经济损失的不确定性。

危险、有害具有以下特征:

① 普遍性:危险、有害是普遍存在的。

② 客观性:危险、有害是不以人们的意志为转移——非主观性。

③ 转化性:危险、有害在特定的条件下是可以转化的。

④ 规律性:危险、有害的发生和后果是有规律的。

4. 危险、有害因素辨识技术

危险、有害因素辨识过程是事故预防、安全评价、重大危险源监督管理、建立应急预案体系以及建立职业安全卫生管理体系的基础。一般通过划分生产(作业)活动,从生产、工艺、设备、环境、人员和管理等方面进行。

许多安全评价方法都可用于危险、有害因素的辨识。方法是分析危险、有害因素的工具,选用哪种方法要根据分析对象的性质、特点、寿命的不同阶段和分析人员的知识、经验和习惯来定。常用的辨识方法大致可分为两大类:

(1) 直观经验法

直观经验法适用于有可供参考先例、有以往经验可以借鉴的危害辨识过程,不能应用在没有可供参考先例的新系统中。

(2) 系统安全分析方法

系统安全分析方法常用于复杂系统、没有事故经验的新开发系统。常用的系统安全分析方法有事件树(ETA)、故障树(FTA)等。美国拉氏姆逊教授曾在没有先例的情况下,大规模且有效地使用了 FTA 和 ETA 方法,分析了核电站的危险、有害因素,并被以后发生的核电站事故所证实。

5. 危险、有害因素辨识的原则

在进行危险、有害因素辨识的过程中,为了做到系统、全面,防止遗漏,应遵循以下原则:

(1) 科学性

要求进行危险、有害因素识别,必须要有科学的安全理论做指导,使之能真正揭示系统安全状况危险、有害因素存在的部位、存在的方式、事故发生的途径及其变化的规律,并予以准确描述,以定性、定量的概念清楚地显示出来,用严密的合乎逻辑的理论予以解释清楚。

(2) 系统性

危险、有害因素存在于生产活动的各个方面,因此要对系统进行全面、详细的剖析,研究系统和系统及子系统之间的相关和约束关系,分清主要危险、有害因素及其相关的危险、有害性。

(3) 全面性

识别危险、有害因素时不要发生遗漏,以免留下隐患。要从厂址、自然条件、总图运输、建构筑物、工艺过程、生产设备装置、特种设备、公用工程、安全管理系统、设施、制度等各方面进行分析、识别;不仅要分析正常生产运转、操作中存在的危险、有害因素,还要分析、识别开车、停车、检修,装置受到破坏及操作失误情况下的危险、有害后果。

(4) 预测性

对于危险、有害因素,还要分析其触发事件,亦即危险、有害因素出现的条件或设想的事故模式。

二、危险、有害因素的分类

1. 按照导致事故和职业危害的原因分类

2022 年,国家市场监督管理总局、国家标准化管理委员会发布《生产过程危险和有害因素分类与代码》(GB/T 13861—2022),对原标准《生产过程危险和有害因素分类与代码》(GB/T 13861—2009)进行了较大幅度的修改。本标准将生产过程中的危险、有害因素分为 4 类,分别为人的因素、物的因素、环境因素和管理因素,见表 2-6。

表 2-6　生产过程危险和有害因素分类与代码表

代码	名称	说明
1	**人的因素**	
11	心理、生理性危险和有害因素	
1101	负荷超限	
110101	体力负荷超限	包括劳动强度，劳动时间延长引起疲劳、劳损、伤害等的负荷超限
110102	听力负荷超限	
110103	视力负荷超限	
110199	其他负荷超限	
1102	健康状况异常	指伤、病期等
1103	从事禁忌作业	
1104	心理异常	
110401	情绪异常	
110402	冒险心理	
110403	过度紧张	
110499	其他心理异常	包括泄愤心理
1105	辨识功能缺陷	
110501	感知延迟	
110502	辨识错误	
110599	其他辨识功能缺陷	
1199	其他心理、生理性危险和有害因素	
12	行为性危险和有害因素	
1201	指挥错误	
120101	指挥失误	包括生产过程中的各级管理人员的指挥
120102	违章指挥	
120199	其他指挥错误	
1202	操作错误	
120201	误操作	
120202	违章作业	
120299	其他操作错误	
1203	监护失误	
1299	其他行为性危险和有害因素	包括脱岗等违反劳动纪律行为
2	**物的因素**	
21	物理性危险和有害因素	
2101	设备、设施、工具、附件缺陷	
210101	强度不够	
210102	刚度不够	

表 2-6(续)

代码	名称	说明
210103	稳定性差	抗倾覆、抗位移能力不够。包括重心过高、底座不稳定、支承不正确、坝体不稳定等
210104	密封不良	密封件、密封介质、设备辅件、加工精度、装配工艺等缺陷以及磨损、变形、气蚀等造成的密封不良
210105	耐腐蚀性差	
210106	应力集中	
210107	外形缺陷	设备、设施表面的尖角利棱和不应有的凹凸部分等
210108	外露运动件	人员易触及的运动件
210109	操纵器缺陷	结构、尺寸、形状、位置、操纵力不合理及操纵器失灵、损坏等
210110	制动器缺陷	
210111	控制器缺陷	
210112	设计缺陷	
201113	传感器缺陷	精度不够,灵敏度过高或过低
210199	设备、设施、工具、附件缺陷	
2102	防护缺陷	
210201	无防护	
210202	防护装置、设施缺陷	防护装置、设施本身安全性、可靠性差,包括防护装置、设施、防护用品损坏、失效、失灵等
210203	防护不当等	防护装置、设施和防护用品不符合要求、使用不当。不包括防护距离不够
210204	支撑(支护)不当	包括矿井、建筑施工支护不符要求
210205	防护距离不够	设备布置、机械、电气、防火防爆等安全距离不够和卫生防护距离不够
210299	其他防护缺陷	
2103	电危害	
210301	带电部位裸露	人员易触及的裸露带电部位
210302	漏电	
210303	静电和杂散电流	
210304	电火花	
210305	电弧	
210306	短路	
210399	其他电伤害	
2104	噪声	
210401	机械性噪声	
210402	电磁性噪声	
210403	流体动力性噪声	

表 2-6(续)

代码	名称	说明
210499	其他噪声	
2105	振动危害	
210501	机械性振动	
210502	电磁性振动	
210503	流体动力性振动	
210599	其他振动危害	
2106	电离辐射	包括X射线、γ射线、α粒子、β粒子、中子、质子、高能电子束等
2107	非电离辐射	
210701	紫外辐射	
210702	激光辐射	
210703	微波辐射	
210704	超高频辐射	
210705	高频电磁场	
210706	工频电场	
210799	其他电离辐射	
2108	运动物伤害	
210801	抛射物	
210802	飞溅物	
210803	坠落物	
210804	反弹物	
210805	土、岩滑动	包括排土场、滑坡、尾矿库滑坡、露天采场滑坡
210806	料堆(垛)滑动	
210807	气流卷动	
210808	撞击	
210899	其他运动物伤害	
2109	明火	
2110	高温物体	
211001	高温气体	
211002	高温液体	
211003	高温固体	
211099	其他高温物体	
2111	低温物体	
211101	低温气体	
211102	低温液体	
211103	低温固体	
211199	其他低温物体	

表 2-6(续)

代码	名称	说明
2112	信号缺陷	
211201	无信号设施	应设信号设施处无信号,例如无紧急撤离信号等
211202	信号选用不当	
211203	信号位置不当	
211204	信号不清	信号量不足,例如响度、亮度、对比度、信号维持时间不够等
211205	信号显示不准	包括信号显示错误、显示滞后或超前等
211299	其他信号缺陷	
2113	标志标识缺陷	
211301	无标志标识	
211302	标志标识不清晰	
211303	标志标识不规范	
211304	标志标识选用不当	
211305	标志标识位置缺陷	
211306	标志标识设置顺序不规范	例如多个标志牌在一起设置时,应按警告、禁止、指令、提示类型的顺序
211399	其他标志标识缺陷	
2114	有害光照	包括直射光、反射光、眩光、频闪效应等
2115	信息系统缺陷	
211501	数据传输缺陷	例如是否加密
211502	自供电装置电池寿命过短	例如标准工作时间过短,经常出现监测设备断电
211503	防爆等级缺陷	例如 Exib 等级较低,不适合在涉及“两重点一重大”环境安装
211504	等级保护缺陷	防护不当导致信息错误、丢失、盗用
211505	通信中断或延迟	光纤或 GPRS/NB-IOT 等传输方式不同导致延迟严重
211506	数据采集缺陷	导致监测数据变化过于频繁或遗漏关键数据
211507	网络环境	保护过低,导致系统被破坏、数据丢失、被盗用等
2199	其他物理性危险和有害因素	
22	化学性危险和有害因素	根据 GB 13690 中的规定
2201	理化危险	
220101	爆炸物	见 GB 3000.2
220102	易燃气体	见 GB 3000.3
220103	易燃气溶胶	见 GB 3000.4
220104	氧化性气体	见 GB 3000.5
220105	压力下气体	见 GB 3000.6
220106	易燃液体	见 GB 3000.7
220107	易燃固体	见 GB 3000.8

表 2-6(续)

代码	名称	说明
220108	自反应物质或混合物	见 GB 3000.9
220109	自燃液体	见 GB 3000.10
220110	自燃固体	见 GB 3000.11
220111	自热物质和混合物	见 GB 3000.12
220112	遇水放出易燃气体的物质或混合物	见 GB 3000.13
220113	氧化性液体	见 GB 3000.14
220114	氧化性固体	见 GB 3000.15
220115	有机过氧化物	见 GB 3000.16
220116	金属腐蚀物	见 GB 3000.17
2202	健康危险	
220201	急性毒性	见 GB 3000.18
220202	皮肤腐蚀/刺激	见 GB 3000.19
220203	严重眼损伤/眼刺激	见 GB 3000.20
220204	呼吸或皮肤过敏	见 GB 3000.21
220205	生殖细胞致突变性	见 GB 3000.22
220206	致癌性	见 GB 3000.23
220207	生殖毒性	见 GB 3000.24
220208	特异性靶器官系统毒性——一次接触	见 GB 3000.25
220209	特异性靶器官系统毒性——反复接触	见 GB 3000.26
220210	吸入危险	见 GB 3000.27
2299	其他化学性危险和有害因素	
23	生物性危险和有害因素	
2301	致病微生物	
230101	细菌	
230102	病毒	
230103	真菌	
230199	其他致病微生物	
2302	传染病媒介物	
2303	致害动物	
2304	致害植物	
2399	其他生物性危险和有害因素	
3	**环境因素**	包括室内、室外、地上、地下(如隧道、矿井)、水上、水下等作业(施工)环境
31	室内作业场所环境不良	
3101	室内地面滑	室内地面、通道、楼梯被任何液体、熔融物质润湿，结冰或有其他易滑物等
3102	室内作业场所狭窄	

表 2-6(续)

代码	名称	说明
3103	室内作业场所杂乱	
3104	室内地面不平	
3105	室内梯架缺陷	包括楼梯、阶梯、电动梯和活动梯架，以及这些设施的扶手、扶栏和护栏、护网等
3106	地面、墙和天花板上的开口缺陷	包括电梯井、修车坑、门窗开口、检修孔、孔洞、排水沟等
3107	房屋地基下沉	
3108	室内安全通道缺陷	包括无安全通道、安全通道狭窄、不畅等
3109	房屋安全出口缺陷	包括无安全出口、设置不合理等
3110	采光照明不良	照度不足或过强、烟尘弥漫影响照明等
3111	作业场所空气不良	自然通风差、无强制通风、风量不足或气流过大、缺氧、有害气体超限等，包括受限制作业
3112	室内温度、湿度、气压不适	
3113	室内给、排水不良	
3114	室内涌水	
3199	其他室内作业场所环境不良	
32	室外作业场地环境不良	
3201	恶劣气候与环境	包括风、极端的温度、雷电、大雾、冰雹、暴雨雪、洪水、浪涌、泥石流、地震、海啸等
3202	作业场地和交通设施湿滑	包括铺设好的地面区域、阶梯、通道、道路、小路等被任何液体、熔融物质润湿，冰雪覆盖或有其他易滑物等
3203	作业场地狭窄	
3204	作业场地杂乱	
3205	作业场地不平	
3206	交通环境不良	包括道路、水路、轨道、航空
320601	航道狭窄、有暗礁或险滩	
320602	其他道路、水路环境不良	
320699	道路急转陡坡、临水临崖	
3207	脚手架、阶梯和活动梯架缺陷	包括这些设施的扶手、扶栏和护栏、护网等
3208	地面及地面开口缺陷	包括升降梯井、修车坑、水沟、水渠、路面、排土场、尾矿库等
3209	建(构)筑物和其他结构缺陷	包括建筑中或拆毁中的墙壁、桥梁、建筑物；筒仓、固定式粮仓、固定的槽罐和容器；屋顶、塔楼；排土场、尾矿库等
3210	门和围栏缺陷	包括大门、栅栏、畜栏和铁丝网等
3211	作业场地基础下沉	
3212	作业场地安全通道缺陷	包括无安全通道、安全通道狭窄、不畅等
3213	作业场地安全出口缺陷	包括无安全出口、设置不合理等
3214	作业场地光照不良	光照不足或过短，烟尘弥漫影响光照等
3215	作业场地空气不良	包括受限空间作业

表 2-6(续)

代码	名称	说明
3216	作业场地温度、湿度、气压不适	自然通风差或气流过大、作业场地缺氧、有害气体超限等
3217	作业场地涌水	
3218	排水系统故障	例如排土场、尾矿库、隧道等
3299	其他室外作业场地环境不良	
33	地下(含水下)作业环境不良	不包括以上室内室外作业环境已列出的有害因素
3301	隧道/矿井顶面巷帮缺陷	例如矿井冒顶
3302	隧道/矿井正面或作业面缺陷	例如矿井片帮
3303	隧道/矿井底板缺陷	
3304	地下作业面空气不良	包括无风、风速超过规定的最大值或小于规定的最小值,氧气浓度低于规定值、有害气体浓度超限等,包括受限空间作业
3305	地下火	
3306	冲击地压	井巷(采场)周围的岩石(如煤体)等物质在外载作用下产生的变形能,当力学平衡状态受到破坏时,瞬间释放,将岩体、气体、液体急剧、猛烈抛(喷)出造成严重破坏的一种井下动力现象
3307	地下水	
3308	水下作业供氧不当	
3399	其他地下(含水下)作业环境不良	
39	其他作业环境不良	
3901	强迫体位	生产设备、设施的设计或作业位置不符合人类工效学要求而易引起作业人员疲劳、劳损或事故的一种作业姿势
3902	综合性作业环境不良	显示有两种以上作业环境致害因素且不能分清主次的情况
3999	以上未包括的其他作业环境不良	
4	**管理因素**	机构和人员、制度及制度落情况
41	职业安全卫生管理机构设置和人员配备不健全	
42	职业安全卫生责任制不完善或未落实	包括平台经济等新业态
43	职业安全卫生管理制度不完善或未落实	
4301	建设项目“三同时”制度	
4302	安全风险分级管控	
4303	事故隐患排查治理	
4304	培训教育制度	
4305	操作规程	包括作业指导书
4306	职业卫生管理制度	
4399	其他职业安全卫生管理规章制度不健全	包括事故调查处理制度不健全

表 2-6(续)

代码	名称	说明
44	职业安全卫生投入不足	
46	应急管理缺陷	
4601	应急资源调查不充分	
4602	应急能力、风险评估不全面	
4603	事故应急预案缺陷	包括预案不健全、可操作性不强,无针对性
4604	应急预案培训不到位	
4605	应急预案演练不规范	
4606	应急演练评估不到位	
4699	其他应急管理缺陷	
49	其他管理因素缺陷	

2. 按照事故类别分类

参照《企业职工伤亡事故分类》(GB 6441—86),综合考虑起因物、引起事故的诱导性原因、致害物、伤害方式等,将危险因素分为 20 类,见表 2-7。

表 2-7 生产过程危险和有害因素分类

序号	名称	说明
1	物体打击	物体在重力或其他外力的作用下产生运动,打击人体造成人身伤亡事故,不包括因机械设备、车辆、起重机械、坍塌等引发的物体打击
2	车辆伤害	企业机动车辆在行驶中引起的人体坠落和物体倒塌、下落、挤压伤亡事故,不包括起重设备提升、牵引车辆和车辆停驶时发生的事故
3	机械伤害	指机械设备运动(静止)部件、工具、加工件直接与人体接触引起的夹击、碰撞、剪切、卷入、绞、碾、割、刺等伤害,不包括车辆、起重机械引起的机械伤害
4	起重伤害	各种起重作业(包括起重机安装、检修、试验)中发生的挤压、坠落、(吊具、吊重)物体打击和触电
5	触电	包括雷击伤亡事故
6	淹溺	包括高处坠落淹溺,不包括矿山、井下透水淹溺
7	灼烫	火焰烧伤、高温物体烫伤、化学灼伤(酸、碱、盐、有机物引起的体内外灼伤)、物理灼伤(光、放射性物质引起的体内外灼伤),不包括电灼伤和火灾引起的烧伤
8	火灾	指在时间或空间上失去控制的燃烧
9	高处坠落	在高处作业中发生坠落造成的伤亡事故,不包括触电坠落事故
10	坍塌	物体在外力或重力作用下,超过自身的强度极限或因结构稳定性破坏而造成的事故,如挖沟时的土石塌方、脚手架坍塌堆置物倒塌等,不适用于矿山冒顶片帮和车辆、起重机械、爆破引起的坍塌
11	冒顶片帮	矿井、隧道、涵洞开挖、衬砌过程中因开挖或支护不当,顶部或侧壁大面积垮塌造成伤害的事故

表 2-7(续)

序号	名称	说明
12	透水	矿山地下开采、隧道开挖过程中,意外水源造成的伤害事故
13	爆破	爆破作业中发生的伤亡事故
14	火药爆炸	指火药、炸药及其制品在生产、加工、运输、储存中发生的爆炸事故
15	瓦斯爆炸	一定浓度的甲烷和空气中度作用下产生的激烈氧化反应
16	锅炉爆炸	其他原因导致锅炉承压负荷过大造成的瞬间能量释放现象,锅炉缺水、水垢过多、压力过大等情况都会造成锅炉爆炸
17	容器爆炸	充气容器因结构缺陷或气体过量而爆裂
18	其他爆炸	包括化学性爆炸(指可燃性气体、粉尘等与空气混合形成爆炸性混合物接触引爆能源时发生的爆炸事故)
19	中毒和窒息	包括中毒、缺氧
20	其他伤害	上述以外的危险因素,如冻伤、割伤、扎伤、摔、扭、刺等

这种分类方法所列的危险、有害因素与企业职工伤亡事故处理(调查、分析、统计)和职工安全教育的口径基本一致,为安全生产监督管理部门、行业主管部门职业安全卫生管理人员和企业广大职工、安全管理人员所熟悉,易于接受和理解,便于实际应用。但缺少全国统一规定,尚待在应用中进一步提高其系统性和科学性。

3. 按照职业病危险、有害因素分类

根据职业病防治工作需要,原国家卫生计生委、安全监管总局、人力资源社会保障部和全国总工会下发的《关于印发〈职业病危害因素分类目录〉的通知》(国卫疾控发〔2015〕92号)中将职业病危险、有害因素分为6类,见表2-8。

表 2-8 职业病危险、有害因素分类

序号	名称	说明
1	粉尘	包括矽尘(游离 SiO_2 含量≥10%)、煤尘、石墨粉尘等51种粉尘及以上未提及的可导致职业病的其他粉尘
2	化学因素	包括铅及其化合物(不包括四乙基铅)、汞及其化合物、氯气、氨、乙酸异丙酯等374种化学因素以上未提及的可导致职业病的其他化学因素
3	物理因素	包括噪声、高温、低气压、高气压、高原低氧、振动、激光、低温、微波、紫外线、红外线、工频电磁场、高频电磁场、超高频电磁场及以上未提及的可导致职业病的其他物理因素
4	放射性因素	包括密封放射源产生的电离辐射(主要产生γ、中子等射线)、非密封放射性物质(可产生α、β、γ射线或中子)、X射线装置(含CT机)产生的电离辐射、加速器产生的电离辐射(可产生电子射线、X射线、质子、重离子、中子以及感生放射性等)、中子发生器产生的电离辐射(主要是中子、γ射线等)、氡及其短寿命子体(限于矿工高氡暴露)、铀及其化合物、以上未提及的可导致职业病的其他放射性因素
5	生物因素	艾滋病病毒(限于医疗卫生人员及人民警察)、布鲁氏菌、伯氏疏螺旋体、森林脑炎病毒、炭疽芽孢杆菌及以上未提及的可导致职业病的其他生物因素
6	其他因素	金属烟、井下不良作业条件(限于井下工人)、刮研作业(限于手工刮研作业人员)

三、危险、有害因素的识别

现代科学技术高度发展的今天，由于装置的大型化，过程的自动化，一旦发生事故，后果相当严重。因此，发现问题要比解决问题更重要，即在过程的设计阶段就要进行危险、有害性分析，并通过对设计、安装、试车、开车、停车、正常运行、抢修等阶段的危险、有害性分析，识别出生产全过程中所有危险、有害因素，然后研究安全对策措施，这是保证系统安全的重要手段。在进行危险、有害因素的识别时，要全面、有序地进行识别，防止出现漏项，宜按厂址、总平面布置、道路运输、建构筑物、生产工艺、主要设备装置、作业环境等方面进行识别。识别的过程实际上就是系统安全分析的过程。

1. 总平面布局及建(构)筑物危险、有害因素识别

(1) 厂址及周边环境

厂址方面的危险、有害因素，要从厂址的工程地质、地形地貌、水文、气象条件、周围环境、交通运输条件、自然灾害、消防支持等方面分析、识别。

(2) 厂区总平面布局

总平面布置方面的危险、有害因素，要从功能分区、防火间距和安全间距、风向、建筑物朝向、危险有害物质设施、动力设施(氧气站、乙炔气站、压缩空气站、锅炉房、液化石油气站等)、道路、储运设施等方面进行分析、识别。

(3) 厂区道路及运输

道路及运输方面的危险、有害因素要从运输、装卸、消防、疏散、人流、物流、平面交叉运输和竖向交叉运输等方面进行分析、辨识。

(4) 建(构)筑物

建(构)筑物方面的危险、有害因素，要从厂房的生产火灾危险性分类，耐火等级、结构、层数、占地面积、防火间距、安全疏散等方面进行分析、识别；要从库房储存物品的火灾危险性分类、耐火等级、结构、层数、占地面积、安全疏散、防火间距等方面进行分析、识别。

2. 设备或装备危险、有害因素的识别

(1) 工艺设备、装置

① 设备本身是否能满足工艺的要求：标准设备是否由具有生产资质的专业工厂所生产、制造；特种设备的设计、生产、安装、使用是否具有相应的资质或许可证。

② 是否具备相应的安全附件或安全防护装置，如安全阀、压力表、温度计、液压计、阻火器、防爆阀等。

③ 是否具备指示性安全技术措施，如超限报警、故障报警、状态异常报警等。

④ 是否具备紧急停车的装置。

⑤ 是否具备检修时不能自动投入，不能自动反向运转的安全装置。

(2) 化工设备

化工设备的危险、有害因素的辨识，主要检查这些设备是否有足够的强度、刚度；是否有可靠的耐腐蚀性；是否有足够的抗高温蠕变性；是否有足够的抗疲劳性；密封是否安全可靠；安全保护装置必须配套。

(3) 机械加工设备

机械加工设备的危险、有害因素识别，可以根据以下的标准、规程进行查对：《磨削机械安全规程》(GB 4674—2009)、《剪切机械安全规程》(GB 6077—85)、《起重机械安全规程 第

1 部分：总则》(GB/T 6067.1—2010)、《特种设备安全监察条例》(国务院令第 549 号)等。

(4) 电气设备

电气设备的危险、有害因素识别应紧密结合工艺的要求和生产环境的状况来进行，一般可考虑从以下几方面进行识别：

① 电气设备的工作环境是否属于爆炸和火灾危险环境，是否属于粉尘、潮湿或腐蚀环境。

② 电气设备是否具有国家指定机构的安全认证标志，特别是防爆电器的防爆等级。

③ 电气设备是否为国家颁布的淘汰产品。

④ 用电负荷等级对电力装置的要求。

⑤ 电气火花引燃源。

⑥ 触电保护、漏电保护、短路保护、过载保护、绝缘、电气隔离、屏护、电气安全距离等是否可靠。

⑦ 是否根据作业环境和条件选择安全电压，安全电压值和设施是否符合规定。

⑧ 防静电、防雷击等电气联结措施是否可靠。

⑨ 管理制度方面的完善程度。

⑩ 事故状态下的照明、消防、疏散用电及应急措施用电的可靠性。

⑪ 自动控制系统的可靠性，如不间断电源、冗余装置等。

(5) 特种设备

特种设备是指涉及生命安全、危险性较大的锅炉、压力容器(含气瓶，下同)、压力管道、电梯、起重机械、客运索道、大型游乐设施和场(厂)内专用机动车辆。其中锅炉、压力容器(含气瓶)、压力管道为承压类特种设备；电梯、起重机械、客运索道、大型游乐设施为机电类特种设备。

3. 危险化学品和重点监管危险化学品危险、有害因素的识别

根据《危险化学品安全管理条例》(国务院令第 645 号)规定，危险化学品是指具有毒害、腐蚀、爆炸、燃烧、助燃等性质，对人体、设施、环境具有危害的剧毒化学品和其他化学品。

依据《危险货物分类和品名编号》(GB 6944—2012)，将危险货物按照具有的危险性或最主要的危险性分为 9 个类别：爆炸品；气体；易燃液体；易燃固体、易于自燃的物质、遇水放出易燃气体的物质；氧化性物质和有机过氧化物；毒性物质和感染性物质；放射性物质；腐蚀性物质；杂项危险物质和物品，包括危害环境物质。在《化学品分类和危险性公示 通则》(GB 13690—2009)中，将化学品按照物理、健康和环境危险的性质分为 3 大类。

4. 生产工艺过程和重点监管危险化工工艺的危险、有害因素的识别

(1) 新建、改建、扩建项目设计阶段

对新建、改建、扩建项目设计阶段的危险、有害因素的识别应从以下 6 个方面进行分析识别：

① 对设计阶段是否通过合理的设计，尽可能从根本上消除危险、有害因素的发生进行考查。例如，是否采用无害化工艺技术，以无害物质代替有害物质并实现过程自动化等，否则就可能存在危险。

② 当消除危险、有害因素有困难时，对是否采取了预防性技术措施来预防或消除危险、

危害的发生进行考查。例如是否设置安全阀、防爆阀(膜);是否有有效的泄压面积和可靠的防静电接地、防雷接地、保护接地、漏电保护装置等。

③ 当无法消除危险或危险难以预防的情况下,对是否采取了减少危险、危害的措施进行考查。例如:是否设置防火堤、涂防火涂料;是否是敞开或半敞开式的厂房;防火间距、通风是否符合国家标准的要求等;是否以低毒物质代替高毒物质;是否采取了减震、消声和降温措施等。

④ 当在无法消除、预防、减弱的情况下,对是否将人员与危险、有害因素隔离等进行考查。如是否实行遥控、设隔离操作室、安全防护罩、防护屏、配备劳动保护用品等。

⑤ 当操作者失误或设备运行一旦达到危险状态时,对是否能通过联锁装置来终止危险、危害的发生进行考查。例如,锅炉极低水位时停炉联锁和冲剪压设备光电联锁保护等。

⑥ 在易发生故障和危险性较大的地方,对是否设置了醒目的安全色、安全标志和声、光警示装置等进行考查。例如,厂内铁路或道路交叉路口、危险品库、易燃易爆物质区等。

(2) 生产工艺运行阶段

对于一般的工艺过程可按以下原则进行工艺过程的危险、有害性识别:

① 能使危险物的良好防护状态遭到破坏或者损害的工艺。

② 工艺过程参数(如反应的温度、压力、浓度、流量等)难以严格控制并可能引发事故的工艺。

③ 工艺过程参数与环境参数具有很大差异,系统内部或者系统与环境之间在能量的控制方面处于严重不平衡状态的工艺。

④ 一旦脱离防护状态后的危险物会引起或极易引起大量积聚的工艺和生产环境,例如:含危险气、液的排放,尘、毒严重的车间内通风不良等。

⑤ 有产生电气火花、静电危险性或其他明火作业的工艺,或有炽热物、高温熔融物的危险工艺或生产环境。

⑥ 能使设备可靠性降低的工艺过程,如低温、高温、振动和循环负荷疲劳影响等。

⑦ 由于工艺布置不合理较易引发事故的工艺。

⑧ 在危险物生产过程中有强烈机械作用影响(如摩擦、冲击、压缩等)的工艺。

⑨ 容易产生混合危险的工艺或者有使危险物出现配伍禁忌可能性的工艺。

⑩ 其他危险工艺。

(3) 重点监管的工艺单元

重点监管的工艺单元是各行业中具有典型特点的基本过程或基本单元。典型的危险化工工艺有18种:光气及光气化工艺、电解工艺(氯碱)、氯化工艺、硝化工艺、合成氨工艺、裂解(裂化)工艺、氟化工艺、加氢工艺、重氮化工艺、氧化工艺、过氧化工艺、胺基化工艺、磺化工艺、聚合工艺、烷基化工艺、新型煤化工工艺、电石生产工艺、偶氮化工艺。各地安全监管部门也可根据当地化工产业和安全生产的特点,补充和确定本辖区重点监管的危险化工工艺目录。每种危险化工工艺都有安全控制要求、重点监控参数及推荐的控制方案。

5. 作业环境危险、有害因素的识别

作业环境中的危险、有害因素主要有危险物质、生产性粉尘、工业噪声与振动、温度与湿度和辐射等。

（1）危险物质

生产中的原材料、半成品、中间产品、副产品以及储运中的物质以气态、液态或固态存在，它们在不同的状态下具有不同的物理、化学性质及危险有害特性，因此，了解并掌握这些物质固有的危险特性是进行危险辨识、分析和评价的基础。危险物质的辨识应从其理化性质、稳定性、化学反应活性、燃烧及爆炸特性、毒性及健康危害等方面进行。在进行危险物品的危险有害因素识别时，可将危险物品分为10类：易燃、易爆物质；有害物质；刺激性物质；腐蚀性物质；有毒物质；致癌、致突变及致畸物质；造成缺氧的物质；麻醉物质；氧化剂；生产性粉尘。

（2）生产性粉尘

生产过程中，如果在粉尘作业环境中长时间工作吸入粉尘，就会引起肺部组织纤维化、硬化，丧失呼吸功能，导致肺病。粉尘还会引起刺激性疾病、急性中毒或癌症；爆炸性粉尘在空气中达到一定的浓度（爆炸下限）时，遇火源会发生爆炸。生产性粉尘危险、有害因素的识别应该包括以下内容：

① 根据工艺、设备、物料、操作条件，分析可能产生的粉尘种类和部位。

② 用已经投产的同类生产厂、作业岗位的检测数据或模拟试验测试数据进行类比识别。

③ 分析粉尘产生的原因，粉尘扩散传播的途径，作业时间，粉尘特性来确定其危害方式和危害范围。

（3）工业噪声与振动

工业噪声可以分为机械噪声、空气动力性噪声和电磁噪声3类。噪声危害的识别主要根据已掌握的机械设备或作业场所的噪声确定噪声源、声级和频率。振动危害有全身振动和局部振动，可导致中枢神经、自主神经功能紊乱、血压升高，也会导致设备、部件的损坏。振动危害的识别则应先找出产生振动的设备，然后根据国家标准，参照类比资料确定振动的危害程度。

（4）温度与湿度

生产性热源：工业炉窑，如冶炼炉、焦炉、加热炉、锅炉等；电热设备，如电阻炉、工频炉等；高温工件，如铸锻件；高温液体，如导热油、热水等；高温气体，如蒸汽、热风、热烟气等。温度、湿度危险与危害的识别：

① 了解生产过程的热源、发热量、表面绝热层的有无，表面温度，与操作者的接触距离等情况。

② 是否采取了防灼伤、防暑、防冻措施，是否采取了空调措施。

③ 是否采取了通风（包括全面通风和局部通风）换气措施，是否有作业环境温度、湿度的自动调节、控制。

（5）辐射

辐射主要分为电离辐射（如α粒子、β粒子、γ粒子和中子、X粒子）和非电离辐射（如紫外线、射频电磁波、微波等）两类。电离辐射伤害则由α、β、X、γ粒子和中子极高剂量的放射性作用所造成。射频辐射危害主要表现为射频致热效应和非致热效应两个方面。

6. 储运过程危险、有害因素的识别

原料、半成品及成品的储存和运输是企业生产不可缺少的环节。这些物质中,有不少是易燃、可燃等危险品,一旦发生事故,必然造成重大的经济损失。

(1) 爆炸品储运危险、有害因素识别

① 从单个仓库中最大允许储存量的要求进行识别。

② 从分类存放的要求方面去识别。

③ 从装卸作业是否具备安全条件的要求去识别。

④ 从铁路运输的安全要求是否具备进行识别。

⑤ 从公路运输的安全条件是否具备进行识别。

⑥ 从水上运输的安全条件是否具备进行识别。

⑦ 从爆炸品储运作业人员是否具备资质、知识进行识别。

(2) 易燃液体储运危险因素识别

① 整装易燃液体的储存危险识别。从易燃液体的储存状况、技术条件方面去识别其危险性;从易燃液体储罐区、堆垛的防火要求方面去识别其危险性。

② 散装易燃液体储存危险识别。散装易燃液体储存危险的识别,宜从防泄漏、防流散,防静电、防雷击、防腐蚀、装卸操作、管理等方面识别其危险性。

③ 整装易燃液体运输危险识别。装卸作业中的危险;公路运输中的危险;铁路运输中的危险;水路运输中的危险。

④ 散装易燃液体运输危险识别。公路运输防泄漏、防溅洒、防静电、防雷击、防交通事故及装卸操作等方面去识别;铁路运输的编组隔离、溜放连挂、运行中的急刹车、安全附件、装卸操作方面的危险识别;水路运输的危险识别;管道输送的危险识别。

(3) 毒害性物质储运危险识别

① 储存技术条件方面的危险因素识别。是否针对毒害品具有的危险特性,如易燃性、腐蚀性、挥发性、遇湿反应性等采取相应的措施;是否采取分离储存、隔开储存和隔离储存的措施;毒害品包装及封口方面的泄漏危险;储存温度、湿度方面的危险;操作人员作业中失误等危险因素;作业环境空气中有毒物品浓度方面的危险。

② 储存库房的危险因素识别。防火间距方面的危险因素;耐火等级方面的危险因素;防爆措施方面的危险因素;潮湿的危险因素;腐蚀的危险因素;疏散的危险因素;占地面积与火灾危险等级要求方面的危险因素。

③ 运输危险因素识别。配装原则方面的危险因素;公路运输方面的危险因素;铁路运输方面的危险因素;水路运输方面的危险因素。

7. 与手工操作有关的危险、有害因素的识别

在从事手工操作,搬、举、推、拉及运送重物时,有可能导致的伤害有:椎间盘损伤,韧带或筋损伤,肌肉损伤,神经损伤,挫伤、擦伤、割伤等。其危险有害因素识别分述如下:远离身体躯干拿取或操纵重物;超负荷的推、拉重物;不良的身体运动或工作姿势,尤其是躯干扭转、弯曲、伸展取东西;超负荷的负重运动,尤其是举起或搬下重物的距离过长,搬运重物的距离过长;负荷有突然运动的风险;手工操作的时间及频率不合理;没有足够的休息及恢复体力的时间;工作的节奏及速度安排不合理。

8. 建筑和拆除过程危险、有害因素的辨识与分析

(1) 建筑过程的危险、有害因素识别

在建筑过程中的危险、有害因素集中于5大害，即高处坠落、物体打击、机械伤害、触电伤害和坍塌。建筑行业还存在职业卫生问题，首先是尘肺病，此外还有因寒冷、潮湿的工作环境导致的早衰、短寿，因气候过热、长期户外工作导致的皮肤癌，因重复的手工操作过多导致的外伤，以及因噪声造成的听力损失等。

(2) 拆除过程的危险、有害因素识别

在拆除过程中的危险、有害因素是建筑物、构筑物过早倒塌以及从工作地点和进入通道上坠落，根本原因是工作不按严格、适用的计划和程序进行。

【知识拓展】

通过网络收集《危险化学品安全管理条例》(国务院令第645号)、《化学品分类和危险性公示通则》(GB 13690—2009)、《化学品分类和标签规范》(GB 3000—2013)等法规和标准，学习和了解危险化学品的安全管理规定。

【思考练习】

1. 分析危险因素和有害因素的区别。

2. 危险、有害的辨识方法分为(　　)和系统安全分析方法。

3.《生产过程危险和有害因素分类与代码》(GB/T 13861—2022)将生产过程中的危险、有害因素分为(　　)、(　　)、(　　)和(　　)4大类。

4.《企业职工伤亡事故分类》(GB 6441—86)，将危险因素分为(　　)类。

A. 10　　B. 15　　C. 20　　D. 25

5. 根据《企业职工伤亡事故分类》(GB 6441—86)，企业机动车辆在行驶中引起的人体坠落和物体倒塌、下落、挤压伤亡事故，属于(　　)。

A. 机械伤害　　B. 物体打击　　C. 起重伤害　　D. 车辆伤害

6. 危险源辨识是为了明确所有可能产生或诱发事故的不安全因素，辨识的首要目的是对危险源进行(　　)。

A. 事前预防　　B. 事后控制　　C. 分析　　D. 控制

7. 作业环境中的主要危险、有害因素有哪些？

8. 建构筑物的危险、有害因素从哪些方面进行辨识和分析？

【技能训练】

某加油站坐南朝北，东邻民房，南邻废弃仓库，西邻旅馆，北邻公路，企业占地面积600 m^2，钢网架罩棚面积175 m^2，砖混站房19.6 m^2。加油站经济类型为私营企业，主要经销车用92#乙醇汽油、0#柴油。加油站现有员工5人，其中专职安全管理人员1人。加油站有加油机4台，目前在用柴油加油机1台，汽油加油机2台，1台备用，所有加油机均已取得质量技术监督管理部门检验合格，取得检验合格证书。加油站储存方式及规模为：2个地下钢制储油罐，其中1个为汽油储罐，容积为15 m^3；1个为柴油储罐，容积为15 m^3。加油站制定了应急救援预案，预案包括加油站被抢应急处理、油罐车卸油过程中罐口起火应急处理、汽车加

油时油箱口着火应急处理、加油站加错油品应急处理、加油站油罐车卸油时胶管脱落或开裂漏油应急处理、卸油罐溢油应急处理、加油起火应急救援等应急处置方案。加油站编制的应急救援预案经市应急管理局审查合格准予备案。

1. 按照《汽车加油加气加氢站技术标准》(GB 50156—2021)规定,该加油站为______级加油站。

2. 依据《企业职工伤亡事故分类》(GB 6441—86)和《生产过程危险和有害因素分类与代码》(GB/T 13861—2022)辨识并分析该加油站主要危险、有害因素。

任务二　重大危险源的辨识与分析

【学习目标】

知识目标:掌握重大危险源的类型和辨识方法。

技能目标:能够对评价对象进行重大危险辨识和分级。

【实例展示】

1. 重大危险源辨识

根据《危险化学品重大危险源辨识》(GB 18218—2018)规定,某技改项目有2套生产装置和1座硝酸铵成品仓库,由于装置与装置之间及装置与仓库之间的距离均小于500 m,因此应划分为一个危险化学品重大危险源评价单元。单元内列入重大危险源辨识的危险物质名单有:氨气、一氧化氮、二氧化氮、氢气、稀硝酸、硝酸铵。详见危险化学品重大危险源辨识表2-9。

表2-9　危险化学品重大危险源辨识情况

序号	物质名称	类别	临界量/t	实际量/t
1	氨气	有毒气体:危险性属于2.3项的中等毒性气体	10	2.112 8
2	一氧化氮	有毒气体:危险性属于2.3项的其他毒性气体	50	0.073
3	二氧化氮	有毒气体:危险性属于2.3项的中度危险性气体	1	7.25
4	氢气	易燃气体:危险性属于2.1项的气体	5	4×10^{-6} 间断使用
5	稀硝酸<60%	氧化性物质:危险性属于5.1项且包装为Ⅰ类的物质	20	245.44
6	硝酸铵(含可燃物≤0.2%)	氧化性物质:危险性属于5.1项且包装为Ⅱ类或Ⅲ类的物质	300	3 640

注:① 稀硝酸生产装置中氨气的量按蒸发器、过热器和氧化炉内的最大可能存在量计算,硝酸铵生产装置中氨气的量按液氨恒定液面计和反应器中的最大可能存在量计算;② NO的量按氧化炉(包括废热锅炉)和换热器中最大可能存在量计算;③ NO_2的量按吸收塔中最大可能存在量进行计算;④ 稀硝酸的量按开工酸槽中最大可能存在量进行计算;⑤ 硝酸铵最大可能存在量按仓库中6 d最大可能存在量进行计算。

危险化学品重大危险源物质实际量的计算过程为：

$$\frac{q_1}{Q_1}+\frac{q_2}{Q_2}+\cdots+\frac{q_n}{Q_n}=2.1128/10+0.073/50+7.25/1+4\times10^{-6}/5+245.44/20+3640/300\approx38.15>1$$

根据上式计算结果，该项目场所的危险化学品量构成重大危险源。

2. 重大危险源辨识结果

依据应急管理部发布的2023年11月《危险化学品重大危险源监督管理规定(修订草案征求意见稿)》，对重大危险源进行分级。氨气、一氧化氮为毒性气体，校正系数β值为"2"；二氧化氮为中度毒性气体，校正系数为β值为"10"；氢气为易燃气体，校正系数为β值为"1.5"，稀硝酸、硝酸铵为氧化性物质，校正系数为β值为"1"；该项目边界外扩展500 m范围内常住人口数量为390多人，因此厂外暴露人员校正系数α值为"2.0"。

因此，R值计算为：

$$R=\alpha\left(\beta_1\frac{q_1}{Q_1}+\beta_2\frac{q_2}{Q_2}+\cdots+\beta_n\frac{q_n}{Q_n}\right)=2\times(2\times2.1128/10+2\times0.073/50+10\times7.25/1+1.5\times4\times10^{-6}/5+1\times245.44/20+1\times3640/300)=207.22>100$$

依据表2-9可知，该项目正常生产期间构成一级重大危险源。

【相关知识】

一、重大危险源的概念与分类

1. 重大危险源的概念

20世纪70年代以来，预防重大工业事故引起国际社会的广泛重视，随之产生了"重大危害""重大危害设施"等概念。重大危险源的概念源自1993年6月第80届国际劳工大会通过的《预防重大工业事故公约》(174号公约)。所谓重大危害设施，是指不论长期或临时地加工、生产、处理、搬运、使用或储存数量超过临界量的一种或多种危险物质，或多类危险物质的实施。

《危险化学品重大危险源辨识》(GB 18218—2018)中将危险化学品重大危险源定义为：长期或临时地生产、储存、使用和经营危险化学品，且危险化学品的数量等于或超过临界量的单元。

2. 重大危险源的分类

重大危险源分类是重大危险源申报、普查工作的基础，科学、合理的分类有助于客观地反映重大危险源的本质特征，有利于重大危险源普查工作的顺利进行。根据《危险化学品重大危险源辨识》(GB 18218—2018)，综合考虑各种因素，可将重大危险源分为7大类。

① 危险化学品重大危险源，包括储罐区(储罐)、库区(库)和生产场所。

② 压力管道。

③ 锅炉。

④ 压力容器。

⑤ 煤矿(井工开采)。

⑥ 金属非金属地下矿山。

⑦ 尾矿库。

二、重大危险源的辨识与分级

1. 重大危险源的辨识

(1) 危险化学品重大危险源辨识

综观各国有关标准,虽然不是所有的国家,但绝大多数国家均是采用限定某种物质及其数量的方法。国际劳工组织认为:各国应根据具体的工业生产情况制定适合国情的重大危险源辨识标准。由于我国的生产技术和规模以及管理水平与国外尚有差距,因此,在临界量的确定上目前比国外的相关标准要小。我国这方面的工作在20世纪90年代开始起步,对重大危险源涉及物质和物质临界量进行了不断的修改,现行标准是《危险化学品重大危险源辨识》(GB 18218—2018)。

危险化学品重大危险源的辨识依据是物质的危险特性及其数量。单元内存在危险化学品的数量等于或超过GB 18218中规定的临界量,即被定为重大危险源。单元内存在危险物质的数量根据处理物质种类的多少区分为以下两种情况:

① 当单元内存在的危险物质为单一品种,则该物质的数量即为单元内危险物质的总量,若等于或超过相应的临界量,则定为重大危险源。

② 单元内存在的危险物质为多品种时,则按下式计算,若满足下面公式,则定为重大危险源:

$$\frac{q_1}{Q_1}+\frac{q_2}{Q_2}+\cdots+\frac{q_n}{Q_n}\geqslant 1 \tag{2-1}$$

式中,$q_1,q_2,\cdots,q_n$ 为每种危险物质实际存在量,t;$Q_1,Q_2,\cdots,Q_n$ 为与各危险物质相对应的生产场所或储存区的临界量,t。

(2) 压力管道

符合下列条件之一的压力管道:

① 长输管道。输送有毒、可燃、易爆气体,且设计压力大于1.6 MPa的管道;输送有毒、可燃、易爆液体介质,输送距离大于或等于200 km且管道公称直径大于或等于300 mm的管道。

② 公用管道。中压和高压燃气管道,且公称直径大于或等于200 mm。

③ 工业管道。输送毒性程度为极度、高度危害气体、液化气体介质,且公称直径大于或等于100 mm的管道;输送极度、高度危害液体介质,以及GB 50016中规定的火灾危险性为甲、乙类可燃气体或甲类可燃液体介质,且公称直径大于或等于100 mm,设计压力大于或等于4 MPa的管道;输送其他可燃、有毒流体介质,且公称直径大于或等于100 mm,设计压力大于或等于4 MPa,设计温度大于或等于400 ℃的管道。

(3) 锅炉

符合下列条件之一的锅炉:

① 蒸汽锅炉。额定蒸汽压力大于2.5 MPa,且额定蒸发量大于或等于10 t/h。

② 热水锅炉。额定出水温度大于或等于120 ℃,且额定功率大于或等于14 MW。

(4) 压力容器

属下列条件之一的压力容器：

① 介质毒性程度为极度、高度或中度危害的三类压力容器。

② 易燃介质，最高工作压力大于或等于 0.1 MPa，且 $pV \geqslant 100$ MPa·m^3 的压力容器(群)。

(5) 煤矿(井工开采)

符合下列条件之一的矿井：

① 瓦斯矿井。

② 煤与瓦斯突出矿井。

③ 有煤尘爆炸危险的矿井。

④ 水文地质条件复杂的矿井。

⑤ 煤层自然发火期不大于 6 个月的矿井。

⑥ 煤层冲击倾向为中等及以上的矿井。

(6) 金属非金属地下矿山

符合下列条件之一的矿井：

① 瓦斯矿井。

② 水文地质条件复杂的矿井。

③ 有自然发火危险的矿井。

④ 有冲击地压危险的矿井。

(7) 尾矿库

全库容大于或等于 100 万 m^3 以及坝高大于或等于 30 m 的尾矿库。

2. 危险化学品重大危险源的分级

重大危险源分级的目的主要是便于政府对危险源进行分级控制。分级标准的划定不仅是一项技术方法，而且是一项政策行为，分级标准严或将影响各级政府行政部门直接控制的危险源的数量配比。重大危险源根据其危险程度可分为一级至四级，其中一级为最高级别。

(1) 分级指标

采用单元内各种危险化学品实际存在(在线)量与其在《危险化学品重大危险源辨识》(GB 18218—2018)中规定的临界量比值，经校正系数校正后的比值之和 R 作为分级指标。

$$R = \alpha\left(\beta_1 \frac{q_1}{Q_1} + \beta_2 \frac{q_2}{Q_2} + \cdots + \beta_n \frac{q_n}{Q_n}\right) \tag{2-2}$$

式中，$q_1, q_2, \cdots, q_n$ 为每种危险化学品实际存在(在线)量，t；$Q_1, Q_2, \cdots, Q_n$ 为与各危险化学品相对应的临界量，t；$\beta_1, \beta_2, \cdots, \beta_n$ 为与各危险化学品相对应的校正系数；α 为该危险化学品重大危险源厂区外暴露人员的校正系数。

根据单元内危险化学品的类别不同，设定校正系数 β 值，见表 2-10 和表 2-11。

表 2-10　校正系数 β 取值表

危险化学品类别	毒性气体	爆炸品	易燃气体	其他类危险化学品
β	见表 2-11	2	1.5	1

注：危险化学品类别依据《危险货物品名表》(GB 12268—2012)的分类标准确定。

表 2-11　常见毒性气体校正系数 *β* 值取值表

毒性气体名称	一氧化碳	二氧化硫	氨气	环氧乙烷	氯化氢	溴甲烷	氯气
β	2	2	2	2	3	3	4
毒性气体名称	硫化氢	氟化氢	二氧化氮	氰化氢	碳酰氯	磷化氢	异氰酸甲酯
β	5	5	10	10	20	20	20

注：未在表中列出的有毒气体可按 $\beta=2$ 取值，剧毒气体可按 $\beta=4$ 取值。

校正系数 α 的取值，根据重大危险源的厂区边界向外扩展 500 m 范围内常住人口数量，设定厂外暴露人员校正系数 α 值，见表 2-12。

表 2-12　校正系数 *α* 取值表

厂外可能暴露人员数量	α	厂外可能暴露人员数量	α
≥100 人	2.0	50～99 人	1.5
30～49 人	1.2	1～29 人	1.0
0 人	0.5		

（2）分级标准

根据计算出来的 R 值，按表 2-13 确定危险化学品重大危险源的级别。

表 2-13　危险化学品重大危险源级别和 *R* 值的对应关系

危险化学品重大危险源级别	R 值	危险化学品重大危险源级别	R 值
一级	$R\geqslant100$	二级	$100>R\geqslant50$
三级	$50>R\geqslant10$	四级	$R<10$

【知识拓展】

对于重大危险源定量风险评价（可允许风险标准），通过定量风险评价确定的重大危险源的个人和社会风险值，不得超过表 2-14 和图 2-2 中个人和社会可容许风险限值标准。

1. 可容许个人风险标准

个人风险是指因危险化学品重大危险源各种潜在的火灾、爆炸、有毒气体泄漏事故造成区域内某一固定位置人员的个体死亡概率，即单位时间内（单位为年）的个体死亡率。通常用个人风险等值线表示。通过定量风险评价，危险化学品单位周边重要目标和敏感场所承受的个人风险应满足表 2-14 中可容许风险标准要求。

表 2-14　可容许个人风险标准

危险化学品单位周边重要目标和敏感场所类别	年可容许风险
1. 高敏感场所（如学校、医院、幼儿园、养老院等）； 2. 重要目标（如党政机关、军事管理区、文物保护单位等）； 3. 特殊高密度场所（如大型体育场、大型交通枢纽等）	$<3\times10^{-7}$
1. 居住类高密度场所（如居民区、宾馆、度假村等）； 2. 公众聚集类高密度场所（如办公场所、商场、饭店、娱乐场所等）	$<1\times10^{-6}$

2. 可容许社会风险标准

社会风险是指能够引起大于或等于死亡人数(N)的事故累积频率(F),也即单位时间内(通常为年)的死亡人数。通常用社会风险曲线(F-N 曲线)表示。

可容许社会风险标准采用 ALARP(as low as reasonable practice)原则作为可接受原则。ALARP 原则通过两个风险分界线将风险划分为 3 个区域,即不可容许区、尽可能降低区(ALARP)和可容许区。

① 若社会风险曲线落在不可容许区,除特殊情况外,该风险无论如何不能被接受。

② 若落在可容许区,风险处于很低的水平,该风险是可以被接受的,无须要采取安全改进措施。

③ 若落在尽可能降低区,则需要在可能的情况下尽量减少风险,即对各种风险处理措施方案进行成本效益分析等,以决定是否采取这些措施。

通过定量风险评价,危险化学品重大危险源产生的社会风险应满足图 2-2 中可容许社会风险标准要求。超过个人和社会可容许风险限值标准的,危险化学品单位应当采取相应的降低风险措施。

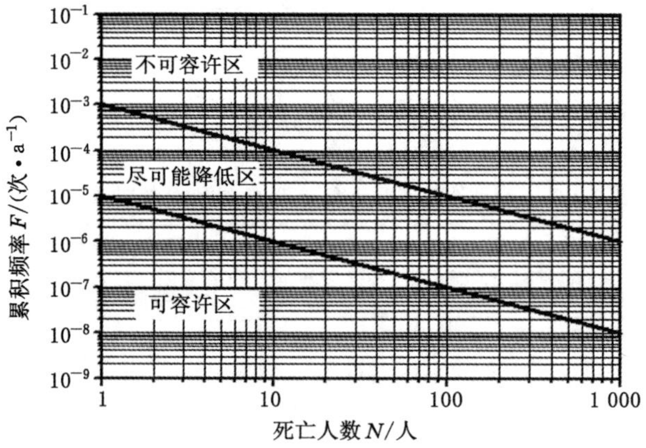

图 2-2 可容许社会风险标准(F-N)曲线

【思考练习】

1. 解释重大危险源。

2. 重大危险源分为哪些类型?

3. 危险化学品重大危险源的辨识依据是物质的(　　)及其(　　)。

4. 危险化学品重大危险源分为(　　)个等级,危险性最高的是(　　)级,其分级依据是(　　)值。

5. 重大危险源分级指标如何确定?

6. 重大危险源安全评估的主要内容?

7. 通过定量风险评价确定重大危险源的(　　)和(　　)风险值。

8. 某热力发电厂主要生产工艺单元有:储煤场、煤粉制备与输煤系统、燃烧系统、汽水系统、凝结水系统、化学水系统、循环水系统、除灰渣与除尘脱硫系统、制氢系统、配电与送电系统、车库等，大型设备主要有：锅炉、汽轮机、发电机、磨煤机、制氢装置、水处理装置、除尘装置等。发电用燃煤，由汽车直接运往贮煤场，在贮煤场用滚轴筛将煤破碎后送进燃煤锅炉。制氢系统包括制氢装置和氢气储罐。制氢装置为配套电解制氢设备及其管路等。运行时装置中存有的氢气为 50 kg，与制氢装置边缘距离为 30 m 处，有 6 个 24 m^3 额定工作压力为 3.2 MPa，额定工作温度为 20 ℃卧式储罐。作为生产成品的周转储罐。制氢装置与氢气储罐用管道连接。锅炉点火助燃为柴油。厂内有 2 个 2 000 m^3的固定储罐存储了柴油。罐的设计充装系数为 0.85，2 个柴油罐在同一围堰内，在距制氢系统外部边界 550 m 处有 1 个汽油储罐区，有 2 个 20 m^3 卧式汽油储罐，储罐的设计充装系数为 0.85，2 个汽油储罐在同一围堰内。相关资料：氢气在 0 ℃，0.1 MPa 环境中的密度为 0.09 kg/m^3，所用汽油的密度为 750 kg/m^3，所用柴油的密度 830 kg/m^3。《危险化学品重大危险源辨识》(GB 18218—2018)中给出：氢气在生产场所的临界量为 1 t，在储存区临界量为 10 t，汽油在生产场所的临界量为 2 t，在储存区的临界量为 20 t。请回答下列问题：

(1) 根据《企业职工伤亡事故分类》(GB 6441—86)指出该电厂可能发生的事故类别及其所在的生产工艺单元。

(2) 根据《生产过程危险和有害因素分类与代码》(GB/T 13861—2022)给出的危险、有害因素及分类，指出该电厂存在的化学性危险、有害因素及其对应的物质名称。

(3) 根据《危险化学品重大危险源辨识》(GB 18218—2018)给出的危险物质及其临界量，找出该电厂两处危险源及名称，并计算出两处危险源中任一处的储量。

(4) 指出该电厂可能发生爆炸的主要设备和设施，并指出预防其发生爆炸的保护装置或设备。

【技能训练】

某项目包括 3 个 50 m^3 和 2 个 48 m^3 液氨储罐，液氨在常温储存，压力为 1.33 MPa，密度为 0.584 283 kg/m^3，储存容量按最大 80%进行计算，那么 5 个液氨储罐最大储存能力为(　　)t，液氨储罐出料口阀门至碳化塔、吸氨器的液氨输送管道部分、压缩到碳化塔变换气输送管道设备部分氨量定为 10 t，液氨量共为(　　)t。另外，还考虑氢气量 0.951 t，过氧化钾量 0.3 t，具体见表 2-15。

表 2-15　危险化学品重大危险源辨识情况

序号	物质名称	类别	实际最大储量/t	标准临界量/t
1	氨气	液态储存有毒气体		
2	氢气	易燃气体	0.951	
3	过氧化钾	活性化学物质	0.3	

注：危险物质的标准临界量查《危险化学品重大危险源辨识》(GB 18218—2018)。

危险化学品重大危险源物质实际量的计算过程为：

$$\frac{q_1}{Q_1}+\frac{q_2}{Q_2}+\cdots+\frac{q_n}{Q_n}=\underline{\qquad\qquad}$$

根据上式计算结果，该项目场所的危险化学品量构成重大危险源。

依据《危险化学品重大危险源监督管理暂行规定》(安监总局令第 40 号),对重大危险源进行分级。氨气为(　　)气体,校正系数 β 值为(　　);氢气为(　　)气体,校正系数 β 值(　　);过氧化钾为(　　)危险化学品,校正系数为 β 值为(　　)。该项目边界外扩展 500 m范围内常住人口数量为 45 人,因此厂外暴露人员校正系数 α 值为(　　)。

因此,R 值计算为:

$$R = \alpha\left(\beta_1 \frac{q_1}{Q_1} + \beta_2 \frac{q_2}{Q_2} + \cdots + \beta_n \frac{q_n}{Q_n}\right) = \underline{\qquad\qquad}$$

依据表 2-13 可知,该项目正常生产期间构成(　　)级重大危险源。

项目3　安全评价单元的划分与评价方法的选择

任务一　安全评价单元的划分

【学习目标】

知识目标：掌握评价单元划分的原则和方法，了解评价范围和评价对象的相关内容。

技能目标：能够对评价项目进行评价单元划分。

【实例展示】

以某公司安全现状评价，根据评价对象生产工艺、工艺装置、物料的特点和特征与危险、有害因素的类别、分布情况，将本项目划分为5个评价单元，见表3-1。

表3-1　评价单元划分结果及理由说明表

序号	评价单元名称	单元简介	划分理由说明	备注
1	项目平面布置及周边关系		以危险、有害因素的类别划分	
2	生产系统	制纯碱和制氯化铵生产系统等	按装置工艺功能划分	
3	储存区	液氨储罐	按装置工艺功能划分	
4	公用工程及辅助生产系统	供电、给排水、消防和其他	按照布置的相对独立性划分	
5	安全管理	证照文书、安全管理组织机构和职责、安全管理制度等改期符合有关法律、法规的要求。	按危险、有害因素的类别划分	

【相关知识】

一、评价单元的概念

评价单元是指，根据评价的要求而划定的在工艺和设备布置上相对独立的作业区域。而在具体的安全评价过程中，由于突破了评价工艺装置的固有危险度范围，所以评价单元就是在危险、有害因素分析的基础上，根据评价目标和评价方法的需要，将系统分为若干有限、确定范围和需要评价的单元。

美国道化学公司在火灾、爆炸危险指数评价法中称：多数工厂是由多个单元组成，在计算该类工厂的火灾爆炸指数时，只选择那些对工艺有影响的单元进行评价，这些单元可称为评价单元。其评价单元定义与我们的定义实质上是一致的。

一个作为评价对象的建设项目、装置(系统)，一般是由相对独立、相互联系的若干部分(子系统、单元)组成，各部分的功能、含有的物质、存在的危险因素和有害因素、危险性和危害性以及安全指标均不尽相同。以整个系统作为评价对象实施评价时，一般按一定原则将评价对象分成若干有限、确定范围的单元分别进行评价，再综合为整个系统的评价。

二、评价单元划分的目的和意义

将系统划分为不同类型的评价单元进行评价，不仅可以简化评价工作、减少评价工作量，避免遗漏，而且由于能够得出各评价单元危险性的比较概念，避免了以最危险单元的危险性来表征整个系统的危险性、夸大整个系统危险性的可能性，从而提高了评价的准确性、降低了采取对策措施的安全投资费用。

三、划分评价单元的原则和方法

1. 划分评价单元的基本原则

① 各评价单元的生产过程相对独立。

② 各评价单元在空间上相对独立。

③ 各评价单元的范围相对固定。

④ 各评价单元之间具有明显的界限。

这几项评价单元划分原则并不是孤立的，而是有内在联系的，划分评价单元时应综合考虑各方面的因素进行划分。

2. 划分评价单元的方法

划分评价单元是为评价目标和评价方法服务的，要便于评价工作的进行，有利于提高评价工作的准确性；评价单元一般以生产工艺、工艺装置、物料的特点和特征与危险、有害因素的类别、分布有机结合进行划分，还可以按评价的需要将一个评价单元再划分为若干子评价单元或更细致的单元。

由于至今尚无一个明确通用的“规则”来规范单元的划分方法，因此会出现不同的评价人员对同一个评价对象划分出不同的评价单元的现象。由于评价目标不同、各评价方法均有自身特点，只要达到评价的目的，评价单元划分并不要求绝对一致。常用的评价单元划分方法有两大类：

(1) 以危险、有害因素的类别为主划分评价单元

① 对工艺方案、总体布置及自然条件、社会环境对系统影响等综合方面危险、有害因素的分析和评价，宜将整个系统作为一个评价单元。

② 将具有共性危险因素、有害因素的场所和装置划为一个单元。

(2) 以装置和物质特征划分评价单元

应用火灾爆炸指数法、单元危险性快速排序法等评价方法进行火灾爆炸危险性评价时，除按下列原则外，还应依据评价方法的有关具体规定划分评价单元。

① 按装置工艺功能划分，通常可以分为以下几个区域：原料储存区域、反应区域、产品蒸馏区域、吸收或洗涤区域、中间产品储存区域、产品储存区域、运输装卸区域、催化剂处理区域、副产品处理区域、废液处理区域、通入装置区的主要配管桥区和其他区域。

② 按布置的相对独立性划分。

(3) 按工艺条件划分评价单元

按操作温度、压力范围不同，划分为不同的单元；按开车、加料、卸料、正常运转、添加触剂、检修等不同作业条件划分单元。

(4) 按储存、处理危险物品的潜在化学能、毒性和危险物品的数量划分评价单元。

(5) 根据以往事故资料，将发生事故能导致停产、波及范围大、造成巨大损失和伤害的关键设备作为一个单元；将危险性大且资金密度大的区域作为一个单元。

(6) 将危险性特别大的区域、装置作为一个单元；同时，将具有类似危险性潜能的单元合并为一个大单元。

四、划分评价单元应注意的问题

评价单元划分是安全评价中一项极为重要的过程。在系统存在的各种危险、有害因素得到全面辨识后，需要针对具体对象做进一步格外细致的分析，所以要进行评价单元的划分。在单元划分环节，容易出现以下几个理解误区，我们应予以避免。

1. 将评价单元等同于工艺单元

有些安全评价报告列出工艺流程中的工艺单元并直接认定为安全评价单元，仅仅照搬可研阶段工艺流程中提出的工艺单元而不作延伸。也有些报告中的评价单元划分，仅列出物理概念上的系统，而对于作业条件安全性、作业现场职业危害程度、工程环境条件、项目周边的安全影响等其他需要相对独立评价的部分往往都被忽略。评价单元等同于工艺单元做法往往是熟悉工艺设计、熟悉工程技术的评价师们比较容易犯的错误。问题出在不理解评价单元划分的真正作用，导致不能自圆其说，也许是最常见的错误。

2. 评价单元划分与实际评价脱节

某些安全评价报告的章节安排完全按照《安全预评价导则》(AQ 8002—2016)的要求进行编制，评价单元也有划分。但是，划分出来的评价单元与实际评价过程采用的评价单元没有逻辑关系，甚至是自相矛盾，这可能是由于没有理解安全评价过程中单元划分的意义所致。

3. 评价单元划分的层次不清

对于一些比较复杂的工艺系统，评价单元的划分必须分层进行，有时评价采用的指数评价单元还涉及第三层次的单元分析，往往给评价者带来麻烦，随意划分会造成混淆。评价者未必不清楚评价单元的划分原则，也不是不熟悉评价对象的工艺特点或行业特征，只是忽略了复杂系统在逻辑分析上的统一性。

4. 把评价单元等同于定量分析的指数评价单元

有些人在评价过程中，错误地将评价单元仅理解为火灾、爆炸、中毒指数评价方法中所使用的指数评价单元。其实安全评价的范围远不止火灾、爆炸、中毒因素，切忌以偏概全。

【知识拓展】

1. 评价范围的概念

评价范围是指评价机构对评价项目实施评价时，评价内容所涉及的领域(内容和时效)和评价对象所处的地理界限，必要时还包括评价责任界定。

评价范围保证评价项目包含了所有要做的工作，而且只包含要求的工作。这就要涉及评价范围的定义和说明，哪些属于评价项目范围内的，哪些不是。虽然评价范围与委托评价单位需要达到的目的密切相关,但安全评价必须考虑评价系统的完整性,所以评价范围的确定要将评价目的与涉及系统一并考虑。如果仅依据委托评价单位的要求确定评价范围,在实施评价时就可能因评价系统不完整,无法得出较准确的评价结果和结论。

2. 评价对象的内容

在评价之前,需要了解评价对象的内容,评价对象的内容包括:

(1) 评价目的

评价目的包含着评价责任的信息,又从性质上决定了评价范围。评价机构在接受评价委托前,先要了解委托单位进行安全评价的目的。有时评价有多个目的,但总有一个目的是重点突出的。例如,安全评价是为了取得安全生产许可证,也附带了解本企业的安全状况,或者求证单位制定的安全措施是否满足要求。

因此,确定评价目的是评价机构根据安全评价的特点,对委托评价单位的"评价目的"进行调整,使之与安全评价的技术行为相匹配。

(2) 评价类型

评价类型分为两种:一种是前瞻性的评价,主要指"安全预评价",预测预见评价项目未来的安全性;另一种是实时性的评价,主要指"安全实时评价",判定评价项目当前的安全性。安全实时评价,又可细分为:安全验收评价、安全现状评价。

(3) 评价系统

评价系统包含评价边界和评价内容的信息,分析评价系统就是对需要进行安全评价的系统进行分析。先分析系统的结构,也就是分析系统内部各要素之间的联系;再分析系统的功能,也就是分析系统与外部环境之间的联系。要素、系统、环境相互联系,形成一个有机整体。

(4) 评价主线

评价主线是指安全评价的基本工作必须涉及的评价内容。安全评价的基本工作包括:危险和有害因素的识别、系统安全性评价、提出安全控制对策措施。

【思考练习】

1. 评价单元划分的原则。

2. 评价单元划分的方法。

3. 某危险化学品企业需储存 7 种危险化学品 A、B、C、D、E、F、G,这 7 种危险化学品之间存在以下禁忌:A 与 B、D 不能混存,B 与 C、E、G 不能混存,C 与 B、D、E、F 不能混存,D 与 B、C、E、G 不能混存,E 与 B、C、D、F 不能混存,F 与 C、E、G 不能混存,G 与 B、D、F 不能混存。请问:该危险化学品企业至少建设几座危险化学品仓库?

4. 在实施安全评价时,划分评价目的是(　　)。

A. 便于提高生产效率　　　　B. 为领导提出管理建议

C. 便于行业归口管理　　　　D. 为评价目标和方法服务

5. 根据安全评价程序,在(　　)的基础上,划分评价单元。

A. 前期准备　　　　B. 辨识和分析危险、有害因素

C. 定性、定量评价　　　　D. 安全对策措施建议

6. 下列划分评价单元的方式中,属于安全预评价的有(　　)。(多选)

A. 自然条件　　B. 辅助设施配套性
C. 危险和有害因素分布及状况　　D. 应急救援有效性
E. 基本工艺条件

7. 在实施安全评价过程中，常用评价单元划分的方法有(　　)。(多选)
A. 以按工艺条件划分　　B. 以危险有害因素的类别为主划分
C. 以装置和物质特征划分　　D. 以安全生产职能部门为主划分
E. 以设备复杂程度为主划分

8. 解释：评价范围。

【技能训练】

某公司某地天然气利用工程项目。本站为 CNG 汽车加气子站与 LNG 液化加气站合建站和 CNG 释放站，CNG 加气能力 10 000 m^3/d，LNG 液化加气能力 20 000 m^3/d，CNG 减压站供气能力 4 000 m^3/h。该项目总建筑物面积为 14 628.2 m^2，其中站房 108 m^2，加气罩棚520 m^2，LNG 罐区 196.80 m^2，CNG 工作区 630.94 m^2，CNG 减压站工作装置区 210 m^2，CNG 减压站辅助用房 180 m^2，办公楼 300 m^2。该项目站区呈三角形布置，在平面布置图中，严格执行相关规范。站区共设 4 个出入口，作为进出站用。站区周围设置不低于 2.2 m 的实体围墙。整个平面应考虑了行车、组织和运营管理的方便。

加气站站区平面分为加气区、辅助区、工艺装置区。LNG 液化加气站工艺装置区包括 LNG 储存区、LNG 液化加气增压泵撬；CNG 加气站工艺装置区包括 CNG 运输槽车、槽车停车位、CNG 压缩机、CNG 储气井及排污罐；加气区包括加气罩棚、2 台 CNG 液化加气机位、2 台 LNG 加气机位；辅助区包括营业间、控制间等站房。

CNG 减压站站区平面分为生产区、生产辅助区和办公区。生产区包括 CNG 减压撬、CNG 运输槽车和槽车停车位；生产辅助区包括配电间、仪表间和热水炉间等生产辅助用房；办公区为办公生活用房。

总平面图布置符合《城镇燃气设计规范(2020 版)》(GB 50028—2006)、《建筑设计防火规范(2018 年版)》(GB 50016—2014)、《汽车加油加气加氢站技术标准》(GB 50156—2021)等标准的要求。

根据该加气站情况，考虑到公路辅助工程涉及的触电、火灾、噪声等危险有害因素的影响，如何合理划分评价单元？(可分为 5 个评价单元，见表 3-2)

表 3-2　某天然气利用工程项目评价单元划分结果及理由说明表

序号	评价单元名称	单元简介	划分理由说明	备注
1				
2				
3				
4				
5				

任务二 安全评价方法的选择

【学习目标】

知识目标:了解常见安全评价方法和评价方法的选择。

技能目标:能够根据项目评价单元合理选择评价方法。

【实例展示】

某公司联碱技改工程安全验收评价项目。根据项目的特点和生产工艺过程中存在的主要危险、有害因素及其造成事故类型的不同,充分考虑被评价系统的特点,遵循安全评价方法的选择原则。本次评价采用的安全评价方法及理由说明见表3-3。

表3-3 安全评价方法及理由说明

序号	评价方法	理由说明
1	安全检查表分析	安全检查表分析一般可以评价物质、设备和工艺,常用于专门设计的评价。因此,本项目用安全检查表对项目的外部安全条件和总平面布置单元进行逐项检查
2	预先危险性分析	根据国内外液氨及其衍生物产品在生产过程中出现的各类事故和企业在生产过程中积累的经验、教训,针对建设项目在进行生产过程中可能出现的危险、有害因素,采用预先危险性分析方法进行分析,制定必要的对策措施,以期在运行过程中针对各类危险性进行防范
3	故障类型及影响分析	确定分析项目、边界条件;标识设备;说明设备;分析故障模式;说明对发现的每个失效模式本身所在设备的直接后果和对其他设备可能产生的后果,以及现有安全控制措施;进行风险评价;提出建议控制措施
4	作业条件危险性评价法	操作人员在具有潜在的危险性环境中作业时,衡量其危险性的半定量评价
5	故障树分析	故障树分析不仅能分析出事故的直接原因,而且能深入揭示事故的潜在原因,因而在工程或设备的设计阶段、在事故查询或编制新的操作方法时,都可以使用故障树分析对它们的安全性做出评价
6	道化学火灾、爆炸危险指数评价法	道化学火灾、爆炸危险指数评价法目前在化工、石油等领域应用较多。主要适合化工生产系统,主要用于评价储存、处理、生产易燃、可燃、活性物质的操作过程的潜在损失;也可用于分析污水处理设施、公用工程系统、管路、整流器、变压器、锅炉、热氧化器以及发电厂一些单元的潜在损失;还可用于潜在危险物质库存量较小的工艺过程的风险评价,特别是用于实验工厂的风险评价。该评价方法的适用范围是易燃或活性化学物质的最小处理量为454 kg左右的系统
7	重大事故后果模拟分析方法	重大事故后果分析的目的在于定量地描述一个可能发生的重大事故对工厂、对厂内职工、对厂外居民甚至对环境造成危害的严重程度。分析结果为企业或企业主管部门提供关于重大事故后果的信息,也为企业决策者和设计者提供关于决策采取何种防护措施的信息

评价单元和评价方法的对应关系见表3-4。

表3-4　评价单元和评价方法的对应关系

序号	评价方法名称	评价对象或内容
1	安全检查表	项目平面布置及周边关系
2	安全检查表，预先危险性分析，危险度分析，道化学火灾、爆炸危险指数评价法	生产系统
3	安全检查表，预先危险性分析，重大事故后果模拟分析方法	储存区
4	安全检查表，预先危险性分析，故障树分析，故障类型及影响分析	公用工程及辅助生产系统
5	安全检查表	安全管理

【相关知识】

一、常见的安全评价方法

安全评价分为安全预评价、安全验收评价、安全现状评价、专项安全评价、区域风险评价等类型，评价方法分为安全检查表法、预先危险性分析法、故障类型及影响分析、危险与可操作性分析、人员可靠性分析、危险度分析、作业条件危险性评价法、事件树分析、故障树分析、道化学评价法、事故后果评价法等。

二、安全评价方法的选择

评价方法的选择一般遵循5个原则：充分性原则、适应性原则、系统性原则、针对性原则和合理性原则。

1. 充分性原则

充分性是指在选择安全评价方法之前，应该充分分析评价的系统，掌握足够多的安全评价方法，并充分了解各种安全评价方法的优缺点、适应条件和范围，同时为安全评价工作准备充分的资料。也就是说，在选择安全评价方法之前，应准备好充分的资料，供选择时参考和使用。

2. 适应性原则

适应性是指选择的安全评价方法应该适应被评价的系统。被评价的系统可能是由多个子系统构成的复杂系统，评价的重点各子系统可能有所不同，各种安全评价方法都有其适应的条件和范围，应该根据系统和子系统、工艺的性质和状态，选择适应的安全评价方法。

3. 系统性原则

系统性是指安全评价方法与被评价的系统所能提供安全评价初值和边值条件应形成一个和谐的整体。也就是说，安全评价方法获得的可信的安全评价结果，是必须建立真实、合理和系统的基础数据之上的，被评价的系统应该能够提供所需的系统化数据和资料。

4. 针对性原则

针对性是指所选择的安全评价方法应该能够提供所需的结果。由于评价的目的不同，需要安全评价提供的结果可能是危险有害因素识别、事故发生的原因、事故发生概率、事故后果、系统的危险性等，安全评价方法能够给出所要求的结果才能被选用。

5. 合理性原则

在满足安全评价目的、能够提供所需的安全评价结果的前提下，应该选择计算过程最简单、所需基础数据最少和最容易获取的安全评价方法，使安全评价工作量和要获得的评价结果都是合理的，不要使安全评价出现无用的工作和不必要的麻烦。

根据评价项目的特点和生产工艺过程中存在的主要危险、有害因素及其造成事故类型的不同，充分考虑被评价系统的特点，选用定性和定量的评价方法对该项目进行评价。常用评价方法与评价类型的选择见表 3-5。

表 3-5　常用安全评价方法的选择

安全评价方法			安全评价类型		
			安全预评价	安全验收评价	安全现状评价
定性评价	调查分析方法	现场询问观察法	☆	☆	☆
定性评价	调查分析方法	德尔菲法 DELPHI	☆	☆	☆
定性评价	安全检查表法 SCL		△	☆	☆
定性评价	故障树分析 FTA		☆	○	○
定性评价	事件树分析 ETA		☆	○	○
定性评价	预先危险性分析 PHA		☆	△	△
定性评价	作业条件危险性评价法 LEC		△	☆	☆
定性评价	风险矩阵法		☆	○	○
定性评价	重大危险源辨识法		☆	☆	☆
定性评价	故障假设分析法		○	○	☆
定性评价	故障假设/检查表分析法		○	☆	☆
定性评价	人员可靠性分析方法	人员失误率预测技术 THERP	△	○	○
定性评价	人员可靠性分析方法	人误评估与减少技术 HEART	△	○	○
定性评价	人员可靠性分析方法	人员认识可靠性模型分析技术 HCR	△	○	○
定性评价	人员可靠性分析方法	人因事件分析模式 THERP + HCR	△	○	○
定性评价	故障类型及影响分析 FMEA		△	☆	☆
定性评价	危险与可操作性分析 HAZOP		△	☆	☆
定性评价	模糊矩阵法		☆	☆	☆
定性评价	事故多米诺效应分析(一级效应)		△	△	○

表 3-5(续)

安全评价方法			安全评价类型		
			安全预评价	安全验收评价	安全现状评价
定量评价	故障树分析 FTA		☆	○	○
	事件树分析 ETA		☆	○	○
	火灾、爆炸危险指数评价法 DOW		☆	☆	☆
	重大危险源分级		☆	☆	☆
	社会风险		○	○	○
	个人风险等值线		○	○	○
	概率危险评价技术 PRA(附:马尔科夫模型)		☆	☆	○
	事故后果预测	典型的泄漏计算模型	△	○	☆
		气体或蒸气经小孔泄漏模型	△	○	☆
		液体经管道泄漏模型	△	○	☆
		液体经管道上小孔泄漏模型	△	○	☆
		经小孔泄漏模型	△	○	☆
		两相流泄漏模型	△	○	☆
	物质泄漏后扩散危害的计算模型	泄漏物质在大气中扩散的计算模型	△	○	☆
		泄漏物质在水中扩散的计算模型	△	○	☆
	典型的工业火灾、爆炸参数计算模型	压力容器物理爆炸的计算模型	△	○	☆
		点源化学爆炸的计算模型	△	○	☆
		蒸气云爆炸计算模型 UVCE	△	○	☆
		沸腾液体扩展蒸气爆炸计算模型 BLEVE	△	○	☆
		池火灾的计算模型	△	○	☆
		喷射火的计算模型	△	○	☆
	火灾、爆炸的毁伤准则	热辐射伤害准则	△	○	○
		冲击波的毁伤准则	△	○	○
	事故概率的分析与评价		☆	☆	☆
	定量风险评价 QRA		○	☆	○
	事故损失预测		○	○	○
	安全防护距离推荐方法		△	☆	☆

注:☆推荐采用;○自主选择;△不推荐(特殊情况下也可采用)。

【知识拓展】

几种常用安全评价方法的比见表 3-6。

表 3-6　几种常用安全评价方法对比

评价方法	评价目的	定性/定量	方法特点	适用范围	应用条件	优缺点
安全检查表 SCL	危险、有害因素分析，安全等级	定性、定量	按事先编制的有标准要求的检查表逐项检查，按规定赋分标准赋分，评定安全等级	各类系统的设计、验收、运行、管理、事故调查	有事先编制的各类检查表有赋分、评级标准	简便、易于掌握，编制检查表难度及工作量大
预先危险性分析 PHA	危险、有害因素分析，危险等级	定性	讨论并分析系统存在的危险、有害因素、触发条件、事故类型，评定危险等级	各类系统设计，施工、生产、维修前的概略分析和评价	分析评价人员熟悉系统，有丰富的知识和实践经验	简便易行，受分析评价人员主观因素影响
故障类型及影响分析 FMEA	故障（事故）原因，影响程度等级	定性	列表、分析系统（单元、元件）故障类型、故障原因、故障影响评定影响程序等级	机械电气系统、局部工艺过程，事故分析	同上。有根据分析要求编制的表格	较复杂、详尽受分析评价人员主观因素影响
故障类型及影响危险分析 FMECA	故障原因，故障等级，危险指数	定性、定量	同上。在 FMEA 基础上，由元素故障概率、系统重大故障概率计算系统危险指数	机械电气系统、局部工艺过程、事故分析	同 FMEA 有元素故障率、系统重大故障（事故）概率数据	较 FMEA 复杂、精确
事件树分析 ETA	事故原因，触发条件，事故概率	定性、定量	归纳法，由初始事件判断系统事故原因，由条件内各事件概率计算系统事故概率	各类局部工艺过程、生产设备、装置事故分析	熟悉系统、元素间的因果关系、各事件发生概率数据	简便、易行，受分析评价人员主观因素影响
故障树分析 FTA	事故原因，事故概率	定性、定量	演绎法，由事故和基本事件逻辑推断事故原因，由基本事件概率计算事故概率	宇航、核电、工艺、设备等复杂系统事故分析	熟练掌握方法和事故、基本事件间的联系，有基本事件概率数据	复杂、工作量大、精确，故障树编制有误易失真
作业条件危险性评价法	危险等级	定性、半定量	按规定对系统的事故发生可能性、人员暴露状况、危险程序赋分，计算后评定危险等级	各类生产作业条件	赋分人员熟悉系统，对安全生产有丰富知识和实践经验	简便、实用，受分析评价人员主观因素影响

表 3-6(续)

评价方法	评价目的	定性/定量	方法特点	适用范围	应用条件	优缺点
道化学火灾、爆炸危险指数评价法 DOW	火灾、爆炸危险等级，事故损失	定量	根据物质、工艺危险性计算火灾、爆炸指数，判定采取措施前后的系统整体危险性，由影响范围、单元破坏系数计算系统整体经济、停产损失	生产、储存、处理燃爆、化学活泼性、有毒物质的工艺过程及其他有关工艺系统	熟练掌握方法，熟悉系统，有丰富知识和良好的判断能力，必须有各类企业装置经济损失目标值	大量使用图表、简洁明了、参数取位宽、因人而异，只能对系统整体宏观评价
帝国化学公司蒙德法 MOND	火灾、爆炸、毒性及系统整体危险等级	定量	由物质、工艺、毒性、布置危险计算采取措施前后的火灾、爆炸、毒性和整体危险指数，评定各类危险等级	生产、储存、处理燃爆、化学活泼性、有毒物质的工艺过程及其他有关工艺系统	熟练掌握方法，熟悉系统，有丰富知识和良好的判断能力	大量使用图表、简洁明了、参数取位宽、因人而异，只能对系统整体宏观评价
日本劳动省六阶段法	危险等级	定量	检查表法定性评价，基准法定量评价，采取措施，用类比资料复评，Ⅰ级危险性装置用 ETA、FTA 等方法再评价	化工厂和有关装置	熟悉系统，掌握有关方法，具有相关知识和经验有类比资料	综合应用几种办法反复评价，准确性高、工作量大
单元危险性快速排序法	危险等级	定量	通过物质、毒性系数以及工艺危险性系数计算火灾、爆炸指数和毒性指标，评定单元危险等级	生产、储存、处理燃爆、化学活泼性、有毒物质的工艺过程及其他有关工艺系统	熟悉系统，掌握有关方法，具有相关知识和经验	DOW 法的简化方法，简洁方便、易于推广
危险与可操作性分析	偏离及其原因、后果，对系统的影响	定性	通过讨论，分析系统可能出现的偏离、偏离原因、偏离后果及对整个系统的影响	化工系统、热力系统、水力系统的安全分析	分析评价人熟悉系统，有丰富的知识和实践经验	简便、易行，受分析评价人员主观因素影响
模糊综合评价	安全等级	半定量	利用模糊矩阵运算的科学方法，对于多个子系统和多因素进行综合评价	各类生产作业条件	赋分人员熟悉系统，对安全生产有丰富知识和实践经验	简便、实用，受分析评价人员主观因素影响

【思考练习】

1. 下面哪种安全评价分析方法是半定量评价分析？（　　）

A. 作业条件危险性评价法(LEC 法)　　B. FTA 故障树分析法

C. ETA 事件树分析法　　D. 危险与可操作性分析

2. 关于安全评价方法的选择应遵循的原则，表述正确的是（　　）。（多选）

A. 充分性原则　　B. 适应性原则　　C. 预防性原则

D. 针对性原则　　E. 合理性原则

3. 常见的定性评价方法有哪些？

4. 常见的定量评价方法有哪些？

5. 在满足安全评价目的、能够提供所需的安全评价结果的前提下，应该选择计算过程最简单、所需基础数据最少和最容易获取的安全评价方法，不要使安全评价出现无用的工作和不必要的麻烦，遵循是的安全评价方法的（　　）原则。

6. 人员可靠性分析方法推荐在（　　）类型的安全评价时使用。

7. 事故后果预测方法推荐在（　　）和（　　）类型的安全评价时使用。

8. 下面哪个方法不推荐在 5 类安全评价都能使用的是（　　）。

A. 重大危险源辨识　B. 现场询问观察法　C. 德尔菲法　D. 安全检查表

【技能训练】

某公司多孔硝酸铵技术改造项目安全验收评价。该项目划分为 5 个评价单元，根据项目情况使用了 3 种安全评价方法：安全检查表分析、危险度分析以及道化学火灾、爆炸危险指数评价法。请根据单元划分情况合理地选择评价方法，然后将其填入表 3-7 中。

表 3-7　评价单元和评价方法的对应关系

序号	评价单元	子单元	评价方法
1	生产工艺设施	××万 t/a 稀硝酸生产装置	
		××万 t/a 多孔硝酸铵生产装置	
2	储存区	硝酸铵仓库	
3	公用工程及辅助设施	自动控制及仪表、变配电所、循环水站	
4	外部安全条件	含项目选址、四周安全间距、外部环境、自然条件	
5	总平面布置	含内部安全间距	

项目4 定性、定量安全评价方法

任务一 安全检查表法

【学习目标】

知识目标：掌握安全检查表的编制依据和类型。

技能目标：编制安全检查表。

【实例展示】

某化工厂项目位于××市西部，×河以南，××市工业园区内，东靠近××路，南临××高速公路，南面是××投资用地，西临××路，北靠××路。该项目存在的主要危险有害因素有爆炸、火灾，对周边环境影响结果见表4-1。根据《石油化工企业设计防火标准(2018年版)》(GB 50160—2008)第4.1.9条的规定，本建设工程工艺生产装置与周边环境之间的距离安全检查表，见表4-1。

表4-1 生产装置与周边环境间的距离安全检查表

相邻工厂或设施	甲、乙类工艺装置或设施（最外侧设备外缘或建筑物的最外轴线）		结论
	标准规定/m	设计距离/m	
居民区、公共福利设施、村庄	100	无	符合
相邻工厂（围墙或用地边界线）	50	500	符合
国家铁路线（中心线）	35	无	符合
厂外企业铁路线（中心线）	30	无	符合
国家或工业区铁路编组站（铁路中心线或建筑物）	35	无	符合
高速公路、一级公路（路边）	30	207	符合
其他公路（路边）	20	40	符合
变配电站	40	无	符合
架空电力线路（中心线）	1.5倍杆高	35	符合
一、二级国家通信线路	40	不涉及	符合
通航江、河、海岸边	20	距××河>5 000	符合
原油及成品油（管道中心）	30	不涉及	符合
液化烃（管道中心）	60	不涉及	符合
地区埋地输气管道（管道中心）	30	规划中1 000	符合
装卸油品码头（码头前沿）	60	不涉及	符合

评价结果：根据对该建设项目站址现场的认真勘察，项目周边没有居民区、公共福利设施、村庄，没有外部变（配）电站和铁路，没有原油及成品油、液化烃和装卸油品码头，该建设项目的交通、给排水等外部条件良好，建筑密度小，与周边建筑物的安全间距符合要求。

【相关知识】

一、安全检查表简介

安全检查表（safety check list，SCL）是进行安全检查、发现潜在危险、督促各项安全法规、制度、标准实施的一个较为有效的工具，也是安全系统工程中最基本、最初步的一种形式。20世纪30年代，国外就采用了安全检查表，并且至今仍然是系统安全工程中最基础、最广泛使用的一种定性分析方法。20世纪70年代末至80年代初，安全检查表法传到我国，由于此种方法简单，因而在国内得到推广应用且收到了较好的效果。

利用安全检查表来检查安全是安全管理的一项基础性工作，也是及时发现不安全状态和不安全行为的有效途径。为了系统地发现工厂、车间、工序或机器、设备、装置以及各种操作管理和组织措施中的不安全因素，事先对检查对象加以剖析，把大系统分割成小的系统，找出不安全因素所在，然后确定检查项目，以提问的方式将检查项目按系统或子系统顺序编制成表，以便进行检查和避免漏检，这种表就是安全检查表。

安全检查表的优点：

① 能够事先针对不同对象编制不同的检查表，因而可以广泛吸收意见，收集材料，考虑周到；不致漏掉重要的潜在性不安定因素；可以实现对设备设施和企业各部分进行系统的、有目的的检查。

② 可以根据已有的法令制度，规范标准等检查遵守的情况，容易得出准确的评价。

③ 检查表用提问式，给人印象深刻，而且按项目系统进行检查，使被检查者能够懂得怎样才是正确的结论，因而可起到安全教育的作用。

④ 可以和生产责任制相结合，由于不同的管理有不同的检查表，易于分清责任。检查表可以注明对改进措施的要求，隔一段时间可以重新检查改进情况。

二、安全检查表编制依据

① 有关法律、法规、标准、规程、规范及规定。对检查涉及的工艺指标，应规定出安全的临界值，超过该指标的规定值即应报告并做处理，以使检查表的内容符合法规的要求。

② 本单位的经验。由本单位工程技术人员、生产管理人员、操作人员和安全技术人员共同生产操作的经验，分析导致事故的各种潜在的危险源和外界环境条件。

③ 国内外事故案例。认真收集以往发生的事故教训以及在生产、研制和使用中出现的问题，包括国内外同行业、同类事故的案例和资料。

④ 系统安全分析的结果。根据其他系统安全分析方法（如故障树分析、事件树分析、故障类型及影响分析和预先危险分析等）对系统分析的结果，将导致事故的各个基本事件作为防止灾害的控制点列入检查表。

三、安全检查表的分类

安全检查表的分类方法可以有许多种，有监督管理部门的执法安全检查表和企业的自查安全检查表，可按检查内容分类，也可按基本类型分类，还可按使用场合分类。

1. 按安全检查的基本类型划分

(1) 定性安全检查表

列出检查要点逐项检查，检查结果以"对""否"表示，检查结果不能量化。

安全检查表的格式，没有统一的规定，可以根据不同的要求，设计不同需要的安全检查表，原则上应条目清晰、内容全面，要求详细、具体，见表 4-2。

表 4-2　安全检查表

序号	检查内容	检查依据	是否符合	备注
1				
2				
检查人：		被检查单位负责人：		年　月　日

(2) 半定量检查表

是给每个检查要点赋以分值，检查结果以总分表示，有了量的概念；这样，不同的检查对象也可以相互比较，但缺点是检查要点的准确赋值比较困难，而且个别十分突出的危险不能充分地表现出来。我国原化工部的安全检查表以及原中国石油化工总公司、原中国石油天然气总公司安全评价方法中的检查表均为此种类型。

(3) 否决型检查表

主要给一些特别重要的检查要点做出标记，这些检查要点如不满足，检查结果视为不合格，即具一票否决的作用，这样可以做到重点突出。我国的《光气及光气化产品生产装置安全评价通则》(GB 13548—1992)中的检查表属于此类。

2. 按安全检查表使用场合划分

(1) 设计用安全检查表

主要供设计人员进行安全设计时使用，也以此作为审查设计的依据。其主要内容包括：厂址选择，平面布置，工艺流程的安全性，建筑物，安全装置、操作的安全性，危险物品的性质、储存与运输，消防设施等。

(2) 厂级安全检查表

主要供全厂安全检查时使用，也可供安技、防火部门进行日常巡回检查时使用。其内容主要包括：厂区内各种产品的工艺和装置的危险部位，主要安全装置与设施，危险物品的储存与使用，消防通道与设施，操作管理以及遵章守纪情况等。

(3) 车间用安全检查表

主要供车间进行定期安全检查。其内容主要包括：工人安全、设备布置、通道、通风、照明；噪声、振动、安全标志、消防设施及操作管理等。

(4) 工段及岗位用安全检查表

主要用作自查、互查及安全教育。其内容应根据岗位的工艺与设备的防灾控制要点确定，要求内容具体易行。

(5) 专业性安全检查表

由专业机构或职能部门编制和使用，主要用于定期的专业检查或季节性检查，如对电气、压力容器、特殊装置与设备等的专业检查表。

【知识拓展】

检查表式综合评价法(safety checklist analysis,SCA)就是依据相关的标准、规范,利用安全检查表方法对工程、系统中已知的危险类别、设计缺陷以及与一般工艺设备、操作、管理有关的潜在危险和有害因素进行判别检查。检查表式综合评价法在我国不仅用于查找系统中各种潜在的事故隐患,还可以对各检查项目给予量化,用于进行系统安全评价。一般包括以下 5 个步骤:

① 确定检查对象。

② 收集与评价对象有关的数据和资料。

③ 选择或编制安全检查表。

④ 进行检查评价。

⑤ 编制分析结果文件。

常用的采矿场安全检查表见表 4-3。

表 4-3　采矿场安全检查表

项目	检查内容	应得分	实得分	存在问题
设计	每个采场都有经审查批准的单体设计和作业规程			
	每个采场(盘区,矿块),都必须有 2 个出口,并连通上、下中段巷道			
	矿柱回采和采空区处理方案,必须在回采设计中同时提出			
顶板管理	必须建立顶板管理制度,对顶板不稳定的采场,应指定专人负责检查			
	所有采场都必须实行光面控制爆破,达到顶板平整,半面孔完好率达 60%以上			
	对不稳固采场必须采取长锚索、短锚杆及木支护等措施			
	必须事先进行敲帮问顶,处理顶板和两帮的浮石,确认安全后方准进行作业			
	禁止在同一采场同时进行凿岩和处理浮石			
三井管理	安全出口的支护必须坚固,并设有梯子			
	禁止放空溜矿井,溜矿井必须架设格筛			
	严禁人员直接站在溜矿井,漏斗的矿石上或进入漏斗内处理堵塞			
	行人井、充填井和通风井,都必须保持畅通			
	放矿人员和采场内的人员要密切联系,在放矿影响的范围内,不准上下同时作业			
	禁止人员在充填井下方停留或通行			
照明与通风	采场必须有良好的照明,线路架设整齐无明线头			
	采场应利用贯穿风流通风,通风不良的采场,必须安装局部通风设备			
	采场内必须坚持湿式作业,矿毛堆要撒透水;接尘作业人员必须佩戴防尘口罩			
施工管理	采用上向分层充填法采矿,必须先进行充填井及其联络道施工			
	耙矿机耙矿时,禁止人员跨越钢丝绳			
	禁止用铲斗或站在铲斗内撬浮石,禁止用铲斗破碎大块			
	禁止人员从升举的铲斗下停留或通行			
	铲运机驾驶座上方,应设牢固的防护篷			

【思考练习】

1. 安全检查表要解决 3 个问题：检查内容、检查依据和(　　)。
2. 简述安全检查表的优缺点。
3. 安全检查表的编制依据有哪些？
4. 按安全检查的基本类型划分，安全检查表分为哪几类？
5. 什么是检查表式综合评价法？
6. 解释安全检查表。
7. 安全检查表的编制一般采用经验法和(　)。

A. 预测分析法　　　　B. 提问法

C. 事故分析法　　　　D. 系统安全分析法

8. 简述定性安全检查表的编制格式。

【技能训练】

通过本任务的学习，编制一个校园教学楼(宿舍楼)或企业生产厂房(办公楼)的消防设施、设备安全检查表，并进行现场检查，写出检查总结，提出整改措施。

任务二　预先危险性分析

【学习目标】

知识目标：掌握预先危险性分析内容和步骤。

技能目标：能够使用预先危险性分析法对评价对象进行安全评价。

【实例展示】

某企业安全预评价中生产区单元使用预先危险性进行分析评价，评价过程如下。

1. 生产工艺、装置(设施)预先危险性分析法评价

生产工艺、装置(设施)单元预先危险性分析，见表 4-4。

表 4-4　生产工艺、装置(设施)单元预先危险性分析表

危害因素	形成事故原因	事故后果	危险等级	防范措施
火灾爆炸	①苯乙烯泄漏；②有明火；③气温较高；④天气干燥；⑤电线或电缆引起火灾	财产损失人员伤亡	Ⅳ级	①严格安全管理，防止易燃气体、液体发生泄漏；②加强安全教育；③张贴防火警示标志；④加强动火管理，严禁违章动火；⑤配备必要的消防设施，发现初始火灾及时扑灭；⑥严格控制工艺指标，认真操作，严禁违章操作，严禁超温超压运行；⑦设置可燃气浓度检测报警装置

表 4-4(续)

危害因素	形成事故原因	事故后果	危险等级	防范措施
容器爆炸	①压力容器存在设计、施工质量缺陷;②长期运行,材料疲劳或腐蚀严重致容器、管道强度降低;③违章操作或操作失误,造成超温、超压且泄压失效,则发生容器爆炸	人身伤亡 设备损坏	Ⅳ级	①压力容器的设计、施工、制造、检测必须由有相应资质的单位和人员承担,并按规定定期进行检验;②监测与控制系统灵敏、可靠,③安全排放设施安全、有效,并定期检验;④严格按操作规程操作,严禁超温、超压运行
机械伤害	①误接触传动部位;②危险部位无防护装置;③防护设施失效、破损;④人员处于危险区内,违章操作,穿戴不符合安全规定的服装进行操作;⑤工作人员违章施工、操作人接触转动部位	人员伤亡	Ⅱ级	①加强安全教育;②危险区域或部位挂警示标志;③危险传动部位及皮带进行有效防护;④检修时注意监护,戴全防护用品;⑤检修传动部位一定要断电并挂牌警示,防止误送电
高温伤害	①高压高温管线保温层脱落;②没有佩戴防护用品;③现场警示标示不完善;④误操作或操作失误;⑤高温介质泄漏,烫伤操作人员;⑥高温器壁裸露,烫伤操作人员	人员受伤	Ⅱ级	①穿戴好防护用品;②及时修好损坏部位;③检修时加强监护;④在操作时要佩戴好防护用品;⑤有高温的设备设置警示标示;⑥严格执行操作规程;⑦加强设备管理,防止高温介质泄漏;⑧高温部位设置保温防护,且保护完整有效
中毒窒息	①二甲基苯胺发生泄漏或者操作过程中防护措施不当,其危险化学品产生蒸气或烟雾可致人体中毒、窒息伤害;②高温、高热设备连接处泄漏	人员伤亡	Ⅲ级	①操作人员加强巡视;②装置按规定设计、施工;③检修时做好个人防护
高处坠落	①违章操作;②缺少必要的防护措施;③操作人员疏忽大意;④现场管理不到位	人员受伤	Ⅱ级	①执行有关的管理制度和操作规程;②高处作业必须要有可靠的防护设施和防坠落保护措施;③工作人员精力必须集中,避免误操作;④加强现场管理,完善现场管理制度
触电	设备故障、操作失误、检修违章合闸、绝缘、耐压失效、缺少安全保护装置或安全保护装置失效、疏忽大意	人员伤害	Ⅱ级	①严格按要求安装、调试设备,并定期检修;②电气操作人员必须持证上岗并严格执行电气安全操作规程;③制定并严格执行检修规程;④设备、电缆、电线的绝缘、耐压等级应符合工艺要求;⑤对设备进行必要的保护接地、接零;⑥危险作业场地悬挂警示标志等
物体打击	①高处有物体坠落;②设施倒塌	人员伤亡	Ⅱ级	①作业人员穿戴好安全防护用品;②闲人禁止入内;③加强防止物体打击检查和安全管理工作;④加强职工安全教育

表 4-4(续)

危害因素	形成事故原因	事故后果	危险等级	防范措施
起重伤害	①起重过程中钢丝绳断脱、吊钩断裂、过卷扬限位器失灵造成钢丝绳断裂；②违章作业、无证作业发生重物脱落及运行过程中吊装物过低，碰撞人员或设备；③没有现场监护人员，吊装重物下站人，重物落下造成伤害；④吊装超重，超装限制器失灵，钢丝绳断裂或吊架坍塌造成重大伤害	人员伤亡	Ⅱ级	①钢丝绳、吊钩、过卷扬限位器按要求保证安全有效；②加强安全培训，杜绝违章作业，严禁无票证作业；③起重作业要有现场监护人员，吊装重物下设置警戒范围并严禁站人；④严禁吊装超重
粉尘	①设备出现故障；②抑尘、除尘措施失效；③作业人员防护措施不当	人员伤害	Ⅰ级	①穿戴好防护用品；②加强粉尘浓度的检测；③加强设备管理，提高抑尘、除尘效果；④严格执行操作规程
噪声	机械设备发出的噪声对人员造成伤害	人员伤亡	Ⅰ级	①穿戴好防护用品；②加强噪声的检测；③加强设备管理；④严格执行操作规程

2. 特种设备和强制检验设施单元预先危险性法分析

特种设备及强制检验设施单元预先危险性法分析见表 4-5。

表 4-5　特种设备及强制检验设施单元预先危险性分析表

危险因素	触发事件	形成事故原因	事故后果	危险等级	对策及措施
压力容器爆破	压力超过压力容器承压能力	①压力容器结构不合理，如仍使用无折边封头，局部应力大而爆破；②容器的强度计算值低于容器的使用要求，如容器壁薄或使用温度与环境温度不匹配；③容器内外部腐蚀强度降低而爆破；④焊接质量有严重缺陷，甚至有裂纹，发生爆破；⑤没有按规定接入汽水疏排管，使容器超压爆破；⑥检修时为了方便，在容器上随意开孔，使强度下降而爆破	设备损坏和人员伤亡	Ⅲ级	①为了防止压力容器爆破事故的发生，应严格执行《压力容器安全技术监察规程》《压力容器使用登记管理规则》以及其他有关规定；②在订购压力容器前，应对设计单位和制造厂的资格进行审查，供货产品必须有“压力容器产品质量证明书”和制造厂所在地锅炉压力容器监察机构签发的“检监证书”，要加强对所购容器的质量验收，特别应进行容器水压试验等重要项目的验收；③根据设备特点和系统的实际情况，制定每台压力容器的操作规程，操作规程中应明确异常工况的紧急处理方法，确保在任何情况下压力容器不超温超压运行；等等

表 4-5(续)

危险因素	触发事件	形成事故原因	事故后果	危险等级	对策及措施
起重伤害	①操作失误;②起重设备控制系统失灵;③被吊起的物体坠落;④人员在起重设备下操作等	①违章操作;②设备质量不合格或未定期检修;③被起重的物体放置不稳固;④起重作业操作规程不健全,人员安全意识差;⑤设备选型不合理,施工安装质量差;⑥超载起吊重物;⑦吊索具选用不当、吊重绑挂方式不当、钢丝绳断裂	人员伤亡	Ⅲ级	①按操作规程操作;②定期对设备进行检修,不使用不合格产品;③不起吊超载重物;④加强人员安全意识教育

3. 评价结果

使用预先危险性分析法对生产工艺、装置(设施)单元进行评价,其火灾、爆炸、容器爆炸的危险等级为Ⅳ级,一旦发生此类事故,人员伤亡、设备损坏、财产损失较为严重;中毒、窒息的危险等级为Ⅲ级;高温伤害、高处坠落、机械伤害、起重伤害、物体打击的危险等级为Ⅱ级;粉尘、噪声事故的危险程度较小,为Ⅰ级,只要操作工严格遵守操作规程和维修规程,可以保证不发生上述各类事故;通过预先危险性分析评价,特种单元的主要危险因素是压力超过压力容器承压能力使用压力容器,它的危险等级是Ⅲ级,造成设备损坏和人员伤亡;特种设备起重伤害的危险等级是Ⅲ级,造成人员伤亡。

【相关知识】

一、预先危险性分析简介

1. 预先危险性分析的定义

预先危害分析(preliminary hazard analysis,PHA)是一种定性的系统安全分析方法。主要用于还没有掌握系统详细资料的时刻,分析、辨识可能出现或已经存在的危险源,并尽可能在付诸实施之前找出预防、改正、补救措施,消除或控制危险源。预先危险性分析是在每项工程活动之前,如设计、施工、生产之前,或技术改造之后,即制定操作规程和使用新工艺等情况之后,对系统存在的危险性类型、来源、出现条件、导致事故的后果以及有关措施等,进行概略分析。预先危险性分析的目的是防止操作人员直接接触对人体有害的原材料、半成品、成品和生产废弃物,防止使用危险性工艺、装置、工具和采用不安全的技术路线。必须使用时,也应从工艺上或设备上采取安全措施,以保证这些危险因素不致发展成为事故。总之,将安全分析工作做在行动之前,避免由于考虑不周造成损失。

2. 预先危险性分析的内容

在进行危险性预先分析时应对偶然事件、不可避免事件、不可知事件等进行剖析,并通过分析和评价,控制事故的发生。分析的内容包括:

(1) 识别危险的路段、设备、零部件,并分析其发生事故的可能性条件。

(2) 分析系统中各子系统、各元件的交接面及其相互关系与影响。

(3) 分析货物,特别是有毒、有害物质的性能及储运。

(4) 分析操作过程及有关参数。

(5) 人、机关系(操作、维修等)。

(6) 对交通及运输安全有影响的环境因素,如大雾、洪水、高(低)温、振动等。

(7) 有关安全装备,如安全防护设施、冗余系统及设备、灭火系统、安全监控系统、个人防护设备等。

3. 预先危险性分析的优点

(1) 分析工作做在行动之前,可及早采取措施排除、降低或控制危害,避免由于考虑不周造成损失。

(2) 对系统开发、初步设计、制造、安装、检修等做的分析结果,可以提供应遵循的注意事项和指导方针。

(3) 分析结果可为制定标准、规范和技术文献提供必要的资料。

(4) 根据分析结果可编制安全检查表以保证实施安全,并可作为安全教育的材料。

4. 预先危险性分析注意事项

(1) 由于在新开发的生产系统或新的操作方法中,对接触到的危险物质、工具和设备的危险性还没有足够的认识;因此为了使分析获得较好的效果,应采取设计人员、操作人员和安全检查员三结合的形式进行。

(2) 根据系统工程的观点,在查找危险性时,应将系统进行分解,按系统、子系统、元素一步一步地进行。这样做不仅可以避免过早地陷入细节问题而忽视重点问题的危险,而且可以防止漏项。

(3) 为了使分析人员有条不紊、合理地从错综复杂的结构关系中查出潜在的危险因素,可采取以下对策:

① 迭代:对一些潜在的危险一时不能直接查出危险因素时,可先做一些假设,然后将得出的结果作为改进后的假设,再进一步查找危险因素。这样,经过一步步试分析,向更准确的危险因素逼近。

② 抽象:在分析过程中,对某些危险因素常忽略其次要方面,首先将注意力集中于危险性大的主要问题上。这样可使分析工作能较快地入门,先保证在主要危险因素上取得结果。

③ 运用控制论的观点来探求,如图4-1所示。输入是一定的,技术系统(具体结构)也是一定的,问题是探求输出哪些危险因素。

(4) 在可能条件下,最好事先准备一个检查表,指出查找危险性的范围。

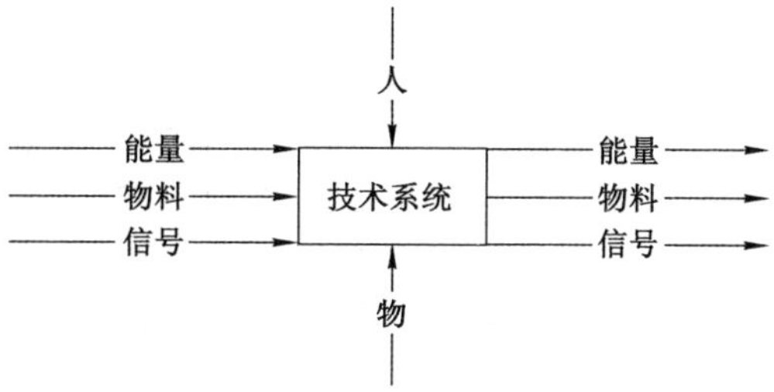

图4-1　分析系统

5. 危险等级划分与确定

(1) 预先危险性等级的划分

风险是特定危害性事件的可能性及其后果的结合。系统风险就是系统中所有可能发生的危害性事件的风险总和。因此,风险分级要同时考虑事故发生的可能性和后果的严重程度。在进行PHA时,一般将风险分为4级,见表4-6。

表 4-6　危险性等级

级别	危险程度	可能导致的后果
Ⅰ	安全的	不会造成人员伤亡及系统损坏
Ⅱ	临界的	处于事故的边缘状态，暂时还不至于造成人员伤亡、系统损坏或降低系统性能，但应予以排除或采取控制措施
Ⅲ	危险的	会造成人员伤亡和系统损坏，要立即采取防范对策措施
Ⅳ	灾难性的	造成人员重大伤亡及系统严重破坏的灾难性事故，必须予以果断排除并进行重点防范

(2) 预先危险性等级的确定方法

当系统中存在很多危险因素时，如何分清其严重程度，因人而异，带有很大的主观性。为了较好地符合客观性，可集体讨论或多方征求意见，也可采取一些定性的决策方法。下面介绍一种矩阵比较法，其基本思路是：若很多大小差不多的圆球放在一起，很难一下分出哪个最大、哪个次之。若将它们逐一比较，则较易判明。

具体方法是列出矩阵表。设某系统共有 6 个危险因素需要进行等级判别，可分别用字母 A、B、C、D、E、F 代表，画出一个如图 4-2(a)所示的方阵。按方阵图中顺序，比较每列因素的严重性，用“×”号表示在列里严重、在行里不严重的因素。例如：比较因素 A 和 B，A 比 B 严重，则在一列二行空格内画“×”号。再比较因素 A 和 C，A 比 C 不严重，在一列三行空格内不画“×”号。照此方法，依次对比后可得出每列画“×”号的总和。图 4-2(a)中结果是因素 E 画“×”号的总和为 5，因素 A、B、C 画“×”号的总和均为 3，因素 F 总和为 1，因素 D 则为 0。这样就可得出各危险因素的严重性次序：E、A、B、C、F、D。其中因素 A、B、C 具有同等的严重性。在这种情况下，可以承认 A、B、C 三因素具有同等严重性。为了分得细一些，也可在方阵图中增加一个“1”符号，以它代表严重性的 1/2，如图 4-2(b)所示，在两者有关的行和列各画一个“1”符号。这样处理后，对 A、B、C 三个因素进行比较，可看出，因素 C 画“×”号为 3.5，因素 A 为 3，因素 B 为 2.5。这样，6 个因素的严重性的顺序是：E、C、A、B、F、D。需要指出的是，当因素较多时，这样逐一对比会引起混乱，陷入自相矛盾的境地，为此要求在比较时应十分冷静、细致。

	A	*B*	*C*	*D*	*E*	*F*
A			×		×	
B	×				×	
C		×			×	
D	×	×	×		×	×
E						
F	×	×	×		×	
Σ	3	3	3	0	5	1

(a)

	A	*B*	*C*	*D*	*E*	*F*
A			×		×	
B	×		1		×	
C		1			×	
D	×	×	×		×	×
E						
F	×	×	×		×	
Σ	3	2.5	3.5	0	5	1

(b)

图 4-2　危险因素严重程度比较矩阵表

预先危险分析的结果一般采用表格的形式列出。表格的格式和内容可根据实际情况确定。表4-7至表4-9分别为几种基本表格的格式。

表4-7 PHA工作表格表

单元：		编制人员：		日期：
危险	原因	后果	危险等级	改进措施/预防方法

表4-8 PHA工作的典型格式表

地区(单元)：	会议日期：	图号：		小组成员：
危险/意外事故	阶段	原因	危险等级	对策
事故名称	危险发生的阶段，如生产、试验、运输、维修、运行等	产生危害的原因	对人员及设备的危害	消除、减少或控制危险的措施

表4-9 预先危险分析表通用格式

系统：1 子系统：2 状态：3 编号： 日期：				PHA表			制表者： 制表单位：	
潜在事故	危险因素	触发事件	发生条件	触发事件	事故后果	危险等级	防范措施	备注
4	5	6	7	8	9	10	11	12

注：1—所分析子系统归属的车间或工段的名称；2—所分析子系统的名称；3—子系统处于何种状态或运行方式；4—子系统可能发生的潜在危害；5—产生潜在危害的原因；6—导致产生危险因素(5)的那些不希望事件或错误；7—使危险因素(5)发展成为潜在危害的那些不希望发生的错误或事件；8—导致生产"发生事故的条件(7)"的那些不希望发生的事件及错误；9—事故后果；10—危害等级；11—为消除或控制危害可能采取的措施，其中包括对装置、人员、操作程序等几方面的考虑；12—有关必要的说明。

PHA表格中应该有以下内容：了解系统的基本目的、工艺工程、控制条件及环境因素等；划分整个系统为若干子系统(单元)；参照同类产品或类似的事故教训及经验，查明分析单元可能出现的危害；确定危害的起因；提出消除或控制危险的对策，在危险不能控制的情况下，分析最好的损失预防的方法。

二、预先危险性分析步骤

预先危险性分析的基本步骤，如图4-3所示。

① 确定系统明确所分析系统的功能及分析范围。

② 调查、收集资料调查生产目的、工艺过程、操作条件和周围环境。收集设计说明书、

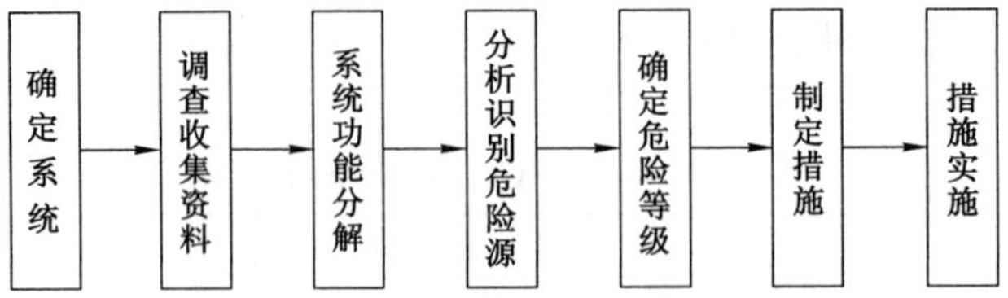

图 4-3　预先危险性分析的程序

本单位的生产经验、国内外事故情报及有关标准、规范、规程等资料。

③ 系统功能分解。一个系统是由若干个功能不同的子系统组成的，如动力、设备、结构、燃料供应、控制仪表、信息网络等，其中还有各种连接结构；同样，子系统也是由功能不同的部件、元件组成，如动力、传动、操纵、执行等。为了便于分析，按系统工程的原理，将系统进行功能分解，并绘出功能框图，表示它们之间的输入/输出关系，如图 4-4 所示。

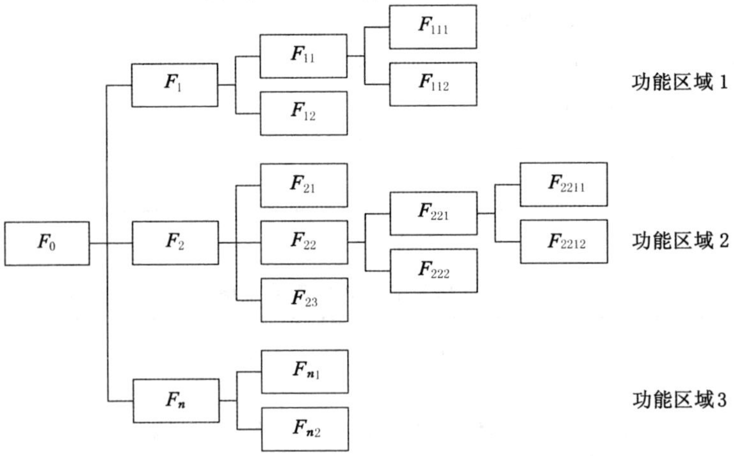

图 4-4　功能分解图示例

④ 分析、识别危险性。确定危险类型、危险来源、初始伤害及其造成的危险性，对潜在的危险点要仔细判定。

⑤ 确定危险等级。在确认每项危险之后，都要按其效果进行分类。

⑥ 制定措施。根据危险等级，从软件（如系统分析、人机工程、管理、规章制度等）、硬件（如设备、工具、操作方法等）两个方面制定相应的消除危险性的措施和防止伤害的办法。

【知识拓展】

预先危险性分析必须考虑的项目：

① 危险物品。例如，燃料、激光、炸药、有毒物、有危险的建筑材料、放射性物质等。

② 系统部件间接口的安全性。例如，材料相容性、电磁干扰、意外触发、火灾或爆炸的发生和蔓延、硬件和软件控制（包括软件对系统或分系统安全的影响）等。

③ 确定控制可靠性的关键软件命令和响应。例如，错误命令、不适时的命令或响应、或

由订购方指定的不希望事件等。

④ 与安全有关的设备、保险装置和应急装置等。例如，联锁装置、硬件或软件故障安全设计、分系统保护、灭火系统、人员防护设备、通风装置、噪声或辐射屏蔽等。

⑤ 包括生产环境在内的环境约束条件。例如：坠落、冲击、振动、极限、温度、噪声、接触有毒物、静电放电、雷击、电磁环境影响、电离和非电离辐射等。

⑥ 操作、试验、维修和应急规程等。

【思考练习】

1. 在预先危险性分析方法中进行危险性等级划分时，若危险性等级是(　　)级，则表明其危险程度会造成重大伤亡及系统严重破坏的灾难性事故，必须予以果断排除并进行重点防范。

A. Ⅰ安全的　　B. Ⅱ 临界的　　C. Ⅲ 危险的　　D. Ⅳ 灾难性的

2. 在进行预先危险性分析时，第一个步骤是(　　)。

A. 通过经验判断、技术诊断或其他方法调查确定危险源，对所需分析系统的生产目的、物料、装置及设备、工艺过程、操作条件及周围环境等，进行充分详细的了解

B. 将危险源分类，制成预先危险性分析表

C. 进行危险性分级，排列出重点和轻、重、缓、急次序，以便处理

D. 制定事故(灾害)的预防性对策措施

3. 下列关于预先危险性分析方法的说法中正确的是(　　)。

A. 预先危险性分析是进一步进行危险分析的先导，宏观的概略分析，属于定性方法

B. 预先危险性分析只适用于设计的初期，对系统可能存在的危险进行预先分析

C. 对系统进行危险性预先分析时，必须先辨识危险，一般危险的辨识凭经验即可

D. 如果认真仔细地进行分析，潜在的危险往往不难辨识

4. 在预先危险分析法中，为了衡量危险性的大小及其对系统破坏性的影响程度，可以将各类危险性划分为 4 个等级，分别为(　　)。

A. 低的、临界的、严重的、致命的

B. 低的、主要的、严重的、灾难性的

C. 安全的、临界的、危险的、灾难性的

D. 可忽略的、临界的、危险的、致命的

5. 解释预先危险性分析。

6. 简述预先危险性分析的基本步骤。

7. 简述预先危险性分析表格包括的主要内容。

8. 简述预先危险性分析的优点。

【技能训练】

根据某液化石油气新建项目，做出预先危险性分析，并提出了可行的防范措施，对表格中存在的事故发生原因进行了分析；根据分析情况，在表 4-10 中写出事故后果和危险等级。

表 4-10　液化石油气火灾、爆炸预先危险性分析

危险因素	液化石油气及其残液泄漏，压力容器爆炸
触发事件一	(1) 故障泄漏：①储罐、汽化器、管线、阀门、法兰等泄漏或破裂；②储罐等超装溢出；机、泵破裂或转动设备、泵密封处泄漏；③罐、器、机、泵、阀门、管道、流量计、仪表等连接处泄漏；④罐、器、机、泵、阀门、管道等因质量不好(如制造加工质量、材质、焊接等)或安装不当泄漏；⑤撞击(如车辆撞击、物体倒落)或人为破坏造成罐(器)及管线等破裂而泄漏；⑥由自然灾害造成的破裂泄漏，如雷击、台风等
	(2) 运行泄漏：①超温、超压造成破裂、泄漏；②安全阀等安全附件失灵、损坏或操作不当；③垫片撕裂造成泄漏；④骤冷、急热造成罐(器)等破裂、泄漏；⑤液化石油气瓶等压力容器未按有关规定及操作规程操作；⑥转动部分不洁，摩擦产生高温及高温物件遇到易燃物品
发生条件	(1) 液化石油气浓度达到爆炸极限
	(2) 液化石油气及其残液遇明火
	(3) 存在点火源、静电火花、高温物体等引燃、引爆能量
触发事件二	(1) 明火：①点火吸烟；②烟火；③抢修、检修时违章动火，焊接时未按“十不烧”及有关规定动火；④外来人员带入火种；⑤物质过热引起燃烧；⑥其他火源，如电动机不洁、轴承冒烟着火；⑦其他火灾引发二次火灾等
	(2) 火花：①穿带钉皮鞋；②击打管道、设备产生撞击火花；③电器火花；④电器线路陈旧老化或受到损坏产生短路火花，以及因超载、绝缘烧坏引起明火；⑤静电放电；⑥雷击(直接雷击、雷电二次作用、沿着电气线路或金属管道侵入)；⑦进入车辆未带阻火器等(一般要禁止驶入)；⑧焊、割、打磨产生火花等
事故后果	
危险等级	
防范措施	(1) 控制与消除火源：①严禁吸烟、携带火种、穿带钉皮鞋进入易燃易爆区；②动火必须严格按动火手续办理动火证，并采取有效防范措施；③易燃易爆场所使用防爆型电器；④使用不发火的工具，严禁钢质工具敲打、撞击、抛掷；⑤按规定安装避雷装置，并定期进行检测；⑥按规定采取防静电措施；⑦加强门卫，严禁机动车辆进入火灾、爆炸危险区，运送液化石油气的车辆必须配备完好的阻火器，正确行驶，杜绝发生任何故障和车祸
	(2) 严格控制设备质量及其安装：(略)
	(3) 防止液化石油气及其残液的“跑”“冒”“滴”“漏”
	(4) 加强管理、严格工艺纪律：(略)
	(5) 安全设施要齐全完好：①安全设施(如消防设施、遥控装置)齐全并保持完好；②储罐安装高、低液位报警器；③易燃、易爆场所安装可燃气体检测报警装置

任务三　故障类型及影响分析

【学习目标】

知识目标：掌握故障类型及影响分析的概念、故障等级划分和分析步骤。

技能目标：能够编制故障类型及影响分析表。

【实例展示】

某消防单元故障类型及影响分析见表4-11。

表4-11 消防系统故障类型及影响分析

危险部位	事故模式	建议措施
泵房	发生火灾时，因供电故障或电机、消防泵故障无法运转，不能及时扑灭火势，火灾扩大	确保供电正常及电机能正常运转；定期检验消防泵，确保处于良好状态；确保备用电源能及时投入运行
消防管网	消防管网因供水故障使供水不足甚至停水，不能及时扑灭火势，火灾扩大	定期进行消防管网的检修；及时更换故障部件；确保其供水畅通
消防器材	新购进的消防器材有缺陷，或已有的灭火器未按规定的时间换药，或者维护保养不善，从而可能使其丧失防、灭火功能，火灾扩大	把好进货质量关，严防伪劣产品，认真落实消防检查和维护保养制度，按规定时间做好登记和换药工作
	消防器材设置的位置不合理，一旦设备、设施着火，不能及时发挥作用，火灾扩大	消防器材应按规定的设计要求布置，不得任意放置，数量应满足消防制度的规定
水池	水池蓄水不足，发生火灾时不能满足灭火要求，导致事故扩大	应确保水池有足够的消防用水
报警系统	报警系统发生故障，发生火灾时不能及时或准确报警，延误灭火导致火灾扩大	定期检验和试验报警系统，确保完好
通信设备	通信设备不足或故障，导致不能联络或延误联络，从而不能及时进行灭火	确保消防通信畅通

评价结果：使用故障类型及影响分析对消防系统进行评价，得到主要的危险部位为泵房、消防管网、消防器材、水池、报警系统和通信设备，应提前采取防止火灾扩大的预防和控制措施。

【相关知识】

一、故障类型及影响分析简介

1. 故障类型及影响分析的定义

故障类型及影响分析（failure modes & effects analysis，FMEA）是对系统的各组成部分、元素进行的分析。系统的组成部分或元素在运行过程中往往可能发生不同类型的故障。对系统产生不同的影响。这种分析方法首先找出系统中各组成部分及元素可能发生的故障及其类型，查明各种类型故障对邻近部分或元素的影响以及最终对系统的影响，然后提出避免或减少这些影响的措施。

最初的故障类型及影响分析只能做定性分析，后来在FMEA中包括了故障发生难易程度的评价或发生的概率。进一步将它与危险度分析结合起来，构成了故障类型和影响、危险度分析（failure modes，effects and criticality analysis，FMECA）。这样，如果确定了每个元素故障发生概率，就可以确定设备、系统或装置的故障发生概率，从而定量描述故障的影响。

2. 故障类型及影响分析的相关概念

(1) 故障

系统、子系统或元件在运行的过程中，由于性能低劣而不能完成规定功能时，称为故障。

(2) 故障类型

故障类型是由不同故障机理显现出来的各种故障现象的表现形式。一个元件或系统可以有多种故障类型。

(3) 故障等级

故障等级是根据故障类型对系统或子系统影响的程度不同而划分的等级。

(4) 故障影响

故障影响是某种故障类型对系统、子系统、单元的操作、功能或状态所造成的影响。

(5) 故障严重度

故障严重度是考虑故障所能导致的最严重的潜在后果，并以伤害程度、财产损失或系统永久破坏加以度量。

3. 故障等级的划分

故障等级的划分方法有多种，大多数根据故障类型的影响后果划分。划分故障等级主要是为了分出轻重缓急以采取相应的对策，提高系统的安全性，见表 4-12。

表 4-12　故障等级

故障等级	影响程度	可能造成的危害或损失
一级	致命性	可能造成死亡或系统损失
二级	严重性	可能造成严重伤害、严重职业病或主系统损坏
三级	临界性	可能造成轻伤、轻职业病或次要系统损坏
四级	可忽略性	不会造成伤害和职业病，系统也不会受损

二、故障类型及影响分析步骤

1. 明确和熟悉系统

熟悉系统首先要收集与系统有关的各种资料，如设计说明书、设备图纸、工艺流程及各种规范、标准等，了解各部分的功能和相互关系。

2. 确定分析的基本要求

① 确定系统，分清主要功能与次要功能。

② 概要说明系统或设备在不同阶段的任务。

③ 指出环境和人员操作对系统和设备的影响。

④ 找出设备发生故障的原因。

3. 确定分析的深度

对危险部分要深入展开分析，对次要的部分可做简略分析。一般来说，系统可分析到子系统，子系统分析到单元，单元分析到零部件，视其危险程度而定。至于像继电器、开关、阀门、储罐、泵等都作为最小单位，不再进行详细分析。

4. 绘制系统的功能框图和可靠性框图

在分析之前首先要详细地说明系统，并根据系统的构成要素依次画出所包含的子系统、元件及相互关系的框图，对简单系统可以用流程图代替系统图。由系统图可进一步画出可靠性框图，亦即表示各子系统（或元件）之间串联或并联、输入/输出的系统图。如果有几个元件共同完成一项功能时用串联表示，元件如有备品时则是并联关系。串联表示构成一个系统的子系统都正常运行；而并联关系只要构成系统的任何一个子系统正常，系统就能保持正常。

5. 分析故障类型和影响

按照可靠性框图有关的子系统、功能件或元件，详细查明可能出现的故障类型、产生的原因，并进一步分析其对子系统、系统及对人的影响，然后根据故障类型影响的程度划分故障类型等级，以便分别轻重缓急，采取相应的安全措施。

【知识拓展】

故障类型、影响和致命度分析。

对于特殊危险的故障类型，如故障等级为Ⅰ级的故障类型，有可能导致人身伤亡或系统损坏，对这类元件要特别注意，可采用称为致命度的分析方法（CA），进一步分析。致命度分析一般都和故障类型影响分析合用。使用式（4-1）计算出致命度指数 C_r，它表示元件运行100万小时（次）发生的故障次数。

$$C_r = \sum_{n=1}^{i}(\alpha\beta\kappa_A\kappa_E\lambda_G t \times 10^6)_n \tag{4-1}$$

式中，n 为元件的致命故障类型号数，$n=1,2,3,\cdots,i$；i 为致命故障类型的第 i 个序号；λ_G 为单位时间或周期的故障次数，一般指元件故障率；t 为完成一项任务，元件运行的小时数或周期（次）数；κ_A 为元件 λ_G 的测定值与实际运行时的强度修正系数；κ_E 为元件 λ_G 的测定值与实际运行时的环境条件修正系数；α 为 λ_G 中该故障类型所占比例；β 为发生故障时会造成致命的影响的发生概率，见表4-13。

表4-13 故障致命影响发生概率 β

影响	β
实际损失	$\beta=1.00$
可预计损失	$0.10\leqslant\beta<1.00$
可能损失	$0<\beta<1.00$
无影响	$\beta=0$

【思考练习】

1. 解释故障、故障类型、故障影响。
2. 简述故障等级的划分。
3. 简述故障类型及影响分析法的步骤。
4. 使用故障类型及影响分析方法需要（　　）等资料。

A. 设备、故障方面的知识　　B. 系统的功能框图

C. 系统的可靠性框图　　D. 设备功能和故障模式方面的知识

5. 故障类型和影响分析与故障类型和影响、危险度分析的区别是（　　）。
A. 前者是定量分析，后者是定性分析
B. 后者仅进行危险度分析
C. 前者是后者的基础
D. 后者是以前者为基础的定性分析
6. 属于故障类型及影响分析的正确步骤是（　　）。
A. 分析偏差　　B. 确定分析的深度
C. 绘制逻辑图　　D. 分析故障类型和影响
7. 故障类型和影响分析的目的是（　　）。
A. 识别危险性、危险发生或可能产生的意想不到的结果的事故事件
B. 识别系统中的潜在危险，确定其危险等级防止危险发展成事故
C. 辨识单一设备和系统的故障模式及每种故障模式对系统或装置造成的影响
D. 明确系统本身的情况
8. 解释故障类型及影响分析法。

【技能训练】

空气压缩机是在土木工程的道桥工程、地下工程等施工时常用的动力设备。空气压缩机的储气罐属于一种易于出现事故的高压容器，是安全管理工作中的重点设备系统。在此对空气压缩机储气罐的罐体和安全阀两元素的故障类型及影响进行了分析。分析后的结果列于表 4-14 中，补充完善表中①～⑥的内容。

表 4-14　空气压缩机储气罐的故障类型及影响分析

组成元素	故障类型	故障的原因	故障的影响	故障的识别	校正措施
罐体	轻微漏气	接口不严	能耗增加	漏气噪声、空气压缩机频繁打压	加强维修保护
	严重漏气	焊接裂缝	压力迅速下降	压力表读数下降，巡回检查	停机修理
	破裂	材料缺陷、受冲压等	①	②	停机修理
安全阀	漏气	接口不严、弹簧疲劳	③	④	加强维修保护
	错误开启	弹簧疲劳折断	压力迅速下降	压力表读数下降，巡回检查	停机修理
	不能安全泄压	由锈蚀污物等造成	超压时失去安全功能，系统压力迅速增高	⑤	⑥

任务四　危险与可操作性分析

【学习目标】

知识目标：熟悉危险与可操作性分析中引导词和偏差的概念，掌握该方法的步骤。

技能目标：能够对评价对象进行分析，编制危险性与可操作性分析表格。

【实例展示】

以 35 t/h 燃油锅炉为例进行危险性与可操作性分析，见表 4-15。

表 4-15　35 t/h 燃油锅炉危险性与可操作性分析

关键词	偏差	可能原因	结果	修正措施
否	严重缺水	① 水位超限保护失灵，水位计失灵；② 给水系统故障；③ 排污阀泄漏；④ 判断失误（假水位）；⑤ 工作失误，误操作	造成爆管甚至锅炉爆炸	① 确保自动给水，高低位水位报警，低水位联锁自动保护装置等安全可靠，水位计灵敏可靠；② 加强设备维修，确保给水系统、排污系统、设备、阀门、管道完好、可靠；③ 提高职工技术水平，严格执行操作规程；④ 加强劳动纪律，杜绝“三违”（违章作业，违章指挥，违反劳动纪律）
	锅炉灭火	① 燃油质量低劣或含水太多；② 炉膛大量漏风，燃烧不稳；③ 燃油雾化不良；④ 燃油与空气混合差；⑤ 操作不当或不遵守操作规程；⑥ 喷燃器设计、制造不合理	锅炉灭火引发锅炉炉膛爆炸	① 燃油应符合设计要求；② 锅炉炉膛和燃烧器的设计，应与设计使用燃油的特性相适应；③ 燃油变化范围应符合有关技术标准；④ 根据油品选择合理的雾化方法，确保燃油雾化质量；⑤ 严格按操作规程操作，杜绝“三违”；⑥ 装设性质良好，安全可靠的灭火保护装置和炉膛火焰监控装置；⑦ 在炉膛装设防爆门，炉墙应严密不漏
多	锅炉超压	① 安全阀失灵；② 压力表故障；③ 超压报警及连锁保护失灵；④ 操作不当或不遵守操作规程或脱岗	造成爆管甚至锅炉爆炸	① 安全阀必须做到安全可靠，动作灵敏，定期校验，定期做排汽试验；② 压力表必须做到灵敏可靠，装置齐全，定期校验；③ 确保超压报警及联锁保护装置安全、可靠；④ 应装设燃烧自动调节装置，并确保可靠；⑤ 严格按操作规程操作，杜绝“三违”
	锅炉漏水	① 水位超限报警保护失灵，水位计失灵；② 自动给水故障；③ 判断失误；④ 工作失误，误操作，违反劳动纪律（脱岗）	① 造成蒸汽管道水冲击；② 带汽轮发电机组：造成汽轮机水冲击	① 确保自动给水装置，高水位报警装置可靠；② 水位计应灵敏可靠，定期冲洗，定期校对；③ 提高职工技术水平，严格执行操作规程；④ 加强劳动纪律，杜绝“三违”

表 4-15(续)

关键词	偏差	可能原因	结果	修正措施
多	锅炉过热蒸汽超温(无过热蒸汽的锅炉无此项)	① 蒸汽温度自动调节装置失灵;② 超温报警装置失灵;③ 温度计故障;④ 工作失误、误操作、脱岗	过热器管过热、爆管	① 确保蒸汽温度自动调节装置安全可靠;② 确保超温报警装置灵敏可靠;③ 确保温度计灵敏可靠,定期校验;④ 提高职工技术水平,严格执行操作规程;⑤ 加强劳动纪律,杜绝“三违”
	锅炉严重结垢	① 炉外水处理入炉水质超标;② 炉内处理不当;③ 没有排污或排污量不够;④ 生水直接入炉	造成锅炉受热面结垢,导致受热面过热而引发爆管	① 给水必须经炉外处理合格后才能进入锅炉,同时进行炉内水处理;② 生水及不合格的水不得进入锅炉;③ 根据炉水碱度或含盐量进行排污
少	锅炉严重腐蚀	① 没有对锅炉进行定期检查;② 因空气潮湿及烟气冲刷造成外部腐蚀;③ 停炉未做保养或保养方法不当造成停炉腐蚀;④ 给水未除氧、pH 值偏小等造成运行腐蚀	使受热面壁厚减薄造成爆管,甚至锅炉爆炸	① 坚持每年对锅炉定期检查,测定其壁厚,并做出相应措施;② 切实加强停炉保养工作;③ 按规定控制运行锅炉炉水碱度,锅炉给水的含氧量必须控制在规定范围内;④ 停运锅炉应保持锅炉四周空气干燥,运行时尽可能少用含硫量较大的油,并防止尾部低温腐蚀
不少	供油量不足	油泵不够、油管道故障、油箱油不够	影响负荷、压力	① 加强维修检查;② 提供充足的油源
部分	油系统泄漏	① 油系统的设备管道阀门的设计、安装、检验、造型、材质存在缺陷;② 误操作或违章操作;③ 无定期维护保养	泄漏的燃油遇明火或高温引发火灾甚至爆炸	① 油系统的设备、管线的设计、安装、检验、造型、材质应符合相应的规程、规范、标准,做到严密不漏;② 加强定期维护、保养,发现泄漏应及时处理;③ 油系统周围的高温管道、设备应严格保温,其表面温度低于 50 ℃;④ 严格执行操作规程,加强劳动纪律,杜绝“三违”;⑤ 油系统附近应严禁烟火
部分	噪声	① 风机、水泵等设备运行产生噪声;② 蒸汽排放	听力损伤	① 选用噪声小的设备;② 应加装消声设施和放在单独的隔声机房;③ 蒸汽排放应设置消声器;④ 对控制室采用隔离门,双层玻璃窗等隔声设施
	机械伤害	无罩及无防护栏杆	伤害职工身体	按规定对机械转动设备加罩或防护栏杆
	高温	① 锅炉及汽水管道保温不良;② 高温汽水管道泄漏	灼伤、烫伤	① 加强汽水管道维护,确保严密不漏,发现泄漏应及时处理;② 锅炉及汽水应加强保温,使其表面温度低于 50 ℃
其他	地震、雷电	自然灾害	危及设备和人身安全	① 锅炉房厂房应根据标准按相应的地震烈度设计;② 高层建筑物的顶层、烟囱顶部应设置避雷带,使需要保护的建筑物均在保护之内;③ 控制室要防止感应电和雷电波侵入

【相关知识】

一、危险与可操作性分析简介

1. 危险与可操作性分析的基本理念

《危险与可操作性分析(HAZOP分析)应用导则》(AQ/T 3049—2013)规范了HAZOP(hazard and operability analysis/study)分析的使用。HAZOP分析的重要作用在于,通过结构化和系统化的方式识别潜在的危险与可操作性问题,分析结果有助于确定合适的补救措施。

HAZOP分析的特点是由各专业技术人员组成分析小组,以"分析会议"的形式进行。会议期间,在分析小组组长的引导下,使用一套核心引导词,对系统的设计进行全面、系统地检查,识别对系统设计意图的偏差。该技术旨在利用系统的方法激发参与者的想象力,识别系统中潜在的危险与可操作性问题。HAZOP分析应视为一种基于经验的方法,用于完善设计,而不是要取代其他的经验方法。

HAZOP技术最初是化学行业用来分析流体介质处理和物料输送中的安全问题所开发的技术。

目前,HAZOP分析主要适用于石油、化工、电子等工业,尤其适用于识别系统(现有或拟建)的缺陷,包括物料输送、人员流动或数据传输,按预定工序运行的事件和活动或该工序的控制程序。HAZOP还是新系统设计和开发所需的重要工具,也可以有效地用于分析一个给定系统在不同运行状态下的危险和潜在问题,如开车、备用、正常运行、正常停车、紧急停车等。HAZOP不仅能运用到连续过程,也可用于间歇和非稳态过程及工序。HAZOP可视为价值工程和风险管理整个过程不可分割的一部分。

2. 危险与可操作性分析的相关术语

(1) 常见引导词

由于石油、化工、电子等工业生产系统的复杂性,为了使系统安全分析保持较强的逻辑性和系统性,对HAZOP分析方法定义了一些专用的词汇,这些词汇能够引导和启发人们的思考,保证对系统HAZOP分析的质量,所以将这些在HAZOP分析中专用的词汇称为引导词,见表4-16。

表4-16　基本引导词及其含义

引导词	含义	引导词	含义
无,空白(no或not)	设计目的的完全否定	多,过量(more)	量的增加
少,减量(less)	量的减少	伴随(as well as)	性质的变化/增加
部分(part of)	性质的变化/减少	相反(reverse)	设计目的的逻辑取反
异常(other than)	完全替代		

与时间和先后顺序(序列)相关的引导词及其含义,见表4-17。

表 4-17　与时间和先后顺序(序列)相关的引导词及其含义

引导词	含义	引导词	含义
早(early)	相对于给定时间早	先(before)	相对于顺序或序列提前
晚(late)	相对于给定时间晚	后(after)	相对于顺序或序列延后

(2) 引导词和偏差(表 4-18)

表 4-18　偏差及其相关引导词的示例

偏离类型	引导词	过程工业实例	可编程电子系统实例(pes)
否定	无,空白(no)	没有达到任何目的,如无流量	无数据或控制信号通过
量的改变	多,过量(more)	量的增多,如温度高	数据传输比期望的快
	少,减量(less)	量的减少,如温度低	数据传输比期望的慢
性质的改变	伴随(as well as)	出现杂质 同时执行了其他的操作或步骤	出现一些附加或虚假信号
性质的改变	部分(part of)	只达到一部分目的,如只输送了部分流体	数据或控制信号不完整
替换	相反(reverse)	管道中的物料反向流动以及化学逆反应	通常不相关
	异常(other than)	最初目的没有实现,出现了完全不同的结果。如输送了错误物料	数据或控制信号不正确
时间	早(early)	某事件的发生较给定时间早,如冷却	信号与给定时间相比来得太早
	晚(late)	某事件的发生较给定时间晚,如过滤	信号与给定时间相比来得太晚
顺序或序列	先(before)	某事件在序列中过早的发生,如混合	信号在序列中比期望来得早
	后(late)	某事件在序列中过晚的发生,如加热	信号在序列中比期望来得晚

二、危险与可操作性分析分析步骤

HAZOP 分析程序包括 4 个基本步骤,见表 4-19。

表 4-19　HAZOP 分析程序

步骤	内容
分析启动	确定分析范围和目标;确定职责
分析准备	制订分析计划,收集数据;商定记录样式,估算时间
分析	将系统分解为若干部分,选择某一部分并明确设计目的;对每个要素使用引导词确定偏差,识别原因和后果;确定是否存在重大问题,识别保护、检测和显示装置;确定可能的补救/减缓措施(可选),对建议措施达成一致意见;依次对每个要素重复以上步骤,然后对系统每个部分重复以上步骤
文档和跟踪	记录分析情况,签署分析资料;完成分析报告,跟踪措施的执行情况;需要时重新分析系统某些部分,完成最终输出报告

1. 危险与可操作性分析的启动

分析通常由项目负责人(项目经理)启动。项目经理应确定开展分析的时间,指派HAZOP分析组长,并提供开展分析必需的资源。在HAZOP分析组长的协助下,项目经理应明确分析的范围和目标。分析开始前,项目经理应指派具有适当权限的人负责确保分析得出的建议或措施得以执行。

HAZOP分析通常需要考虑设计者和业主(用户)的观点。然而,在系统生命周期不同阶段,适合HAZOP分析的小组成员可能是不同的。对HAZOP分析小组的人员应进行HAZOP培训,使HAZOP小组所有成员具备开展HAZOP分析的基本知识,以便高效地参与HAZOP分析。

2. 危险与可操作性分析准备

HAZOP分析组长负责以下准备工作:获得系统信息;将信息转换成适当的形式;计划HAZOP分析会议的顺序;安排必要的HAZOP分析会议。此外,分析组长可以安排人员对相关数据库进行查询,收集采用相同或相似的技术出现过的事故案例。

3. 危险与可操作性分析

按照HAZOP分析计划,组织分析会议,在分析组长领导下组织讨论。

在进行某一分析时,分析组长及其HAZOP小组成员应决定选择“要素优先”还是“引导词优先”。HAZOP分析的习惯会影响分析顺序的选择。此外,影响这一决定的其他因素还包括:所涉及技术的性质、分析过程需要的灵活性以及小组成员培训的情况。

4. 危险与可操作性分析文档与跟踪

HAZOP分析的主要优势在于它是一种系统、规范且文档化的方法。为从HAZOP分析中得到最大收益,应做好分析结果记录、形成文档并做好后续管理跟踪。HAZOP分析组长负责确保每次会议均有适当的记录并形成文件。记录员应了解与HAZOP分析主题相关的技术知识,具备语言才能、良好的听力与关注细节的能力。

根据危险性与可操作性研究的对象和环境,借鉴危险与可操作性分析的引导词与分析术语逐条分析,保证分析详尽而不发生遗漏,分析时应按照关键词表逐一进行,并将结果汇总,见表4-20。

表4-20 危险性与可操作性研究分析表

关键词	偏差	可能原因	结果	修正措施

【知识拓展】

HAZOP分析与其他分析方法的关系。

HAZOP可以和其他可靠性分析方法联合使用,如FMEA(失效模式和影响分析程序,参见GB/T 7826—2012)和FTA(故障树分析程序,参见GB 7829—87)。这种联合使用方式可用于下列情况:

① 当HAZOP分析明确表明设备某特定部分的性能至关重要,需要深入研究时,采用FMEA对该特定部分进行研究,有助于对HAZOP分析进行补充。

② 在通过 HAZOP 分析完单个要素/单个特性的偏差后，决定使用 FTA 评价多个偏差的影响或使用 FTA 量化失效的可能性。

HAZOP 本质上是以系统为中心的分析方法，而 FMEA 是以元件为中心的分析方法。FMEA 由一个元件可能发生的故障开始，进而分析整个系统的故障后果。因此，FMEA 是从原因到后果的单向分析。HAZOP 分析的理念则不同，它是识别偏离设计目的的可能偏差，然后从两个方向进行分析：一个方向查找偏差的可能原因，另一个方向推断其后果。

【思考练习】

1. 简述 HAZOP 分析的特点。
2. 简述 HAZOP 分析的步骤。
3. 分析组长制订的 HAZOP 分析计划包括哪些内容？
4. HAZOP 分析报告应包括哪些内容？
5. 绘制通用的 HAZOP 分析表。
6. 危险和可操作性研究方法可按(　　)步骤完成。(多选)

A. 分析的准备　　B. 危险预测
C. 完成分析　　D. 编制分析结果报告
E. 总结与评价

7. 危险和可操作性研究是一种(　　)的安全评价方法。

A. 定性　　B. 半定量
C. 定量　　D. 安全性

8. 危险与可操作性(HAZOP)分析基本过程是以关键词为引导，找出过程中工艺状态的偏差，然后分析找出偏差的原因、后果及可采取的对策。下列关于 HAZOP 评价方法的组织实施的说法中，正确的是(　　)。

A. 评价涉及众多部门和人员，必须由企业主要负责人担任组长
B. 评价工作可分为熟悉系统、确定顶上事件、定性分析 3 个步骤
C. 可由一位专家独立承担整个 HAZOP 分析任务，小组评审
D. 必须由一个多专业且专业熟练的人员组成的工作小组完成

【技能训练】

假设一个简单的工厂生产过程，如图 4-5 所示。物料 A 和物料 B 通过泵连续地从各自的供料罐输送至反应器，在反应器中合成并生成产品 C。假定为了避免爆炸危险，在反应器中 A 总是多于 B。完整的设计描述将包括很多其他细节，如压力影响、反应和反应物的温度、搅拌、反应时间、泵 A 和泵 B 的匹配性等，但为简化示例，这些因素将被忽略。工厂中待分析的部分用粗虚线表示。

分析部分是从盛有物料 A 的供料罐到反应器之间的管道，包括泵 A。这部分的设计目的是连续地把物料 A 从罐中输送到反应器，A 物料的输送速率(流量)应大于 B 物料的输送速率。列出各个引导词，结果记录在 HAZOP 工作表中。“物料”和“活动”要素可能的 HAZOP 输出例子见表 4-21，其中使用了“问题记录”样式，仅记录了有意义的偏差。在分析

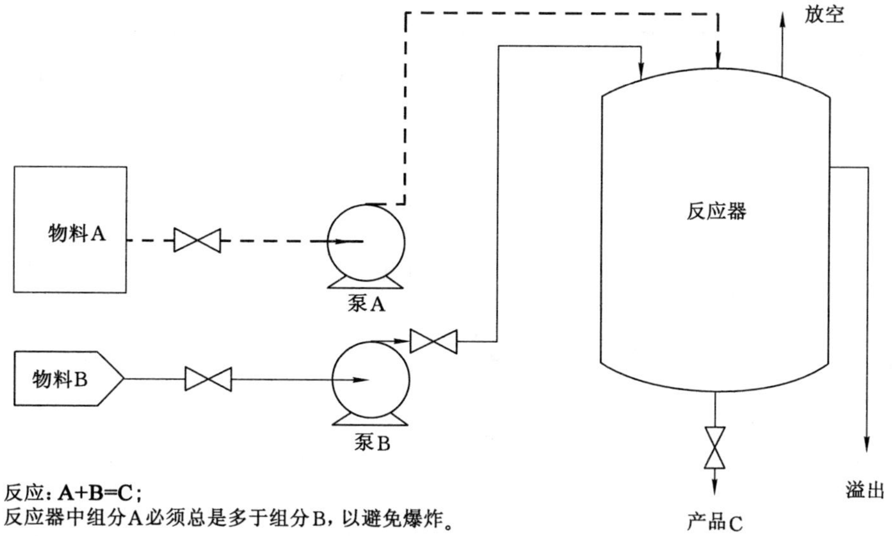

图 4-5 某生产过程简化流程

完与系统这部分相关的每个要素的每个引导词后，可以再选取另一部分（如物料 B 的输送管路），重复该过程。最终，该系统的所有部分都会通过这种方式分析完毕，并对结果进行记录。补充完善表中①～④的内容。

表 4-21 过程的 HAZOP 分析工作表示例

序号	引导词	要素	偏差	可能原因	后果	安全措施	注释	建议安全措施	执行人
1	无（no）	物料 A	无物料 A	A 供料罐是空的	没有 A 流入反应器；爆炸	无显示	情况不能被接受	考虑在 A 供料罐安装一个低液位报警器外加液位低/低联锁停止泵 B	
2	无（no）	输送物料 A（以大于输送物料 B 的速率）	①	停止泵 A；管路堵塞	爆炸	无显示	情况不能被接受	物料 A 流量的测量，外加一个低流量报警器；当泵 A 低流量时，联锁停止泵 B	
3	多（more）	物料 A	物料 A 过量使罐溢出	当没有足够的容量时，向罐中加料	物料从罐中溢出到边界区域	无显示	备注：可以通过对罐的检测加以识别	如果没有预先被识别出来，考虑高液位报警	
4	②	输送 A	输送过多；物料 A 流速增大	叶轮尺寸选错；泵选型不对	产量可能减少；产品中将含过量的 A	无		在试车时检测泵的流量和特性；修改试车程序	

表 4-21(续)

序号	引导词	要素	偏差	可能原因	后果	安全措施	注释	建议安全措施	执行人
5	少(less)	物料 A	更少的物料 A	A 供料罐液位低	不适当的吸入压头;可能引起涡流并导致爆炸;流量不足	无	同 1,不可接受	同 1,在 A 供料罐安装一个低液位报警器	
6	少(less)	输送物料 A(以大于输送 B 的速率)	泵 A 的流速降低	管线部分堵塞;泄漏;泵工作不正常	爆炸	无显示	③	④	
7	伴随(as well as)	物料 A	在供料罐中除了物料 A 还有其他流体物料	供料罐被污染	未知	所有罐车装的物料在卸入罐前应接受检查和分析	认为是可接受的	检查操作程序	
8	伴随(as well as)	输送 A	在输送物料 A 的过程中,可能发生侵蚀、腐蚀、结晶或分解	根据更具体的细节,对每种潜在的可能都应该加以考虑					
9	伴随(as well as)	目的地反应器	外部泄漏	管线、阀门或密封泄漏	环境污染;可能爆炸	采用可接受的管道规范或标准	接受合格品	将能联锁跳车的流量传感器尽可能地靠近反应器安装	
10	相反(reverse)	输送物料 A	反向流动;原料从反应器流向供料罐	反应器压力高于泵出口压力	装有反应物料的供料罐被返回的物料污染	无显示	情况不令人满意	考虑管线上安装一个止逆阀	

表 4-21(续)

序号	引导词	要素	偏差	可能原因	后果	安全措施	注释	建议安全措施	执行人
11	异常(other than)	物料 A	原料 A 异常；供料罐内物料不是 A 物料	供料罐内原料错误	未知，将取决于原料	在供给物料前对物料进行检验分析	情况可以接受		
12	异常(other than)	目的地反应器	外部泄漏；反应器无物料进入	管线破裂	环境污染；可能爆炸	管道完整性	检查管道设计	建议规定流量联锁跳车应有足够快的响应时间以阻止发生爆炸	

任务五　危险度与作业条件评价法

【学习目标】

知识目标：熟悉危险度评价的计算公式，掌握作业条件评价过程。

技能目标：能够熟练使用危险度评价法和作业条件评价法。

【实例展示】

1. 危险度评价法举例

某单元生产系统中的制碱系统主要危险物质为二氧化碳、氢气和氨气，制氯化铵生产系统主要危险物质为氨气，危险度分析过程见表 4-22 和表 4-23。

表 4-22　制碱生产系统危险度评价法评价结果表

序号	项目	实际情况	分值	取值依据
1	物质	二氧化碳	0	轻度危害物质
		氢气	10	甲类可燃气体
		氨气	5	乙类可燃物质
2	容量	二氧化碳	2	气体 100～500 m^3
		氢气	2	气体 100～500 m^3
		氨气	2	气体 100～500 m^3
3	温度	二氧化碳	0	＜250 ℃，操作温度在燃点以下
		氢气	0	＜250 ℃，操作温度在燃点以下
		氨气	0	＜250 ℃，操作温度在燃点以下
4	压力	二氧化碳	2	1～20 MPa
		氢气	2	1～20 MPa
		氨气	0	1 MPa 以下

表 4-22(续)

序号	项目	实际情况	分值	取值依据
5	操作	二氧化碳	2	有一定危险的操作
		氢气	2	有一定危险的操作
		氨气	2	有一定危险的操作
6	总分	二氧化碳	6	<10 分
		氢气	16	≥16 分
		氨气	9	<10 分
7	等级	二氧化碳	Ⅲ级	
		氢气	Ⅰ级	
		氨气	Ⅲ级	
8	危险程度	二氧化碳	低度危险	
		氢气	高度危险	
		氨气	低度危险	

表 4-23　制氯化铵生产系统危险度评价法评价结果表

序号	项目	实际情况	分值	取值依据
1	物质	氨气	5	乙类可燃物质
2	容量	氨气	2	气体 100～500 m^3
3	温度	氨气	0	<250 ℃，操作温度在燃点以下
4	压力	氨气	2	1 MPa 以下
5	操作	氨气	2	有一定危险的操作
6	总分	氨气	9	<10 分
7	等级	氨气	Ⅲ级	
8	危险程度	氨气	低度危险	

评价结果：使用危险度分析得到，生产系统中有氢气的场所危险等级为高度危险，其他场所危险等级为低度危险。

2. 作业条件评价法举例

某涤纶化纤厂在生产短丝过程中有一道组件清洗工序，为了评价这一操作条件的危险度，确定每种因素的分数值为：

(1) 评价过程

① 事故发生的可能性(L)：组件清洗所使用的三甘醇属于四级可燃液体，如加热至沸点时，其蒸气爆炸极限范围为 0.9%～9.2%，属一级可燃蒸气。在组件清洗时，需要将三甘醇加热后使用，致使三甘醇蒸气容易扩散的空间，如室内通风设备不良，具有一定的潜在危险，属"可能，但不经常"，其分数值 $L=3$。

② 暴露于危险环境的频繁程度(E)：清洗人员每天在此环境中工作，取 $E=6$。

③ 发生事故产生的后果(C)：如果发生燃烧爆炸事故，后果将是非常严重的，可能造成人员的伤亡，取 $C=15$。

④ 作业条件的危险性(D)：$D=L\times E\times C=3\times 6\times 15=270$。

(2) 评价结论

组件清洗工序的作业条件的危险性 $D=120$，处于 70～160，危险等级属于“显著危险，需要整改”的范畴。

(3) 预防措施

① 作业中加强通风、增强照明，改善作业环境。

② 作业人员佩戴口罩或空气呼吸器等个体防护用品。

③ 定时轮换作业人员，减少在危险环境中的暴露时间。

④ 在清洗室内设置摄像头与对讲系统，做好监控措施等。

【相关知识】

一、危险度评价法

危险度评价法是一种对工程项目的安全性进行定性评价和定量评价的综合评价方法，是一种考虑较为周全的评价方法。危险度评价法是借鉴日本劳动省发布的化工联合企业安全评价六阶段法中的评价表，结合我国《石油化工企业设计防火标准(2018 年版)》(GB 50160—2008)、《压力容器中化学介质毒性危害和爆炸危险程度评价分类》(GB 20660—2000)等标准，编制了《危险度评价取值表》，规定了危险度由物质、容量、温度、压力和操作等 5 个项目共同确定，其危险度分别按 $A=10$ 分，$B=5$ 分，$C=2$ 分，$D=0$ 分赋值计分，由累计分值确定单元危险度。

计算公式为：

$$\left\{\begin{matrix}\text{物质}\\0\sim10\end{matrix}\right\}+\left\{\begin{matrix}\text{容量}\\0\sim10\end{matrix}\right\}+\left\{\begin{matrix}\text{温度}\\0\sim10\end{matrix}\right\}+\left\{\begin{matrix}\text{压力}\\0\sim10\end{matrix}\right\}+\left\{\begin{matrix}\text{操作}\\0\sim10\end{matrix}\right\}=\left\{\begin{matrix}\geqslant16\text{ 分}\\11\sim15\text{ 分}\\1\sim10\text{ 分}\end{matrix}\right\}$$

物质：物质本身固有的点火性、可燃性和爆炸性的程度；

容量：处理的物理量；

温度：运行温度和点火温度的关系；

压力：运行压力(超高压、高压、中压、低压)；

操作：运行条件引起爆炸或异常反应的可能性。

表 4-24 危险度评价取值表

项目	分值			
	10 分(A)	5 分(B)	2 分(C)	0 分(D)
物 质	1. 甲类可燃气体； 2. 甲 A 及液态烃； 3. 甲类固体； 4. 极度危害介质	1. 乙类可燃气体； 2. $甲_B$、$乙_A$ 类可燃液体； 3. 乙类固体； 4. 高度危害介质	1. $乙_B$、$丙_B$、$丙_B$ 类可燃液体； 2. 丙类固体； 3. 中、轻度危害介质	不属 A～C 项物质
容 量	气体：1 000 m^3； 液体：100 m^3	气体：500～1 000 m^3； 液体：50～100 m^3	气体：100～500 m^3； 液体：10～50 m^3	气体：<100 m^3； 液体：<10 m^3

表 4-24(续)

项目	分值			
	10 分(A)	5 分(B)	2 分(C)	0 分(D)
温　度	1 000 ℃以上使用,其操作温度在燃点以上	1. 1 000 ℃以上使用、其操作温度在燃点以下; 2. 250～1 000 ℃使用,其操作温度在燃点以上	1. 250～1 000 ℃使用,其操作温度在其燃点以下; 2. 250 ℃以下使用,其操作温度在燃点以上	250 ℃以下使用,其操作温度在燃点以下
压　力	≥100 MPa	20～100 MPa(含 100 MPa)	1～20 MPa(含 20 MPa)	<1 MPa
操　作	1. 临界放热和特别剧烈的放热反应操作; 2. 在爆炸极限范围内或其附近的操作	1. 中等放热反应操作; 2. 系统进入空气中的不纯物质,可能发生危险的操作; 3. 使用粉状或雾状物质有可能发生粉尘爆炸的操作; 4. 单批式操作	1. 轻微放热反应操作; 2. 精制操作中伴有化学反应; 3. 单批式,但开始用机械等手段进行程序操作; 4. 有一定危险操作	无危险操作

表 4-25　危险度分级

总分值	≥16 分	11～15 分*	1～10 分*
等级	Ⅰ级	Ⅱ级	Ⅲ级
危险程度	高度危险	中度危险	低度危险

注:* 分值含上、下限。

二、作业条件危险性评价法

1. 作业条件危险性评价法简介

作业条件危险性评价法,又称为 LEC 法,是由美国的 K. J. 格雷厄姆(Keneth J. Graham)和 G. F. 金尼(Gilbert F. Kinney)提出,他们研究了人们在具有潜在危险环境中作业的危险性,提出了以所评价的环境与某些作为参考环境的对比为基础,将作业条件的危险性作为因变量(D),事故或危险事件发生的可能性(L)、暴露于危险环境的频率(E)及危险严重程度(C)为自变量,确定了它们之间的函数关系。根据实际经验,他们给出了 3 个自变量的各种不同情况的分数值,采取对所评价的对象根据情况进行打分的办法,然后根据公式计算出其危险性分数值,再在按经验将危险性分数值划分的危险程度等级表或图上,查出其危险程度的一种评价方法。

作业条件危险性评价法是一种简便易行的衡量人们在某种具有潜在危险的环境中作业的危险性的半定量评价方法。作业条件危险性评价法用来评价某种具有潜在危险的环境中作业的危险性,是作业条件的局部评价方法。在评价开始之前确定定量的取值标准,如"完全可以预料"是平均多长时间发生一次、"相当可能"为多长时间一次等。这样就可以按统一标准评价系统内各子系统的危险程度。

2. 作业条件危险性评价法的优缺点

(1) 作业条件危险性评价法的优点

该评价法简便，可操作性强，危险程度的级别划分比较清楚、醒目，有利于掌握企业内部危险点的危险情况，也有利于促进整改措施的实施。

(2) 作业条件危险性评价法的缺点

它主要是根据经验来确定3个因素的分数值及划定危险程度等级，因此具有一定的局限性，是一种作业的局部评价，故不能普遍适用。此外，在具体应用时，还可根据自己的经验、具体情况对该评价方法作适当修正。3个因素中事故发生的可能性只有定性概念，没有定量标准。评价实施时很可能在取值上因人而异，影响评价结果的准确性。

3. 作业条件危险性评价法评价过程

对于一个具有潜在危险性的作业条件，K. J. 格雷厄姆和 G. F. 金尼认为，影响危险性的主要因素有：发生事故或危险事件的可能性；暴露于这种危险环境的情况；事故一旦发生可能产生的后果。用公式来表示，则：

$$D = L \times E \times C \tag{4-2}$$

式中，D 为作业条件的危险性；L 为事故或危险事件发生的可能性；E 为暴露于危险环境的频率；C 为发生事故或危险事件的可能结果。

(1) 发生事故或危险事件的可能性(L)的确定

事故或危险事件发生的可能性与其实际发生的概率相关。若用概率来表示时，绝对不可能发生的概率为0；而必然发生的事件，其概率为1。但在考察一个系统的危险性时，绝对不可能发生事故是不确切的，即概率为0的情况不确切。因此，将实际上不可能发生的情况作为打分的参考点，其分数值为0.1。此外，在实际生产条件中，事故或危险事件发生的可能性范围非常广泛，因而人为地将"完全出乎意料，极少可能"的情况规定为1；将"完全会被预料到"的情况规定为10；在这二者之间，再根据可能性的大小相应地确定几个中间值，如将"不经常，但可能"的分值定为3，"相当可能发生"的分值规定为6。同样，在0.1与1之间也插入了与某种可能性对应的分值。于是，将事故或危险事件发生可能性的分值从"实际上不可能"的分值0.1，经过"完全意外，极少可能"的分值1，确定到"完全会被预料到"的分值10为止。关于 L 的分值见表4-26。

表4-26　事故或危险事件发生可能性分值

分值	事故或危险情况发生可能性	分值	事故或危险情况发生可能性
10*	完全会被预料到	0.5	可以设想，但高度不可能
6	相当可能	0.2	极不可能
3	不经常，但可能		
1*	完全意外，极少可能	0.1*	实际上不可能

注：*为打分的参考点。

(2) 暴露于危险环境的频率(E)的确定

众所周知,作业人员暴露于危险作业条件的次数越多、时间越长,则受到伤害的可能性也就越大。为此,K. J. 格雷厄姆和 G. F. 金尼规定了“连续暴露于潜在危险环境”的频率分值为 10,“每年出现几次潜在危险环境”的频率分值为 1。以 10 和 1 为参考点,再在其区间根据在潜在危险作业条件中暴露情况进行划分,并对应地确定其分值。例如,“每月暴露一次”的频率分值为 2,“每周一次或偶然暴露”的频率分值为 3。当然,“根本不暴露”的频率分值应为 0,但这种情况实际上是不存在的,无须列出。关于 E 的分值见表 4-27。

表 4-27　暴露于潜在危险环境的频率分值

分值	出现于危险环境的情况	分值	出现危险环境的情况
10*	连续暴露于潜在危险环境	2	每月暴露一次
6	逐日在工作时间内暴露	1*	每年几次出现在潜在危险环境
3	每周一次或偶然的暴露	0.5	非常罕见的暴露

注:* 为打分的参考点。

(3) 发生事故或危险事件的可能结果(C)的确定

造成事故或危险事故的人身伤害或物质损失可在很大范围内变化,以工伤事故而言,可以从轻微伤害到许多人死亡,其范围非常宽广。因此,K. J. 格雷厄姆和 G. F. 金尼将“引人注目,需要救护”的可能结果的分值规定为 1,并以此作为基准点;而将“大灾难,许多人死亡”的可能结果的分值规定为 100,并作为另一个参考点。在两个参考点 1～100,插入相应的中间值,见表 4-18。

表 4-28　发生事故或危险事件可能结果的分值

分值	可能结果	分值	可能结果
100*	大灾难,许多人死亡	7	严重,严重伤害
40	灾难,数人死亡	3	重大,致残
15	非常严重,一人死亡	1*	引人注目,需要救护

注:* 为打分参考点。

(4) 作业条件的危险性(D)的确定

确定了上述 3 个具有潜在危险性的作业条件的分值,并按公式进行计算,即可得到危险性分值。由经验可知,危险性分值在 20 以下的环境属低危险性,一般可以被人们接受,这样的危险性比骑自行车通过拥挤的马路去上班之类的日常生活活动的危险性还要低。当危险性分值在 20～70 时,则需要加以注意;危险性分值在 70～160 时,则有明显的危险,需要采取措施进行整改;同样,当危险性分值在 160～320 的作业条件属高度危险的作业条件,必须立即采取措施进行整改。危险性分值在 320 分以上时,则表示该作业条件极其危险,应该立即停止作业,直到作业条件得到改善为止,见表 4-29。

表 4-29　作业条件的危险性分值

分值	危险程度	分值	危险程度
＞320	极其危险，不能继续作业	20～70(含 70)	可能危险，需要注意
160～320(含 320)	高度危险，需要立即整改	≤20	稍有危险，或许可以接受
70～160(含 160)	显著危险，需要整改		

【知识拓展】

改进的作业条件危险性评价法。

针对 LEC 法的不足，可以在科学分析研究基础上，对方法进行适当的改进。

考虑到加强安全管理可以降低系统现实危险度的实际情况，参考道化学评价法，在原来数学模型的基础上增加一个安全管理系数 M。安全管理包括作业人员管理、设备管理、物料管理和作业环境管理 4 个方面，则式(4-2)经改进后变为：

$$D = M \times L \times E \times C \tag{4-3}$$

其中：

$$M = M_1 \times M_2 \times M_3 \times M_4 \tag{4-4}$$

式中，M 为管理系数；M_1 为作业人员管理系数；M_2 为设备管理系数；M_3 为物料管理系数；M_4 为作业环境管理系数。

(1) 作业人员管理系数(M_1)的确定(表 4-30)

表 4-30　人员管理系数取值

序号	管理内容	取值范围	序号	管理内容	取值范围
1	厂长任职安全目标	0.93～1	7	有无违章操作	0.95～1
2	安全制度	0.95～1	8	事故应急预案的组织机构是否完善	0.97～1
3	有毒、有害工种作业人员健康档案	0.95～1	9	事故应急预案的各级救援人员行动指南是否明确	0.95～1
4	安全教育	0.95～1	10	安全机构人员	0.93～1
5	劳保用品穿戴是否合格	0.95～1	11	从业人员的保险情况是否符合要求	0.93～1
6	各工种人员持证上岗情况	0.93～1	12	工房定员是否符合标准	0.93～1

在安全评价过程中，对人员管理各条款的取值应按现行规范的规定进行。与现行规范的规定不符合的项目赋值 1，完全符合则取下限值。各条款取值后相乘，即可得到 M_1 的值。

同理，对于设备管理系数、物料管理系数和作业环境管理系数的取值，均按上述规定进行。

(2) 设备管理系数(M_2)的确定(表 4-31)

表 4-31 设备管理系数取值

序号	管理内容	取值范围	序号	管理内容	取值范围
1	消防器材管理	0.95～1	3	避雷设施管理	0.95～1
2	机械设备保养管理	0.95～1	4	运输车辆管理	0.95～1

(3) 物料管理系数(M_3)的确定(表 4-32)

表 4-32 物料管理系数取值

序号	管理内容	取值范围	序号	管理内容	取值范围
1	危险物品安全管理	0.95～1	4	危险品运输	0.93～1
2	成品储运安全管理	0.95～1	5	有余药场地的清扫	0.95～1
3	化工原料、产品、半成品质量检测资料	0.95～1			

(4) 作业环境管理系数(M_4)的确定(表 4-33)

表 4-33 作业环境管理系数取值

序号	管理内容	取值范围	序号	管理内容	取值范围
1	防静电措施	0.93～1	4	通风情况	0.95～1
2	设备、管道接地情况	0.95～1	5	工库房、设备内废药废品清理情况	0.93～1
3	通道是否畅通	0.95～1	6	地面情况	0.95～1

【思考练习】

1. 危险度评价法考虑的5个因素：(　　)、(　　)、(　　)、(　　)、(　　)。
2. 简述作业条件危险性评价法考虑的主要影响危险性的因素。
3. 作业条件的危险性分值的划分标准和理由？
4. (　　)是一种简单易行的评价作业条件危险性的方法。

A. 作业条件危险性评价　　B. 故障树分析

C. 定量风险评价　　D. 故障类型及影响分析

5. 下列项目安全预评价方法中，属于定量评价方法的是(　　)。

A. 安全检查表　　B. 危险度评价法

C. 预先危险性分析　　D. 作业条件危险性评价法

6. 作业条件危险性评价法的变量是(　　)。(多选)

A. 作业条件危险性　　B. 事故或危险发生的可能性

C. 暴露于危险环境的频率

D. 危险严重程度　　　　　　　　E. 危险等级

7. 作业条件危险性评价法(LEC 方法)中,E 所代表的是(　　)。

A. 事故发生的可能性　　　　　　B. 风险大小

C. 事故后果的严重程度　　　　　D. 人员暴露于危险环境中的频繁程度

8. 作业条件的危险性 D 值为 150 时,其危险程度为(　　)。

【技能训练】

某化工厂液氨储罐区在检修状态时使用改进的 LEC 法进行评价,完善评价内容。

(1) 评价过程

① 事故发生的可能性(L):液化石油气储罐在检修时,有造成火灾,爆炸的危险性,但此种情况也是完全意外,取 L=(　　)。

② 暴露于危险环境的频繁程度(E):检修人员每周一次或偶然地暴露于此环境中,取E=(　　)。

③ 发生事故产生的后果(C):检修作业中,人员比较集中,如果发生爆炸,可能会有数人发生伤亡,甚至造成灾难性事故,取 C=(　　)。

④ 管理系数(M):考虑作业人员管理、设备管理、物料管理和作业环境管理 4 个方面,计算得 M=0.88。

⑤ 作业条件的危险性(D):$D = M \times L \times E \times C$ = (　　)。

(2) 评价结论

液化石油气储罐在检修时,D=(　　),处于(　　)范围,危险等级属(　　)的范畴。

(3) 预防措施

① 检修时要制定出的施工方案。

② 加强对检修人员的安全教育培训。

③ 加强监管。

④ 制定应急预案,并要定期演练;如果发生泄漏要按照应急预案立即处理,防止事态进一步扩大。

任务六　事件树分析法

【学习目标】

知识目标:熟悉事件树的含义、分析程序和优缺点。

技能目标:能够对评价对象进行分析,熟悉掌握事件的定性和定量分析过程。

【实例展示】

某露天矿铁路运输过程中,一列上坡行驶的列车连接器钩舌断裂,造成尾车沿坡道下滑。由于调度员没有及时采取制止车辆下滑措施,导致车速不断增加。当尾车滑行到 135 车站时,该站运转员错误地将车放入上线。尾车进入上线后继续滑行,经过 117 站时运转员束手无策。结果导致尾车与前方的检修车、移道机相撞,从而造成多人死亡的事故。

选择断钩跑车为初始事件,针对该初始事件有 3 种安全功能:调度员采取制动措施;135 站运转员将车放入安全线;117 站运转员将车放入安全线。断钩跑车事件树见图 4-6。

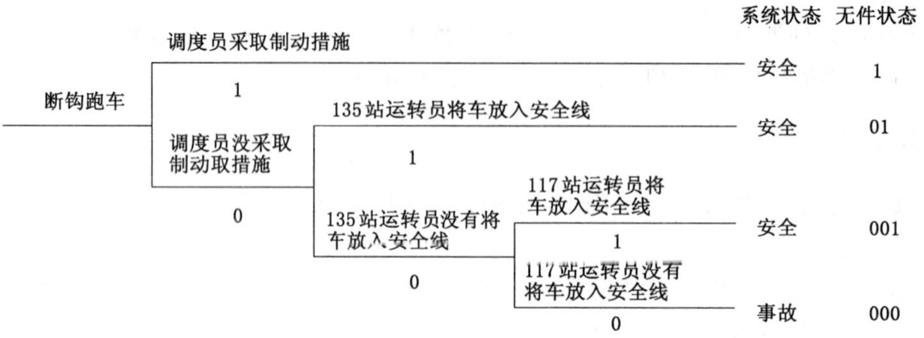

图 4-6　断钩跑车事件树

从图 4-6 可知,发生断钩跑车事故是由于调度员没有采取制动措施、135 站运转员没有将车放入安全线、117 站运转员也没有将车放入安全线这一系列事件造成的,这 3 种原因事件构成了断钩跑车事故的事故连锁。要防止断钩跑车事故发生,就要控制事故连锁里面的每一个事件。

【相关知识】

一、事件树分析简介

1. 事件树分析的定义

事件树分析(ETA)起源于决策树分析(DTA),它是一种按事故发展的时间顺序由初始事件开始推论可能的后果,从而进行危险源辨识的方法。按照事故发展顺序,分为阶段,一步一步地进行分析,每一步都从两种状态或后果(成功或失败,正常或故障,安全或危险)进行考虑(分支),最后直至用水平树状图表示其可能的结果,这样一种分析法就被称为事件树分析法,该水平树状图也被称为事件树图。在事件发生的顺序上,存在着因果的逻辑关系,往往一起事故的发生是许多原因事件相继发生的结果。其中,一些事件的发生是以另一些事件首先发生为条件的,而一些事件的出现又会引起另一些事件的出现。事件树分析既可以定性地了解整个事件的动态变化过程,又可以定量计算出各阶段的概率,最终了解事故发展过程中各种状态的发生概率。

2. 事件树分析的产生与发展

事件树演化于 1965 年前后发展起来的决策树。它是一种将系统内各元素按其状态(成功或失败)进行分支,最后直至系统状态输出为止的水平放置的树状图。事件树分析最初用于可靠性分析。它是以原件可靠性表示系统可靠性的系统分析方法之一,已被用于事故分析。应用事件树分析,可以定性地了解整个事故的动态变化过程,又可定量地得出各阶段的概率,最终了解事故各种状态的发生概率。在使用时,可用其作为事前预测事故及不安全因素、预测事故的可能后果。为寻求适当的预防措施提供依据,也可用其作为事故发生后的原因分析,利用这种方法进行对职工的安全教育等。由于该法实用性强,因而得到了较为广泛的应用。目前,在许多国家已形成标准化分析方法。

3．事件树分析的原理

如前所述，事件树分析是从初始事件出发考察由此引起的不同事件，一起事故的发生是许多事件按时间顺序相继出现的结果，一些事件的出现是以另一事件首先发生为条件的。在事故发展过程中出现的事件可能有两种状态：事件出现或不出现（成功或失败，正常或故障，安全或危险）。这样，每一事件的发展有两条可能的途径，而且事件出现或不出现是随机的，其概率也是不相等的。如果事故发展过程中包括 n 个相继发生的事件，则系统有 2^n 条可能发展途径，即最终结果有 2^n 个。在相继出现的事件中，后一事件是在前一事件出现的情况下出现的，与前面的事件无关。后一事件选择某一种可能发展途径的概率是在前一事件做出某种选择后的条件概率。

4．事件树分析的程序

（1）确定初始事件

初始事件的选定是事件树分析的重要一环，是事件树中在一定条件下造成事故后果的最初原因事件，可以是系统故障、设备失效、人员误操作或工艺过程异常等。这些主要取决于安全系统或操作人员对初始事件的反应，一般选择分析人员最感兴趣的异常事件作为初始事件。在事件树分析的绝大多数应用中，初始事件是预想的，装置设计包括装置、防护围栏或工艺方法，用来回应初始事件，并降低或消除初始事件的影响。

（2）找出与初始事件相关的环节事件

所谓环节事件，就是出现在初始事件后一系列可能造成事故后果的其他原因事件。环节事件就是初始事件做出响应的所有安全功能，这些安全功能可能被看作防止初始事件造成后果的预防措施。安全功能预防措施通常包括：

① 系统自动对初始事件做出的响应（自动停车系统）。

② 当初始事件发生时，报警器向操作者发出警报。

③ 操作工按设计要求或规定的操作规程对报警做出响应。

④ 冷却系统、压力释放系统和破坏系统启动，以减轻事故的严重程度。

⑤ 对初始事件的影响起限制作用的围堤或封闭方法等。

这些安全功能措施主要是避免初始事件发展成恶性事件，分析人员应该确定事件的顺序，确认能减轻初始事件后果的所有安全功能措施，确认在事件树中安全功能是否成功。

（3）绘制事件树图

① 把初始事件放在最左边，各个环节事件按顺序写在右面。

② 从初始事件画一条水平线到第一个环节事件，将安全功能措施写在连接某一事件和下一事件的水平线上，在水平线末端画垂直线段，其上端表示成功，下端表示失败。

③ 再从垂直线两端分别向右画水平线到下个环节事件，同样用垂直线段表示成功和失败两种状态；依此类推，直到最后一个环节事件为止。

④ 简化事件树。如果其一个环节事件不需要往下分析，则水平线延伸下去不发生分支，如此便得到事件树。

（4）确定事故顺序的最小割集

用故障树分析对事件树事故序列加以分析，以便确定其最小割集。每一事故序列都由一系列安全功能措施失败组成，并以“与门”逻辑与初始事件相关。这样，每一事故序列都可以被看作“事故序列（结果）”作为顶上事件的故障树，并用“与门”将初始事件和一系列安全功能措施失败与“事故序列(结果)”和顶上事件相连接。

(5) 说明分析结果

在事件树最后面写明由初始事件引起的各种事故结果或后果。为清楚起见,对事件树的初始事件和各环节事件用不同字母加以标记,对各安全功能措施成功和失败的状态用“1”和“0”表示,“1”表示成功,“0”表示失败。

5. 事件树分析的特点

(1) ETA 可以事前预测事故及不安全因素,估计事故的可能后果,寻求最经济的预防手段和方法。

(2) 事后用 ETA 分析事故原因,十分方便明确。

(3) ETA 的分析资料既可作为直观的安全教育资料,也有助于推测类似事故的预防对策。

(4) 当积累了大量事故资料时,可采用计算机模拟,使 ETA 对事故的预测更为有效。

(5) 在安全管理中,用 ETA 对重大问题进行决策具有其他方法所不具备的优势。

(6) 需要有关初始事件和各种安全措施的知识,需要 2～4 人组成小组,分析小型单元几个初始事件需 3～6 d,分析大型复杂单元需 2～4 周。

6. 事件树分析的优缺点和注意问题

(1) 事件树分析的优点

① 概率可以按照路径为基础分到节点。

② 整个结果的范围可以在整个树中得到改善。

③ 事件树从原因到结果,概念上比较容易明白。

④ 事件树是依赖于时间的,事件树在检查系统和人的响应造成潜在事故时是理想的。

⑤ 简单易懂,启发性强,能够指出如何不发生事故,便于安全教育。

⑥ 容易找出不安全因素造成的后果,能直观地指出消除事故的根本点,方便预防措施的制定。

⑦ 既可以定性分析,也可以定量分析。

(2) 事件树分析的缺点

① 事件树成长非常快,为了保持合理的大小,往往使分析必须非常粗。

② 缺少像 ETA 中的数学混合应用。

(3) 事件树分析应注意的问题

分析某些含有两种以上状态的系统,应尽量归纳为两种状态,以符合事件树分析的规律。有时为了详细分析事故的规律和分析的方便,可以将两态事件变为多态事件。因为多态事件状态之间仍是互相排斥的,所以将事件树的两分支变为多分支并不能改变事件树的分析结果。逻辑首尾要一贯,无矛盾,有根据。

7. 事件树分析适用范围

事件树分析可以用来分析系统故障、设备失效、工艺异常、人的失误等;设计时找出适用的安全装置,操作时发现设备故障及误操作将导致的事故。

二、事件树定性分析

事件树定性分析在绘制事件树的过程中就已进行,绘制事件树必须根据事件的客观条件和事件的特征做出符合科学性的逻辑推理，使用与事件有关的技术知识确认事件可能状态，所以在绘制事件树的过程中就已经对每一发展过程和事件发展的途径做了可能性的分析。事件树画好之后，应找出发生事故的途径和类型以及预防事故的对策。

1．找出事故连锁

事件树的各分枝代表初始事件一旦发生其可能的发展途径。其中，最终导致事故的途径即为事故连锁。一般来说，导致系统事故的途径有很多，即有许多事故连锁。事故连锁中包含的初始事件和安全功能故障的后续事件之间具有“逻辑与”的关系，显然，事故连锁越多，系统越危险；事故连锁中事件树越少，系统越危险。

2．找出预防事故的途径

事件树中最终达到安全的途径指导我们如何采取措施预防事故。在达到安全的途径中，发挥安全功能的事件构成事件树的成功连锁。如果能保证这些安全功能发挥作用，则可以防止事故。一般情况下，事件树中包含的成功连锁可能有多个，即可以通过若干途径来防止事故发生。显然，成功连锁越多，系统就越安全；成功连锁中事件树越少，系统就越安全。由于事件树反映了事件之间的时间顺序，所以应该尽可能地从最先发挥功能的安全功能着手。

三、事件树定量分析

事件树定量分析是指根据每一事件的发生概率，计算各种途径的事故发生概率，比较各个途径概率值的大小，获取事故发生可能性序列，确定最易发生事故的途径。一般来说，当各事件之间相互统计独立时，其定量分析比较简单。当事件之间相互统计不独立时(如共同原因故障、顺序运行等)，则定量分析变得非常复杂。

1．各发展途径的概率

各发展途径的概率等于自初始事件开始的各事件发生概率的乘积。事件成功的概率用 P 表示，失败的概率用 F 表示。

2．事故发生概率

事件树定量分析中，事故发生概率等于导致事故的各发展途径的概率和。定量分析要有事件概率数据作为计算的依据，而且事件过程的状态又是多种多样的，一般都因缺少概率数据而不能实现定量分析。

3．事故预防

事件树分析将事故的发生发展过程表述得清楚而有条理，为设计事故预防方案、制定事故预防措施提供了有力的依据。从事件树上可以看出，最后的事故是一系列危害和危险的发展结果，如果中断这种发展过程，就可以避免事故发生。因此，在事故发展过程的各阶段，应采取各种可能措施，控制事件的可能性状态，减少危害状态出现概率，增大安全状态出现概率，将事件发展过程引向安全的发展途径。采取在事件不同发展阶段阻截事件向危险状态转化的措施，最好在事件发展前期过程实现，从而产生阻截多种事故发生的效果。但有时因为技术经济等原因无法控制，所以就要在事件发展后期过程采取控制措施。显然，要在各条事件发展途径上都采取措施才行。

【知识拓展】

通过网络查找标准：可靠性分析技术，事件树分析，学习《可信性分析技术》(BS EN

62502—2011)中有关事件树分析的内容。

【思考练习】

1. 事件树分析使用的逻辑方法是(　　)。

A. 演绎法　　B. 归纳法　　C. 合并法　　D. 因素法

2. 在事件树分析中,事故主要是由(　　)引发的结果。(多选)

A. 人的失误　　B. 设备故障或工艺异常

C. 环境的　　D. 管理缺陷

3. 事件树分析的目的包括(　　)。(多选)

A. 提出安全措施　　B. 判断事故是否发生

C. 确定事故最小割集　　D. 确定事故后果

4. (　　)是在发展事件树的过程中,将与初始事件、事故无关的安全功能和安全功能不协调、矛盾的情况省略、删除,达到简化分析的目的。

A. 分析事件树　　B. 简化事件树　　C. 完善事件树　　D. 画出事件树

5. 某放热反应器系统,为及时消除热量,反应器安装了冷却装置。如果冷却剂流量减少,会导致温度升高,反应速度加快,以致反应失控。为此,在反应器上安装了温度测量控制系统,并与冷却剂入口阀门连接,根据温度控制冷却剂流量。为安全起见,安装了高温报警仪,当温度超过规定时自动报警,以便操作者时进采取措施。操作者的主要安全保障是:发现反应器温度升高,短时间内恢复冷却剂流量,紧急关闭反应器。现以冷却剂流量减少为初始事件进行事件树分析。

6. 简述事件树分析的程序。

7. 在使用事件树分析时,如何确定初始事件?

8. 绘制事件树图应注意的问题。

【技能训练】

某矿井水文地质条件复杂,开拓富水区段石门。在富水区掘进,按《煤矿安全规程》规定,应事先进行探水。如果探水成功,则应根据所探水文条件进行疏干。如果疏干工作成功,则突水不会出现;否则,就可能出现突水,但也可能不突水。如果不突水,就不存在矿井被淹;否则,将取决于突水发生后的堵水。如果堵水成功,则不会淹井;否则,将取决于排水,排水成功,则不会发生淹井;否则,就会导致淹井。

试用事件树分析该矿开拓富水区段石门时可能发生的淹井事故,完成评价内容。

从图4-7可知,该矿开拓富水区段石门时可能发生的淹井事故有两个事故连锁,分别是S_5和S_9。由事件树可得各状态概率如下:

$P(S_1)=P(A)\cdot P(B)\cdot P(C)$

$P(S_2)=P(A)\cdot P(B)\cdot F(C)\cdot P(D)$

$P(S_3)=P(A)\cdot P(B)\cdot F(C)\cdot P(D)\cdot P(E)$

$P(S_4)=P(A)\cdot P(B)\cdot F(C)\cdot F(D)\cdot F(E)\cdot P(F)$

$P(S_5)=P(A)\cdot P(B)\cdot F(C)\cdot F(D)\cdot F(E)\cdot F(F)$

$P(S_6)=P(A)\cdot F(B)\cdot P(D)$

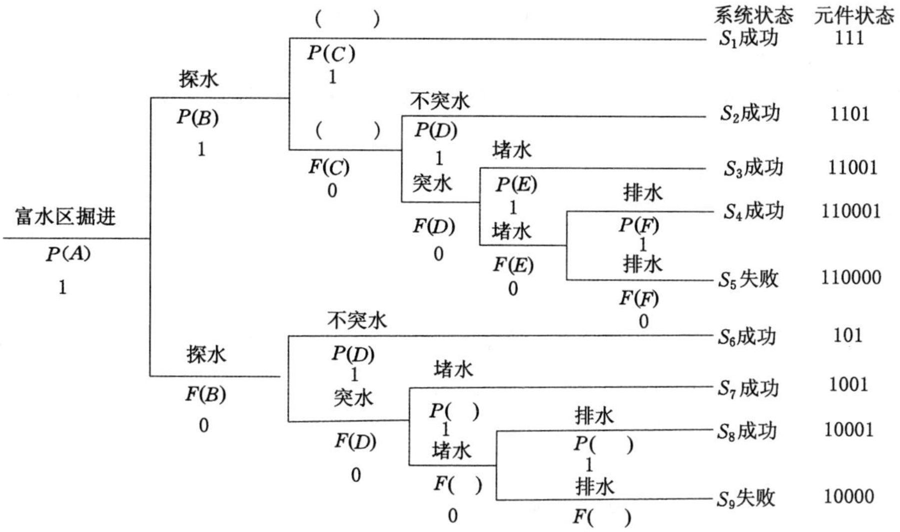

图4-7　富水区掘进淹井事件树

$P(S_7)=P(A)\cdot F(B)\cdot F(D)\cdot P(\ )$

$P(S_8)=P(A)\cdot F(B)\cdot F(D)\cdot F(\ )\cdot P(\ )$

$P(S_9)=P(A)\cdot F(B)\cdot F(D)\cdot F(\ )\cdot F(\ )$

若已知探水成功的概率为0.8，疏干工作成功的概率为0.9，不突水的概率为0.8，堵水成功的概率为0.8，排水成功的概率为0.9，则：

$P(S_1)=$　　$P(S_2)=$　　$P(S_3)=$

$P(S_4)=$　　$P(S_5)=$　　$P(S_6)=$

$P(S_7)=$　　$P(S_8)=$　　$P(S_9)=$

该矿开拓富水区段石门时可能发生的淹井事故的概率为：

$F=$

该矿开拓富水区段石门时不发生淹井事故的概率为：

$P=$

任务七　故障树分析法

【学习目标】

知识目标：掌握布尔代数运算，掌握故障树定性、定量分析过程。

技能目标：能够使用故障树分析法对事故进行分析、评价。

【实例展示】

矿井瓦斯爆炸的影响因素非常复杂，故障树方法能较好地分析矿井瓦斯爆炸事故发生的致因因素，下面采用故障树方法分别对基建新煤矿的一个综掘工作面和全矿井的瓦斯爆炸事故的致因因素进行分析、评价。矿井瓦斯爆炸三要素：一定浓度的瓦斯、一定温度的引火源和足够的氧气，而井下生产环境条件恰好满足上述 3 个条件。

(1) 绘制故障树

根据矿井的具体条件及故障树的编制原则及方法，构造出矿井瓦斯爆炸的故障树，见图 4-8。

该故障树的逻辑函数式为：

$$
\begin{aligned}
T &= x_{27}x_{26}x_{31}A_1A_2 \\
&= x_{26}x_{27}x_{31}[(x_1+x_2+x_3+x_4+x_{28})+(x_5+x_{29}+x_7x_8x_9)+x_6+x_{30}+(x_{10}+x_{11}+ \\
&\quad x_{12})]A_2 \\
&= x_{26}x_{27}x_{31}(x_1+x_2+x_3+x_4+x_{28}+x_5+x_{29}+x_7x_8x_9+x_6+x_{30}+x_{10}+x_{11}+x_{12})+ \\
&\quad (x_{13}+x_{14}+x_{15}+x_{16}+x_{17}+x_{18}+x_{19}+x_{20}+ \\
&\quad x_{21}+x_{22}+x_{23}+x_{24}+x_{25}+x_{32}+x_{33}+x_{34})
\end{aligned}
$$

(2) 求最小割集

由上式展开可得到 208 个最小割集。

$K_1=\{x_{26},x_{27},x_{31},x_1,x_{13}\}$，$K_2=\{x_{26},x_{27},x_{31},x_1,x_{14}\}$

$K_3=\{x_{26},x_{27},x_{31},x_1,x_{15}\}$，$K_4=\{x_{26},x_{2}7,x_{31},x_1,x_{16}\}$

$K_5=\{x_{26},x_{27},x_{31},x_1,x_{17}\}$，$K_6=\{x_{26},x_{27},x_{31},x_1,x_{18}\}$

⋮

$K_{207}=\{x_{26},x_{27},x_{31},x_{30},x_{33}\}$，$K_{208}=\{x_{26},x_{27},x_{31},x_{30},x_{34}\}$

(3) 求最小径集

根据矿井瓦斯爆炸事故的故障树图，构造出矿井瓦斯爆炸的成功树。按布尔代数法求解出最小径集，得到 7 个最小径集。

(4) 求结构重要度

依据最小径集判断结构重要度的公式 $I_{\Phi(i)}=\sum\limits_{x_i\in K}\frac{1}{n_i^2}$，经计算可得基本事件的结构重要度系数的排序如下：(仅列前 20 项)

$$
\begin{aligned}
&I_{(26)}=I_{(27)}=I_{(31)}>I_{(1)}=I_{(2)}=I_{(3)}=I_{(4)}=I_{(5)}=I_{(6)}=I_{(10)}=I_{(11)}= \\
&\quad I_{(12)}=I_{(28)}=I_{(29)}=I_{(30)}>I_{(13)}=I_{(14)}=I_{(15)}=I_{(16)}=I_{(17)}=\cdots
\end{aligned}
$$

(5) 结果分析

① 由故障树可见，或门个数占 80%之多，说明影响全矿井瓦斯爆炸的因素非常多。

② 由于最小割集个数有 208 个，表明有多达 208 种的“可能途径”会导致瓦斯爆炸，充分说明整个系统的危险性较大。

③ 从基本事件重要度排序看，瓦斯浓度达到爆炸浓度、有点火源出现、二者相遇 3 个事件的结构重要度排首位，充分说明这 3 个因素是引起矿井瓦斯爆炸重要原因。

④ 最小径集个数仅有 7 个，说明控制瓦斯爆炸的途径较少，整个系统的安全性较差。

⑤ 一般情况下，控制小容量最小径集的基本事件，是最经济、最有效的控制顶上事件发生的措施。因此，预防矿井瓦斯爆炸事故应从避免 x_{26}、x_{27}、x_{31} 的发生入手。

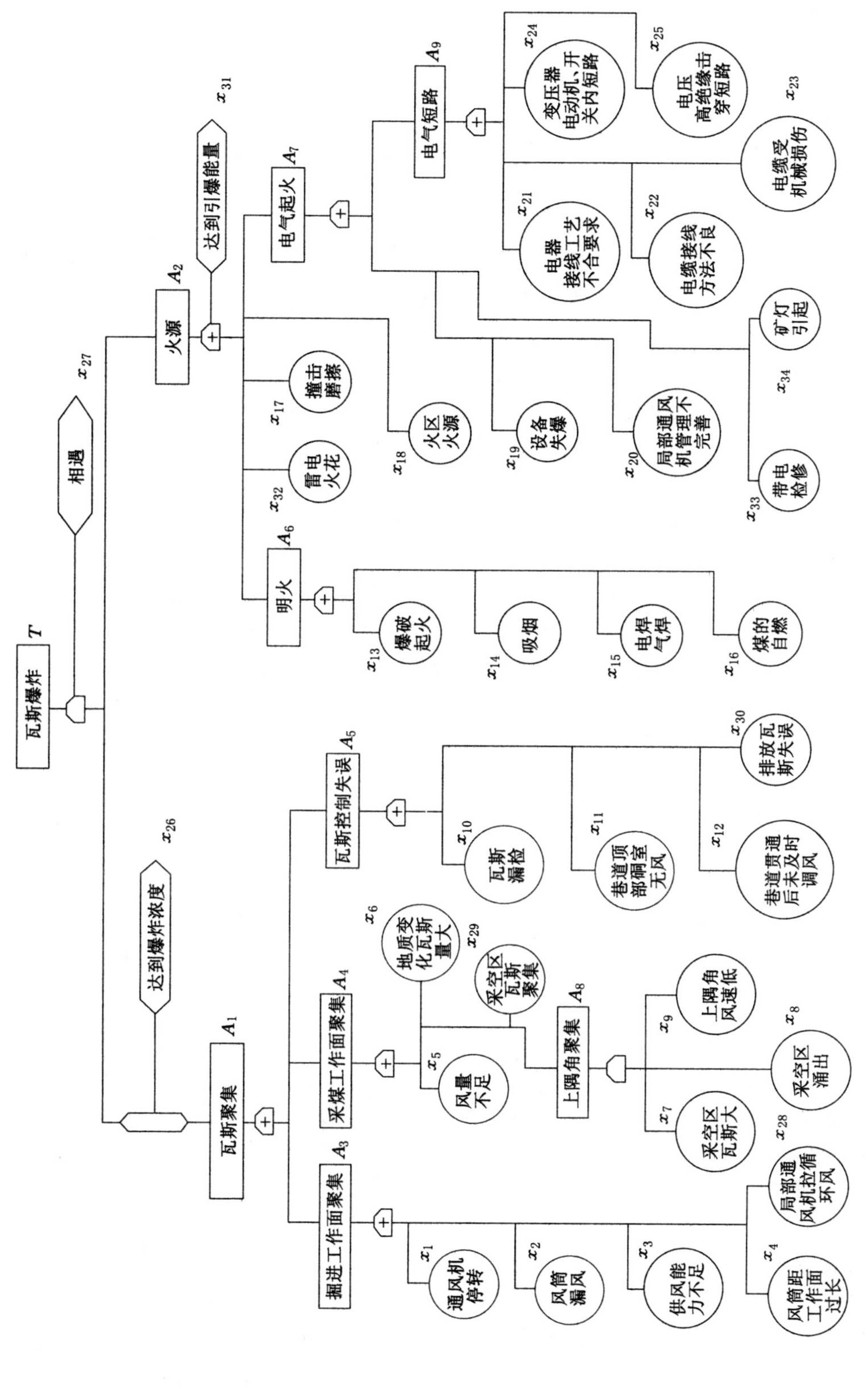

图 4-8 黄陵二号矿井瓦斯爆炸危险事故树分析图

【相关知识】

一、故障树分析简介

1. 故障树分析的定义

故障树(fault tree,FT)也称为事故树，是一种描述事故因果关系的有方向的树，它能对各种系统的危险性进行识别评价，既适用于定性分析，又能进行定量分析。故障树分析(fault tree analysis,FTA)或事故树分析(accident tree analysis,ATA)是安全系统工程的重要分析方法之一，它是运用逻辑推理对各种系统的危险性进行辨识和评价，不仅能分析出事故的直接原因，而且能深入地揭示出事故的潜在原因，用它描述事故的因果关系直观、明了；思路清晰，逻辑性强，既可以定性分析，又可以定量分析。FTA 不仅能分析出事故的直接原因，而且能深入揭示事故的潜在原因，因此在工程或设备的设计阶段、在事故查询或编制新的操作方法时，都可以使用 FTA 对它们的安全性做出评价。FTA 作为安全分析评价和事故预测的一种先进的科学方法，已得到国内外的公认和广泛采用。

2. 故障树分析产生与发展

20 世纪 60 年代初期，很多高新产品在研制过程中，因为对系统可靠性安全性研究不够，新产品在没有确保绝对安全的情况下就投入市场，造成大量使用事故的发生，用户纷纷要求厂家进行经济赔偿，从而迫使企业寻找一种科学方法确保安全。另外，20 世纪 60 年代初，随着载人宇航飞行，洲际导弹的发射，以及原子能、核电站的应用等尖端和军事科学技术的发展，都需要对一些极为复杂的系统，做出有效的可靠性与安全性评价，故障树分析法就是在这种情况下产生的。

1961 年，故障树分析由美国贝尔电话实验室的沃森(H. A. Watson)提出，当年美国贝尔电话研究所为研究民兵式导弹发射控制系统的安全性问题开始对故障树进行开发研究，为解决导弹系统偶然事件的预测问题做出了贡献。随之波音公司的科研人员进一步发展了 FTA 方法，使之在航空航天工业方面得到应用。20 世纪 60 年代中期，FTA 由航空航天工业发展到以原子能工业为中心的其他产业部门。

1974 年，美国原子能委员会运用 FTA 对核电站事故进行了风险评价，发表了著名的《拉姆逊报告》，对 FTA 做了大量和有效的应用，引起了全世界广泛的关注。日本劳动省积极推广 FTA 方法，并要求安全干部学会使用该种方法。

1978 年起，我国开始了 FTA 的研究和运用工作。目前已有很多部门和企业正在进行普及和推广工作，并已取得一大批成果，促进了企业的安全生产。20 世纪 80 年代末，铁路运输系统开始把故障树分析方法应用到安全生产和劳动保护上来，也已取得了较好的效果。如今，FTA 已经在我国的矿山、化工、建筑等行业得到了普遍推广使用。

3. 故障树建树及原则

(1) 故障树建树过程

① 分析过程：

a. 选择一个顶上事件。顶上事件是事故(不希望事件)，是故障树分析的主题(一般通过前期安全评价确定)。就一个被破坏的系统或工厂而言，确定顶上事件应很严谨，因分析范围太宽或顶上事件确定不当都会导致分析失效。例如，用“工厂火灾”作为顶上事件，对故障树分析来说太过笼统。代之以“在工艺氧化反应器正常运行中发生失控反应”作为顶上事件，就很恰当。因为它说清了“发生了什么事”“在何处发生”“何时发生”。“什么事”讲清了事故的类型（失控反应），“何处”讲清了事故发生的设备和系统（工艺氧化反应器），“何时”讲清了整个系统当时的状态（正常运行中）。

b. 分析的边界条件。边界条件包括：系统本身边界；解决问题的深度；初始条件；不允许的事件；现有的条件；其他假设。

② 实物系统边界条件。在故障树中的边界条件包括：设备、设备与其他工艺的界面、公用/辅助系统。除了系统边界，分析人员应列出故障树事件的解决方案（应简单说明在故障树中的细节）。例如，电动阀作为一个单一设备或作为几个硬件条件（阀体、类型和电动操作人员，必需的开关装置、动力电源，阀体破裂），安全评价水平较高的人员在分析时常常从FMEA 或预先分析中获取故障详细资料。对故障树的求解只限于满足分析主题的需要，并与已有的资料相适应（匹配）。另一边界条件是初始设备状态和初始运行情况，说明故障树分析的系统和设备（当时）状况。对于实物体系边界内的所有设备，分析人员都要给定其状态，如哪个阀门是开启的、哪个阀门是关阀的、哪个泵开启、哪个泵关阀等。这些边界条件说明系统是否处于正常或非正常状态。

③ 不允许事件。对于故障树分析来说，不允许事件被认为是令人难以置信的，或因某种原因它不在分析所考虑的范围内，现有条件（故障树分析的目的）是认为确实所发生的事件。在已发生的故障中通常不出现未允许事件或现有条件，但作为编制故障树结果，编制其他故障事件时它们的影响应考虑进去。

④ 编制故障树结构。故障树结构从顶上事件开始，逐步展开直至找出基本事件。分析人员从顶上事件开始，逐步扩展到下一层，用推理法找出原因和影响，以确定引起顶上事件必须的有效原因的中间事件，用故障树表示非常简单，可用其他方法（FMEA）来评价。与顶上事件有联系的顶上事件的中间原因在故障树中显示出来。如果某一中间原因直接导致顶上事件发生，就用“或逻辑门”将它们与顶上事件连接起来；如果需要所有中间原因同时存在才能发生顶上事件，则它们与顶上事件的连接是使用“与逻辑门”。顶上事件的所有中间事件用上述方式来处理。对每个中间事件，在故障树中用相应的逻辑门确定；分析人员逐步扩展故障树，直至找出所有故障原因的基本事件。

（2）故障树的编制应遵循的原则

① 确定顶上事件应优先考虑风险大的事故事件：应当把发生频率高且后果严重的事件优先作为分析的对象，即顶上事件；也可以把发生频率不高但后果很严重以及后果虽不严重但发生非常频繁的事故作为顶上事件。

② 合理确定边界条件：在确定了顶上事件后，为了不致使故障树过于烦琐、庞大，应明确规定被分析系统与其他系统的界面，并做一些必要的合理的假设。

③ 保持门的完整性，不允许门与门直接相连。

④ 确切描述顶上事件：明确地给出顶上事件的定义，即确切地描述出事故的状态，什么时候在何种条件下发生。

⑤ 编制过程中及编成后，需要及时进行合理的简化。

4. 故障树分析的程序

故障树分析虽然根据对象系统的性质、分析目的的不同，分析的程序也不同。但是，一般都有下面的 10 个基本程序，有时使用者还可根据实际需要和要求确定分析程序。故障树分析的基本程序，如图 4-9 所示。

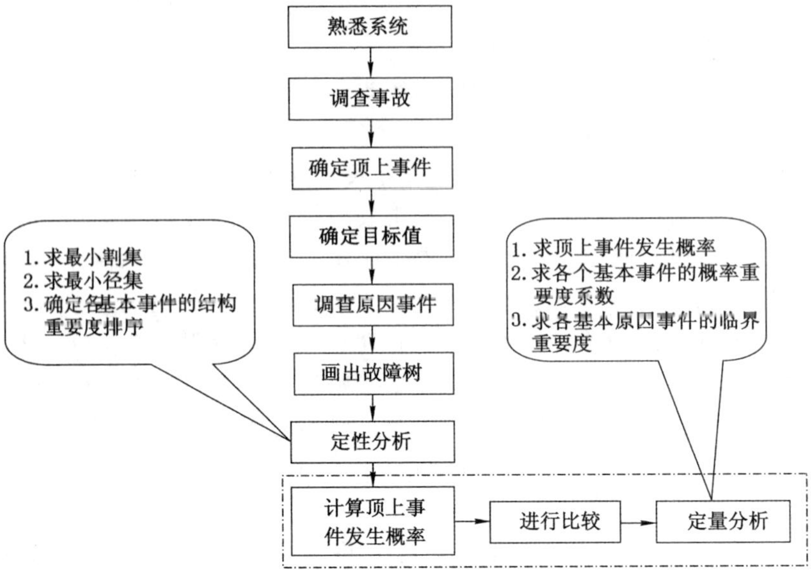

图 4-9　故障树评价程序

(1) 熟悉系统

要求确实了解系统情况，包括工作程序、各种重要参数、作业情况，必要时画出工艺流程图和布置图。

(2) 调查事故

要求在过去事故实例、有关事故统计基础上。尽量广泛地调查所能预想到的事故，包括已发生的事故和可能发生的事故。

(3) 确定顶上事件

所谓顶上事件，就是我们所要分析的对象事件。分析系统发生事故的损失和频率大小，从中找出后果严重，且较容易发生的事故，作为分析的顶上事件。

(4) 确定目标值

根据以往的事故记录和同类系统的事故资料，进行统计分析，求出事故发生的概率，然后根据这一事故的严重程度，确定所要控制的事故发生概率的目标值。

(5) 调查原因事件

调查与事故有关的所有原因事件和各种因素，包括设备故障、机械故障、操作者的失误、管理和指挥错误、环境因素等，尽量详细地查清原因和影响。

(6) 画出故障树

根据上述资料，从顶上事件起进行演绎分析，逐级地找出所有直接原因事件，直到所要分析的深度，按照其逻辑关系，画出故障树。

(7) 定性分析

根据故障树结构进行化简，求出最小割集和最小径集，确定各基本事件的结构重要度排序。

(8) 计算顶上事件发生概率

首先根据所调查的情况和资料，确定所有原因事件的发生概率，并标在故障树上。根据这些基本数据，求出顶上事件（事故）发生概率。

（9）进行比较

要根据可维修系统和不可维修系统分别考虑。对可维修系统，把求出的概率与通过统计分析得出的概率进行比较。如果二者不相符，则必须重新研究，看原因事件是否齐全，故障树逻辑关系是否清楚，基本原因事件的数值是否设定得过高或过低等。对不可维修系统，求出顶上事件发生概率即可。

（10）定量分析

定量分析包括：当事故发生概率超过预定的目标值时，要研究降低事故发生概率的所有可能途径，可从最小割集着手，从中选出最佳方案。利用最小径集，找出根除事故的可能性，从中选出最佳方案。求各基本原因事件的临界重要度系数，从而对需要治理的原因事件按临界重要度系数大小进行排队，或者编制安全检查表，以求加强人为控制。

5. 故障树分析法的特点

① 它是一种从系统到部件，再到零件，按“下降形”分析的方法。它从系统开始，通过由逻辑符号绘制出的一个逐渐展开成树状的分枝图，来分析故障事件（又称为顶上事件）发生的概率；同时，也可以用来分析零件、部件或子系统故障对系统故障的影响，其中包括人为因素和环境条件等在内。

② 它对系统故障不但可以做定性的而且还可以做定量的分析；不仅可以分析由单一构件所引起的系统故障，而且也可以分析多个构件不同模式故障而产生的系统故障情况。因为故障树分析法使用的是一个逻辑图，所以不论是设计人员或是使用和维修人员都容易掌握和运用，并且由它可派生出其他专门用途的“树”。

③ 由于故障树是一种逻辑门所构成的逻辑图，因此适合于用电子计算机来计算；而且对于复杂系统的故障树的构成和分析，也只有在应用计算机的条件下才能实现。

6. 故障树分析的优缺点

（1）故障树分析法的优点

① 识别导致事故的基本事件（基本的设备故障）与人为失误的组合，可为人们提供设法避免或减少导致事故基本原因的线索，从而降低事故发生的可能性。

② 对导致灾害事故的各种因素及逻辑关系能做出全面、简洁和形象的描述。

③ 便于查明系统内固有的或潜在的各种危险因素，为设计、施工和管理提供科学依据。

④ 使有关人员、作业人员全面了解和掌握各项防灾要点。

⑤ 便于进行逻辑运算，进行定性、定量分析和系统评价。

（2）故障树分析法的缺点

① 构造故障树的多余量相当繁重，难度也较大，对分析人员的要求也较高，因而限制了它的推广和普及。

② 在构造故障树时要运用逻辑运算，在其未被一般分析人员充分掌握的情况下，很容易发生错误和失察。例如：很有可能把重大影响系统故障的事件漏掉；同时，由于每个分析人员所取的研究范围各有不同，其所得结论的可信性也就有所不同。

7. 故障树分析的适用范围

用于分析已知事故或设想的事故。

二、故障树理论基础

1. 故障树符号及其意义

故障树是由各种符号和其连接的逻辑门组成的，包括事件符号和逻辑门符号。我国标准《故障树名词术语和符号》(GB/T 4888—2009)中规定了这些符号，在此进行简要说明。

(1) 事件及其符号

事件是指条件或动作的发生，包括底事件、结果事件和特殊事件。

① 底事件：仅导致其他事件的原因事件。底事件位于所讨论的故障树底端，总是某个逻辑门的输入事件而不是输出事件，分为基本事件和未探明事件。

a. 基本事件：位于故障树的底部，是故障树的基本输入事件，是无须探明其发生原因的底事件。基本事件用圆形符号表示，如图 4-10 所示。

b. 未探明事件：位于故障树的底部，是故障树的输入事件，这种事件原则上进一步探明其原因但不必或暂时不能探明其原因的底事件。未探明事件用菱形符号表示，如图 4-11 所示。

② 结果事件：由其他事件或事件组合所导致的事件，结果事件总位于某个逻辑门的输出端。结果事件分为顶上事件和中间事件，用长方形符号表示，如图 4-12 所示。

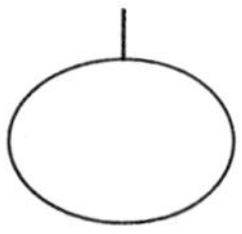

图 4-10　基本事件符号

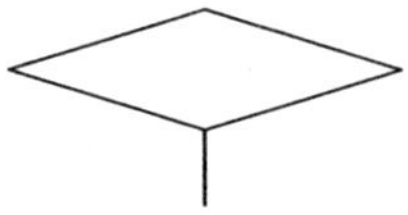

图 4-11　未探明事件符号

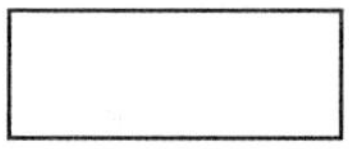

图 4-12　结果事件符号

a. 顶上事件：位于故障树的顶端，是故障树的最后输出事件，总是所讨论故障树中逻辑门的输出事件而不是输入事件，是所有事件联合发生作用的结果事件。

b. 中间事件：介于故障树顶上事件和底部事件之间，既有输入又有输出，表示导致顶上事件的原因以及系统的各种异常状态。中间事件既是某个逻辑门的输出事件，同时又是别的逻辑门的输入事件。

③ 特殊事件：需用特殊符号表明其特殊性或引起注意的事件，分为开关事件和条件事件。

a. 开关事件：在正常工作条件下必然发生或必然不发生的特殊事件。开关事件用房形符号表示，如图 4-13 所示。

b. 条件事件：描述逻辑门起作用的具体限制的特殊事件。条件事件用椭圆形符号表示，如图 4-14 所示。

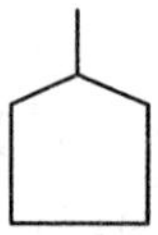

图 4-13　开关事件符号

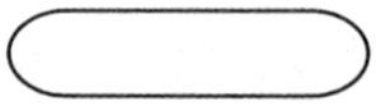

图 4-14　中间事件符号

（2）逻辑门及其符号

它是连接各个事件，逻辑关系的符号，用来描述事件间的逻辑因果关系。其中主要有：与门、或门、非门和特殊门。

① 与门：仅当所有输入事件发生时，输出事件才发生。与门符号用图 4-15(a)表示。

② 或门：至少一个输入事件发生时，输出事件就发生。或门符号用图 4-15(b)表示。

③ 非门：输出事件是输入事件的对立事件。非门符号用图 4-15(c)表示。

④ 特殊门：

a. 顺序与门：仅当输入事件按规定的顺序发生时，输出事件才发生。顺序与门的符号用图 4-15(d)表示。

b. 表决门：仅当 n 个输入事件中有 r 个或 r 个以上的事件发生时，输出事件才发生。表决门的符号用图 4-15(e)表示。

c. 异或门：仅当单个输入事件发生时，输出事件才发生。异或门的符号用图 4-15(f)表示。

d. 禁门：仅当条件事件发生时，输入事件的发生方导致输出事件的发生。禁门的符号用图 4-15(g)表示。

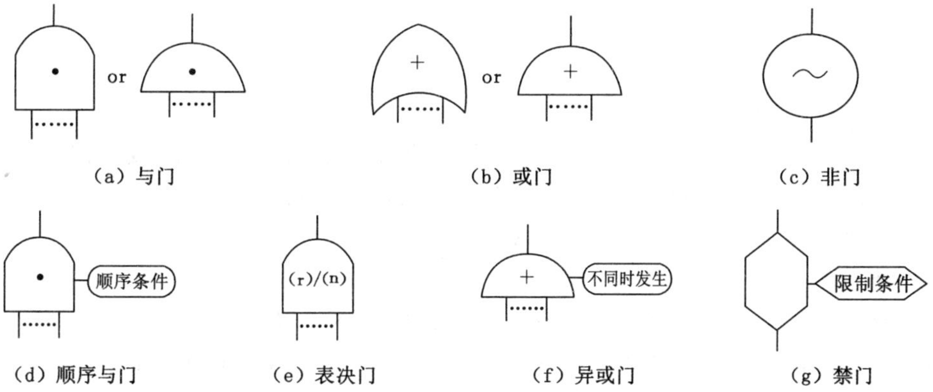

图 4-15　逻辑门符号

（3）转移符号

转移符号是为了避免画图时重复和使图形简明而设置的符号。当故障树规模很大时，需要将某些部分画在别的纸上，这就要用转出和转入符号，以标出向何处转出和从何处转入。分为相同转移符号和相似转移符号。

① 相同转移符号：相同转移符号用以指明子树的位置。图 4-16 是一对相同转移符号：图 4-16(a)是相同转向符号，表示“下面转到以字母数字为所指的子树去”；图 4-16(b)是相同转此符号，表示“由具有相同字母数字的转向符号处转到这里来”。

② 相似转移符号：相似转移符号用以指明相似子树的位置。图 4-17 是一对相似转移符号：图 4-17(a)是相似转向符号，表示“下面的转到以字母数字为代号所指结构相似而事件不同的子树去”，不同的事件在三角形旁边注明；图 4-17(b)是相似转此符号，表示“相似转向符号所指子树与此子树相似但事件符号不同”。

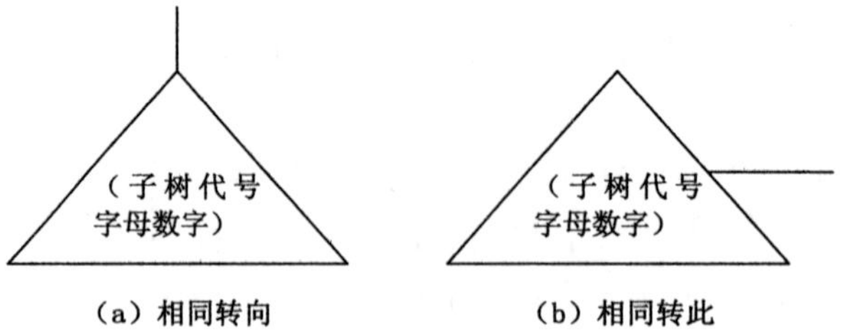

图 4-16　相同转移符号

图 4-17　相似转移符号

2. 布尔代数运算

（1）布尔代数主要运算法则

在故障树分析中常用逻辑运算符号将各个事件连接起来，这种连接式称为布尔代数表达式。由元素 $A,B\cdots$ 组成的集合称为一个布尔代数。它具有以下基本运算规律。

① 交换律：$A+B=B+A,AB=BA$

② 结合律：$(A+B)+C=A+(B+C),(AB)C=A(BC)$

③ 分配律：$A+(BC)=(A+B)(A+C),A(B+C)=AB+AC$

④ 幂等律：$A+A=A,A\times A=A$；推论得 $A+A+\cdots+A=A,A\times A\times\cdots\times A=A$

⑤ 吸收律：$A+AB=A,A(A+B)=A$

⑥ 互补率：$A+A'=1,A\times A'=0$

⑦ 对合律：$(A')'=A$

⑧ 重叠率：$A+A'B=A+B=B+B'A$

⑨ 德·摩根律：$(A+B)'=A'B'$ ，$(AB)'=A'+B'$

在故障树分析中，“$A+AB=A$”“$A+A=A$”和“$A\cdot A=A$”几个法则用得较多。

（2）布尔代数函数

如果用布尔代数表达式 $T(x_1,x_2,\cdots,x_n)$ 表示全集中的某个取值，则称其变布尔函数。在分析故障树时，必须将图形的故障树表达为布尔函数形式表示的函数式，以化简和进一步分析其逻辑关系。

3. 故障树的数学表达式

设任何时间，元部件和系统只取正常和故障两种状态，以 X 表示单元，Y 表示系统函数，则有以下结果：

$$X=\begin{cases}1,发生\\0,不发生\end{cases}$$

$$Y=\begin{cases}1,发生\\0,不发生\end{cases}$$

基于假设，可将 Y 写成 x 的函数，即 $Y=\Phi(X)$，称为系统的结构函数。

与门的结构函数可写为：

$$Y=\bigcap_{i=1}^{n} X_i = X_1 \cap X_2 \cap \cdots \cap X_n \tag{4-5}$$

$$\Phi(X)=\prod_{i=1}^{n} X_i = X_1X_2\cdots X_n = \min(X_1,X_2,\cdots,X_n) \tag{4-6}$$

或门的结构函数可写为：

$$Y=\bigcup_{i=1}^{n} X_i = X_1 \cup X_2 \cup \cdots \cup X_n \tag{4-7}$$

$$\Phi(X)=1-\prod_{i=1}^{n}(1-X_i)=\bigcup_{i=1}^{n} X_i = \max(X_1,X_2,\cdots,X_n) \tag{4-8}$$

【例 4-1】 图 4-18 所示，顶上事件用 T 表示，中间事件用 A_1、A_2、B_1、B_2、B_3 表示，基本事件用 $x_1,x_2,\cdots,x_7$ 表示，则其结构函数式表示。

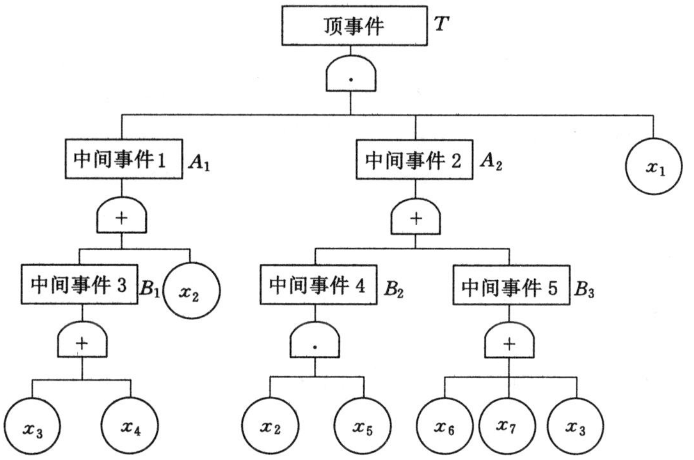

图 4-18　故障树

$$\begin{aligned}T &= A_1A_2x_1\\ &=(B_1+x_2)(B_2+B_3)x_1\\ &=(x_3+x_4+x_2)(x_2x_5+x_6+x_7+x_3)x_1\end{aligned}$$

三、故障树定性分析

故障树定性分析，主要是针对故障树分析其结构，求出故障树的最小割集和最小径集，确定各基本事件的结构重要度排序。为达到此目的，必须经过以下几个步骤：化简故障树；求最小径集；求最小割集；由最小径集或最小割集确定基本事件结构重要度排序。

1. 最小割集

(1) 最小割集的概念

① 割集：也称为截集或截止集，它是导致顶上事件发生的基本事件的集合。也就是说，故障树中一组基本事件的发生，能够造成顶上事件发生，这组基本事件就叫作割集。

② 最小割集：引起顶上事件发生的基本事件的最低限度的集合叫作最小割集。如果某一割集中任意去掉一个基本事件时，则该集合就不是割集了，称为最小割集。

(2) 求最小割集

求最小割集的方法有很多，如行列法、结构法、矩阵法、逐代法等，但最常用且最简单的是布尔代数法。用布尔代数化简法求故障树最小割集的步骤为：首先写出其结构函数，然后化简得到其最小割集。以图 4-19 故障树为例，求最小割集。

$$
\begin{aligned}
T &= A_1A_2x_1 \\
&=(B_1+x_2)(B_2+B_3)x_1 \\
&=(x_3+x_4+x_2)(x_2x_5+x_6+x_7+x_3)x_1 \\
&=(x_3x_2x_5+x_3x_6+x_3x_7+x_3x_3+x_4x_2x_5+x_4x_6+x_4x_7+ \\
&\quad x_4x_3+x_2x_2x_5+x_2x_6+x_2x_7+x_2x_3)x_1 \\
&=(x_3+x_4x_2x_5+x_4x_6+x_4x_7+x_2x_2x_5+x_2x_6+x_2x_7)x_1 \\
&=(x_3+x_4x_2x_5+x_4x_6+x_4x_7+x_2x_5+x_2x_6+x_2x_7)x_1 \\
&=(x_3+x_4x_6+x_4x_7+x_2x_5+x_2x_6+x_2x_7)x_1 \\
&=x_1x_3+x_1x_4x_6+x_1x_4x_7+x_1x_2x_5+x_1x_2x_6+x_1x_2x_7
\end{aligned}
$$

由此得到该故障树的 6 个最小割集：$\{x_1,x_3\}$；$\{x_1,x_4,x_6\}$；$\{x_1,x_4,x_7\}$；$\{x_1,x_2,x_5\}$；$\{x_1,x_2,x_6\}$；$\{x_1,x_2,x_7\}$。对这 6 个割集，只要其基本事件不同时发生，顶上事件就不会发生。可见，最小割集对故障树分析是非常重要的，只要控制好其最小割集中的各个基本事件不同时发生，就可以保证顶上事件（即事故）不会发生，这可给事故预防和控制提供科学的依据。

(3) 最小割集的作用

最小割集表明系统的危险性，每个最小割集都是顶上事件发生的一种可能渠道。最小割集的数目越多，系统越危险。

① 表示顶上事件发生的原因。事故发生必然是某个最小割集中几个事件同时存在的结果。求出故障树全部最小割集，就可以掌握事故发生的各种可能，对掌握事故的规律，查明事故的原因大有帮助。

② 一个最小割集代表一种事故模式。根据最小割集，可以发现系统中最薄弱的环节，直观判断出哪种模式最危险，哪些次之，以及如何采取预防措施。

③ 可以用最小割集判断基本事件的结构重要度，计算顶上事件概率。

(4) 等价树

经过化简的故障树与原故障树在逻辑关系上是等价的，根据化简后的结构式重画的故障树，成为等价树（等效树）。图 4-18 故障树的等价树，如图 4-19 所示。（注：图 4-19 中 A_1、A_2、A_3、A_4、A_5、A_6所表示的含意与图 4-18 中不同，仅表示简化后的故障树的中间事件）

2. 最小径集

(1) 最小径集的概念

① 径集：故障树中某些基本事件的集合，这些事件均不发生时，顶上事件必然不会发生。

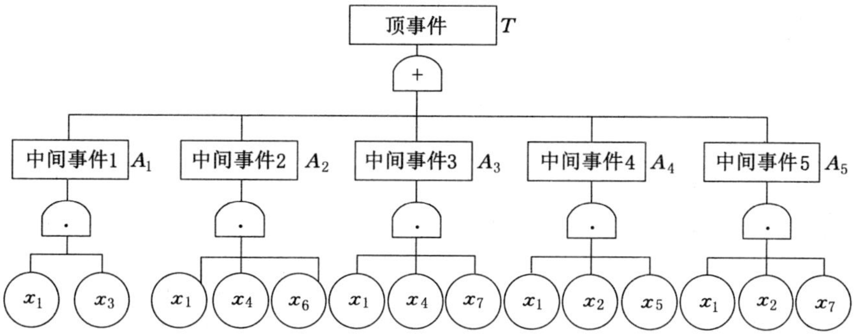

图 4-19　图 4-18 故障树的等价树

② 最小径集：如果某些径集中任意去掉一个基本事件，它就再不是径集了，称之为最小径集。

（2）求最小径集

① 求故障树最小径集的步骤：利用它与最小割集的对偶性：首先将故障树转化为成功树；然后，求成功树的最小割集；最后，成功树最小割集的各基本事件求补，即得到故障树的最小径集。

② 成功树。如果以成功的事件作为顶上事件，则可将故障树改为另一种形式，称为成功树。故障树通过改变可以转变为成功树，如果将事故的补事件——成功事件作为顶上事件，采取以下措施，则可将故障树转化为成功树：以补事件代替原事件；将原来故障树的“与门”换成“或门”，“或门”换“与门”，各类事件发生换成不发生。

在故障树过于复杂时，成功树往往会比较简单，便于分析。

③ 求最小径集。将图 4-18 故障树按照上述措施转化为成功树，如图 4-20 所示。

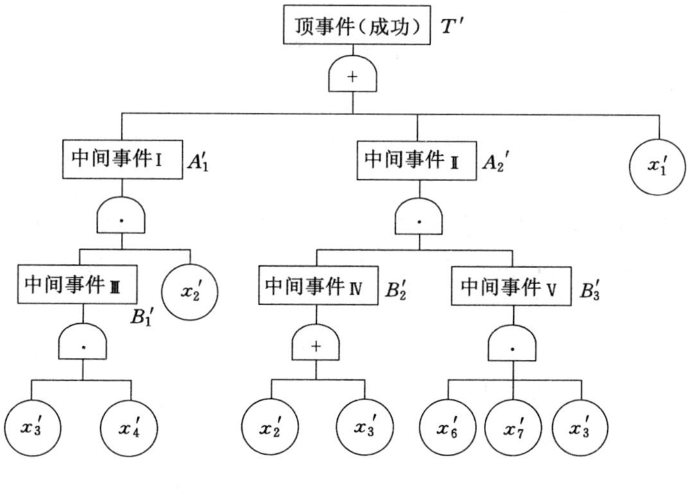

图 4-20　图 4-18 故障树的成功树

写出该成功树的结构函数式表示并利用布尔代数化简，计算过程如下：

$$\begin{aligned}T &= A'_1 + A'_2 + x'_1 \\ &= B'_1 x'_2 + B'_2 B'_3 + x'_1 \\ &= x'_3 x'_4 x'_2 + (x'_2 + x'_5) x'_6 x'_7 x'_3 + x'_1 \\ &= x'_3 x'_4 x'_2 + x'_2 x'_6 x'_7 x'_3 + x'_5 x'_6 x'_7 x'_3 + x'_1 \\ &= x'_2 x'_3 x'_4 + x'_2 x'_3 x'_6 x'_7 + x'_3 x'_5 x'_6 x'_7 + x'_1\end{aligned}$$

由此，得到该成功树的 4 个最小割集：$\{x'_1\}$；$\{x'_2, x'_3, x'_4\}$；$\{x'_2, x'_3, x'_6, x'_7\}$；$\{x'_3, x'_5, x'_6, x'_7\}$。由成功树最小割集的各基本事件求补集，即得到故障树的最小径集。因此，该故障树的最小径集为：$\{x_1\}$；$\{x_2, x_3, x_4\}$；$\{x_2, x_3, x_6, x_7\}$；$\{x_3, x_5, x_6, x_7\}$。

④ 最小径集的作用：最小径集表示系统的安全性；利用最小径集可以经济、有效地选择采用预防事故的方案；利用最小径集可以直接排出结构重要度顺序；利用最小径集计算顶上事件的发生概率和定量分析。

(3) 最小割集与最小径集的意义

① 最小割集反映了系统危险的程度。一般认为，故障树最小割集越多，系统越危险。

② 最小径集反映了系统的安全程度。一般认为，故障树最小径集越多，系统越安全。

3. 基本事件结构重要度

结构重要度分析是从故障树结构上分析各基本事件的重要程度，即在不考虑各基本事件的发生概率，或者说假定各基本事件的发生概率都相等的情况下，分析各基本事件的发生对顶上事件的发生所产生的影响程度。基本事件 x_i 的结构重要度系数用 $I_{(i)}$ 表示。

结构重要度分析可采用两种方法：一是利用最小割集或最小径集判断重要度；二是求结构重要度系数。

(1) 利用最小割集或最小径集判断基本事件重要度

① 看频率：当最小割集中的基本事件个数不等时，基本事件少的割集中的基本事件比基本事件多的割集中的基本事件结构重要度大。

例如，某故障树的最小割集为：$\{x_1, x_2, x_3\}$；$\{x_4, x_5\}$；$\{x_6\}$。从其结构情况看，第三个最小割集只有一个基本事件，所以 x_6 的结构重要度最大；其次是 x_4、x_5，因为它们在两个事件的最小割集中；最不重要的是 x_1、x_2、x_3，因为它们所在的最小割集中基本事件最多，可以排出其结构重要度顺序为：

$$I_{(6)} > I_{(4)} = I_{(5)} > I_{(1)} = I_{(2)} = I_{(3)}$$

② 看频数：当最小割集中基本事件的个数相等时，重复在各最小割集中出现的基本事件，比只在一个最小割集中出现的基本事件结构重要度大；重复次数多的比重复次数少的结构重要度大。

例如：某故障树有 5 个最小割集：$\{x_1, x_2, x_3\}$；$\{x_1, x_3, x_4\}$；$\{x_2, x_3, x_4\}$；$\{x_2, x_5, x_6\}$；$\{x_2, x_6, x_7\}$。在这 5 个最小割集中，x_2 出现过 4 次；x_3 出现过 3 次；x_1、x_4 和 x_6 各出现过 2 次；x_5 和 x_7 各出现过 1 次。由于各基本事件在其中出现的次数不同，可以排出其结构重要度顺序为：

$$I_{(2)} > I_{(3)} > I_{(1)} = I_{(4)} = I_{(6)} > I_{(5)} = I_{(7)}$$

③ 既看频率，又看频数：在基本事件少的最小割集中出现次数少的事件与基本事件多的最小割集中出现次数多的相比较，一般前者大于后者。

某故障树的最小割集为：$\{x_1\}$；$\{x_2, x_3\}$；$\{x_2, x_4\}$。其结构重要度顺序为：

$$I_{(1)} > I_{(2)} > I_{(3)} = I_{(4)}$$

④ 依据最小割集或径集判断结构重要度的公式，得到各基本事件结构重要度。

$$I_{\Phi(i)} = \sum_{x_i \in K} \frac{1}{n_i^2} \tag{4-9}$$

式中 n_i——x_i所在最小割集 K 中基本事件的个数。

(2) 求结构重要度系数

在故障树分析中，每个基本事件 x_i 都有 0 和 1 两种可能状态。$X_i=1$，代表 x_i 发生；$X_i=0$，代表 x_i 不发生。每个基本事件状态的不同组合，又构成顶上事件的不同状态，即 $\Phi(X)=1$ 或 $\Phi(X)=0$。在某个基本事件 x_i的状态由 0 变成 1(即 $0_i \to 1_i$)，其他基本事件的状态保持不变，顶上事件的状态变化可能有 3 种情况：

① $\Phi(0_i, X)=0 \to \Phi(1_i, X)=0$，则 $\Phi(1_i, X)-\Phi(0_i, X)=0$。

② $\Phi(0_i, X)=0 \to \Phi(1_i, X)=1$，则 $\Phi(1_i, X)-\Phi(0_i, X)=1$。

③ $\Phi(0_i, X)=1 \to \Phi(1_i, X)=1$，则 $\Phi(1_i, X)-\Phi(0_i, X)=0$。

第一种情况和第三种情况都不能说明基本事件 x_i的状态变化对顶上事件的发生起什么作用，唯有第二种情况说明基本事件 x_i的作用，即当基本事件 x_i的状态从 0 变到 1 时，其他基本事件的状态保持不变，顶上事件的状态由 $\Phi(0_i, X)=0$ 变到 $\Phi(1_i, X)=1$，说明基本事件 x_i的状态变化对顶上事件的发生与否起作用。

综合上述 3 种情况可知，只有当 $\Phi(1_i, X)-\Phi(0_i, X)=1$ 时，才能说明 x_i的状态变化对顶上事件的发生起作用，这种情况越多，说明 x_i越重要。

n 个基本事件的两种状态的组合数共有 2^n 个。将基本事件 x_i作为变化对象，其他基本事件的状态对应保持不变的对照组共 2^n-1 个。在这 2^n-1 个对照组中，共有多少对照组是第二种情况，这个比值就是该事件 x_i的结构重要度系数 $I_{\Phi(i)}$。

将所有这样的情况累加起来并乘以一个系数$(1/2)^{n-1}$，就是结构重要度系数 $I_{\Phi(i)}$。

$$I_{\Phi(i)} = \frac{1}{2^{n-1}}\left[\sum \Phi(1_i, X) - \sum \Phi(0_i, X)\right] = \frac{1}{2^{n-1}} \sum \left[\Phi(1_i, X) - \Phi(0_i, X)\right] \tag{4-10}$$

以图 4-21 故障树为例，计算各基本事件的结构重要度系数。

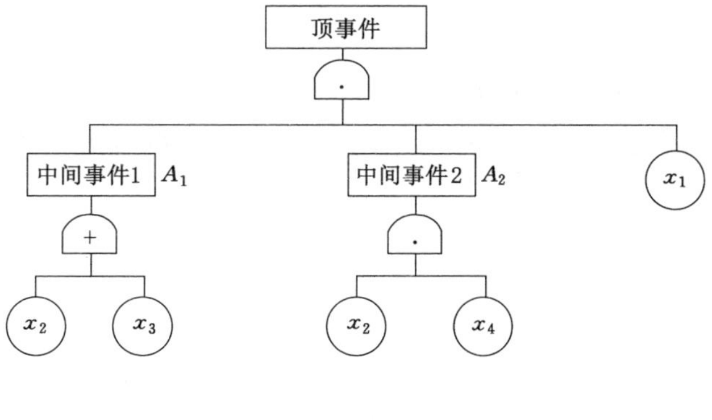

图 4-21 故障树(2)

该故障树共有 4 个基本事件，其状态组合数为 $2^4=16$。为了方便对照，在基本事件的状态值与顶上事件的状态值表 4-34 中，左半部分 X_1 均为 0，右半部分 X_1 为 1，左、右两半部分对应两组状态组合中 X_2、X_3、X_4 的状态值均对应相同，于是得到 $2^4-1=15$ 个对照组。在表 4-34 中，按照二进制顺序对 X_2、X_3、X_4 的状态值进行排列。

计算得到各基本事件的结构重要度系数如下：

① x_1 的结构重要度系数。

由表 4-34 中可知，$X_1=1$，$\Phi(X)=1$ 的个数是 2 个，而 $X_1=0$ 时，$\Phi(X)=1$ 的个数是 0，则：

$$I_{\Phi(1)}=\frac{1}{2^{n-1}}\sum[\Phi(1_i,X)-\Phi(0_i,X)]=\frac{1}{16}(2-0)=\frac{1}{8}$$

表 4-34　基本事件与顶上事件的状态值

编号	X_1	X_2	X_3	X_4	$\Phi(X)$	编号	X_1	X_2	X_3	X_4	$\Phi(X)$
0	0	0	0	0	0	8	1	0	0	0	0
1	0	0	0	1	0	9	1	0	0	1	0
2	0	0	1	0	0	10	1	0	1	0	0
3	0	0	1	1	0	11	1	0	1	1	0
4	0	1	0	0	0	12	1	1	0	0	0
5	0	1	0	1	0	13	1	1	0	1	1
6	0	1	1	0	0	14	1	1	1	0	0
7	0	1	1	1	0	15	1	1	1	1	1

② x_2 的结构重要度系数。由表 4-34 中可知，$X_2=1$，$\Phi(X)=1$ 的个数是 2 个，而 $X_2=0$ 时，$\Phi(X)=1$ 的个数是 0 个，则：

$$I_{\Phi(2)}=\frac{1}{2^{n-1}}\sum[\Phi(1_i,X)-\Phi(0_i,X)]=\frac{1}{16}(2-0)=\frac{1}{8}$$

③ x_3 的结构重要度系数。由表 4-34 中可知，$X_3=1$，$\Phi(X)=1$ 的个数是 2 个，而 $X_3=0$ 时，$\Phi(X)=1$ 的个数是 2 个，则：

$$I_{\Phi(3)}=\frac{1}{2^{n-1}}\sum[\Phi(1_i,X)-\Phi(0_i,X)]=\frac{1}{16}(1-1)=0$$

这说明基本事件 x_3 是多余事件。

④ x_4 的结构重要度系数。由表 4-34 中可知，$X_4=1$，$\Phi(X)=1$ 的个数是 2 个，而 $X_4=0$ 时，$\Phi(X)=1$ 的个数是 0 个，则：

$$I_{\Phi(4)}=\frac{1}{2^{n-1}}\sum[\Phi(1_i,X)-\Phi(0_i,X)]=\frac{1}{16}(2-0)=\frac{1}{8}$$

因此，各基本事件的结构重要度排序为：

$$I_{\Phi(1)}=I_{\Phi(2)}=I_{\Phi(4)}>I_{\Phi(3)}$$

结构重要度分析属于定性分析，要排出各基本事件结构重要度顺序，不一定非求出结构重要度系数，因而大可不必花那么大的精力编排基本事件状态值和顶上事件状态值表，而一个个计算。如果故障树结构很复杂，基本事件很多，列出的表就很庞大，基本事件状态值的组合很多(共 2^n 个),这就给求结构重要度系数带来很大困难。因此,一般用最小割集或最小径集来排列各种基本事件的结构重要度顺序,这样较简单且效果一致。

以上就是故障树的定性分析,从中可以得到使顶上事件发生或不发生的逻辑关系,为事故预防和安全技术的使用提供科学的依据。

四、故障树定量分析

故障树定量分析包括:计算顶上事件的发生概率、基本事件概率重要度和临界重要度。

1. 顶上事件发生概率

(1) 基本事件发生概率

要计算顶上事件发生的概率,首先条件是必须了解基本事件发生的频率,基本事件发生概率是故障树定量分析的基础,一般可以通过统计或实验观察测量得到。例如:机械杠杆、链条、托架等的故障概率是 $10^{-9}\sim10^{-6}$,建议值 10^{-6};人阅读技术说明书的可靠度约为 0.991 8;人读取扫描记录仪时间的可靠度约为 0.992 1 等。

(2) 计算顶上事件发生概率

顶上事件发生概率 Q,可以根据故障树的结构函数和各基本事件的发生概率 q_i 求得。

对于"或门"连接的事件,或门事件的概率 Q_{OR} 的计算公式为:

$$Q_{OR} = 1 - \prod_{i=1}^{n}(1 - q_i) \tag{4-11}$$

对于"与门"连接的事件,与门事件的概率 Q_{AND} 的计算公式为:

$$Q_{AND} = \prod_{i=1}^{n} q_i \tag{4-12}$$

顶上事件发生概率计算可采用两种方法:利用最小割集计算顶上事件发生概率;利用最小径集算顶上事件发生概率。

① 利用最小割集计算顶上事件发生概率。在求得故障树最小割集后,顶上事件发生概率计算公式为:

$$Q = \coprod_{r=1}^{k} \prod_{i-1}^{n} q_i \tag{4-13}$$

式中,q_i 为第 i 个基本事件的发生概率;r 为最小割集的序数;k 为最小割集的个数;$\coprod$ 为求概率和符号;$\prod$ 为求概率积的符号。

在计算过程中,必须注意一点最小割集中是否有重复事件。

a. 最小割集中没有重复事件。此时,按式(4-11)～式(4-13)计算即可。

例如,某故障树计算后得到以下最小割集:$K_1=\{x_1,x_2\}$,$K_2=\{x_3,x_4\}$,$K_3=\{x_5,x_6,x_7\}$,求顶事件发生概率。

则有:

$$\begin{aligned} Q &= \coprod_{r=1}^{k} \prod_{i=1}^{n} q_i = 1-(1-q_{k_1})(1-q_{k_2})(1-q_{k_3}) \\ &= 1-(1-q_1q_2)(1-q_3q_4)(1-q_5q_6q_7) \end{aligned}$$

b. 最小割集中有重复事件。此时,在得到故障树结构函数后,按式(4-11)～式(4-13)计算。首先将顶上事件发生概率写出来,然后将其展开,消去重复事件的影响后再计算。因此,顶上事件概率的计算公式为:

$$Q=\sum_{r=1}^{k}\prod_{x_i\in k_r}q_i-\sum_{1\leqslant r<s\leqslant k}\prod_{x_i\in k_r\cup k_s}q_i+\cdots+(-1)^{k-1}\prod_{k}q_i \tag{4-14}$$

式中，k、s 分别为最小割集的序数；$x_i\in k_r\cup k$ 为第 i 个基本事件，或者属于第 r 个最小割集，或者属于第 s 个最小割集；$\sum_{r=1}^{k}$ 为求 k 项代数和。

例如，某故障树计算后得到以下最小割集：$K_1=\{x_1,x_2\}$，$K_2=\{x_1,x_3\}$，$K_3=\{x_2,x_4\}$，$K_4=\{x_4,x_5,x_6\}$，求顶上事件发生概率。

则有：

$$\begin{aligned}Q&=\sum_{r=1}^{k}\prod_{x_i\in k_r}q_i-\sum_{1\leqslant s<s\leqslant k}\prod_{x_i\in k_r\cup k_s}q_i+\cdots+(-1)^{k-1}\prod_{k}q_i\\&=(q_{k1}+q_{k2}+q_{k3}+q_{k4})-(q_{k1}q_{k2}+q_{k1}q_{k3}+q_{k1}q_{k4}+q_{k2}q_{k3}+q_{k2}q_{k4}+q_{k3}q_{k4})+\\&\quad(q_{k1}q_{k2}q_{k3}+q_{k1}q_{k2}q_{k4}+q_{k1}q_{k3}q_{k4}+q_{k2}q_{k3}q_{k4})-q_{k1}q_{k2}q_{k3}q_{k4}\\&=(q_1q_2+q_1q_3+q_2q_4+q_4q_5q_6)-(q_1q_2q_1q_3+q_1q_2q_2q_4+q_1q_2q_4q_5q_6+q_1q_3q_2q_4+\\&\quad q_1q_3q_4q_5q_6+q_2q_4q_4q_5q_6)+(q_1q_2q_1q_3q_2q_4+q_1q_2q_1q_3q_4q_5q_6+\\&\quad q_1q_2q_2q_4q_4q_5q_6+q_1q_3q_2q_4q_4q_5q_6)-q_1q_2q_1q_3q_2q_4q_4q_5q_6\end{aligned}$$

根据布尔代数运算法则，消除交集的影响后，上式转化为：

$$\begin{aligned}Q&=(q_1q_2+q_1q_3+q_2q_4+q_4q_5q_6)-(q_1q_2q_3+q_1q_2q_4+q_1q_2q_4q_5q_6+\\&\quad q_1q_3q_2q_4+q_1q_3q_4q_5q_6+q_2q_4q_5q_6)+(q_1q_3q_2q_4+q_1q_2q_3q_4q_5q_6+\\&\quad q_1q_2q_4q_5q_6+q_1q_3q_2q_4q_5q_6)-q_1q_3q_2q_4q_5q_6\\&=q_1q_2+q_1q_3+q_2q_4+q_4q_5q_6-q_1q_2q_3-q_1q_2q_4-\\&\quad q_1q_3q_4q_5q_6-q_2q_4q_5q_6+q_1q_2q_3q_4q_5q_6\end{aligned}$$

(2) 利用最小径集计算顶上事件发生概率

在求得故障树最小径集后，其顶上事件发生概率计算公式为：

$$Q=\coprod_{j=1}^{p}\left[1-\prod_{x_i\in p_j}(1-q_i)\right] \tag{4-15}$$

式中，q_i为第 i 个基本事件的发生概率；j 为最小径集的序数；p 为最小径集的个数；$\coprod$ 为求概率和符号；$\prod$ 为求概率积的符号。

在计算过程中，必须注意最小径集中是否有重复事件。

① 最小径集中无重复事件。在此情况下，按式(4-14)计算即可。

例如：某故障树计算后得到如下最小径集，$P_1=\{x_1,x_2\}$，$P_2=\{x_3,x_4,x_5\}$，$P_3=\{x_6,x_7\}$，求顶上事件发生概率。

则可得到其顶上事件的发生概率为：

$$\begin{aligned}Q&=Q_{P_1}Q_{P_2}Q_{P_3}\\&=[1-(1-q_1)(1-q_2)][1-(1-q_3)(1-q_4)(1-q_5)][1-(1-q_6)(1-q_7)]\end{aligned}$$

② 最小径集中有重复事件。此时的处理与上面利用最小割集计算顶上事件时相同，必须将顶上事件发生概率计算公式展开并消去重复项，然后才能计算。

2. 基本事件概率重要度

考虑基本事件发生概率的变化会给顶上事件发生概率以多大影响，就要分析基本事件的概率重要度。利用顶上事件发生概率 Q 函数是一个多重线性函数这一性质，只要对自变量 q_i 求一次偏导数，就可得出该基本事件的概率重要度系数。其表达式为：

$$I_{Q(i)}=\frac{\partial Q}{\partial q_i} \tag{4-16}$$

当利用式求出各基本事件的概率重要度系数后，就可以了解诸多基本事件中减少哪个基本事件的发生概率可以有效地降低顶上事件的发生概率。

例如，某故障树计算后得到以下最小割集：$K_1=\{x_1,x_2\}$，$K_2=\{x_1,x_3\}$，$K_3=\{x_2,x_4\}$，$K_4=\{x_4,x_5,x_6\}$，求基本事件概率重要度。

则有：

$$\begin{aligned}
Q &= \sum_{r=1}^{k}\prod_{x_i\in k_r}q_i-\sum_{1\leqslant s<s\leqslant k}\prod_{x_i\in k_r\cup k_s}q_i+\cdots+(-1)^{k-1}\prod_{k}q_i\\
&=(q_{k1}+q_{k2}+q_{k3}+q_{k4})-(q_{k1}q_{k2}+q_{k1}q_{k3}+q_{k1}q_{k4}+q_{k2}q_{k3}+q_{k2}q_{k4}+q_{k3}q_{k4})+\\
&\quad(q_{k1}q_{k2}q_{k3}+q_{k1}q_{k2}q_{k4}+q_{k1}q_{k3}q_{k4}+q_{k2}q_{k3}q_{k4})-q_{k1}q_{k2}q_{k3}q_{k4}\\
&=(q_1q_2+q_1q_3+q_2q_4+q_4q_5q_6)-(q_1q_2q_1q_3+q_1q_2q_2q_4+q_1q_2q_4q_5q_6+q_1q_3q_2q_4+\\
&\quad q_1q_3q_4q_5q_6+q_2q_4q_4q_5q_6)+(q_1q_2q_1q_3q_2q_4+q_1q_2q_1q_3q_4q_5q_6+q_1q_2q_2q_4q_4q_5q_6+\\
&\quad q_1q_3q_2q_4q_4q_5q_6)-q_1q_2q_1q_3q_2q_4q_4q_5q_6\\
&=q_1q_2+q_1q_3+q_2q_4+q_4q_5q_6-q_1q_2q_3-q_1q_2q_4-q_1q_3q_4q_5q_6-q_2q_4q_5q_6+q_1q_2q_3q_4q_5q_6
\end{aligned}$$

得到：

$$I_{Q(1)}=\frac{\partial Q}{\partial q_1}=q_2+q_3-q_2q_3-q_2q_4-q_3q_4q_5q_6+q_2q_3q_4q_5q_6$$

$$I_{Q(2)}=\frac{\partial Q}{\partial q_2}=q_1+q_4-q_1q_3-q_1q_4-q_4q_5q_6+q_1q_3q_4q_5q_6$$

$$I_{Q(3)}=\frac{\partial Q}{\partial q_3}=q_1-q_1q_2-q_1q_4q_5q_6+q_1q_2q_4q_5q_6$$

$$I_{Q(4)}=\frac{\partial Q}{\partial q_4}=q_2+q_5q_6-q_1q_2-q_1q_3q_5q_6-q_2q_5q_6+q_1q_2q_3q_5q_6$$

$$I_{Q(5)}=\frac{\partial Q}{\partial q_5}=q_4q_6-q_1q_3q_4q_6-q_2q_4q_6+q_1q_2q_3q_4q_6$$

$$I_{Q(6)}=\frac{\partial Q}{\partial q_6}=q_4q_5-q_1q_3q_4q_5-q_2q_4q_5+q_1q_2q_3q_4q_5$$

根据计算结果，按基本事件概率重要率系数的大小排列各基本事件的重要度顺序。

从基本事件概率重要度系数的算法可以看出这样的事实：一个基本事件的概率重要度如何，并不取决于它所在最小割集中其他基本事件概率积的大小及其在各个最小割集中重复出现的个数。

3. 基本事件临界重要度

一般情况下，减少概率大的基本事件的概率要比减少概率小的容易，而概率重要度系数并没有反映这一事实。因此，它不是从本质上反映各基本事件在故障树中的重要程度。而临界重要度系数 $CI_Q(i)$ 则是从敏感度和概率双重角度衡量各基本事件的重要标准，其定义式为：

$$CI_{Q(i)} = \frac{\partial \ln Q}{\partial \ln q_i} = \frac{\partial Q}{Q}\frac{q_i}{\partial q_i} = \frac{q_i}{Q}\frac{\partial Q}{\partial q_i} = \frac{q_i}{Q}I_{Q(i)} \tag{4-17}$$

例如，某故障树计算后得到以下最小割集：$K_1=\{x_1,x_2\}$，$K_2=\{x_1,x_3\}$，$K_3=\{x_2,x_4\}$，$K_4=\{x_4,x_5,x_6\}$，求基本事件临界重要度。

根据以上计算结果，得到：

$$CI_{Q(1)} = \frac{q_1}{Q}I_{Q(1)} = \frac{q_1}{Q}(q_2 + q_3 - q_2q_3 - q_2q_4 - q_3q_4q_5q_6 + q_2q_3q_4q_5q_6)$$

$$CI_{Q(2)} = \frac{q_2}{Q}I_{Q(2)} = \frac{q_2}{Q}(q_1 + q_4 - q_1q_3 - q_1q_4 - q_4q_5q_6 + q_1q_3q_4q_5q_6)$$

$$CI_{Q(3)} = \frac{q_3}{Q}I_{Q(3)} = \frac{q_3}{Q}(q_1 - q_1q_2 - q_1q_4q_5q_6 + q_1q_2q_4q_5q_6)$$

$$CI_{Q(4)} = \frac{q_4}{Q}I_{Q(4)} = \frac{q_4}{Q}(q_2 + q_5q_6 - q_1q_2 - q_1q_3q_5q_6 - q_2q_5q_6 + q_1q_2q_3q_5q_6)$$

$$CI_{Q(5)} = \frac{q_5}{Q}I_{Q(5)} = \frac{q_5}{Q}(q_4q_6 - q_1q_3q_4q_6 - q_2q_4q_6 + q_1q_2q_3q_4q_6)$$

$$CI_{Q(6)} = \frac{q_6}{Q}I_{Q(6)} = \frac{q_6}{Q}(q_4q_5 - q_1q_3q_4q_5 - q_2q_4q_5 + q_1q_2q_3q_4q_5)$$

根据计算结果，按基本事件临界重要度系数的大小排列各基本事件的重要度顺序。

【例 4-2】 某故障树有 3 个最小径集：$P_1=\{x_1,x_2\}$，$P_2=\{x_2,x_3\}$，$P_3=\{x_4,x_5\}$；已知：$q_1=0\ 01$，$q_2=0.03$，$q_3=0.02$，$q_4=0.008$，$q_5=0.03$。

要求：(1)绘制故障树图形；(2)求故障树最小割集；(3)求基本事件结构重要度 $I_{\Phi(i)}$；(4)求顶上事件发生的概率 Q；(5)求基本事件概率重要度 $I_{Q(i)}$；(6)求基本事件临界重要度 $CI_{Q(i)}$。

解　(1)绘制故障树

根据成功树最小割集的各基本事件求补，即得到故障树的最小径集的相反原则，绘制故障树如图 4-22 所示。

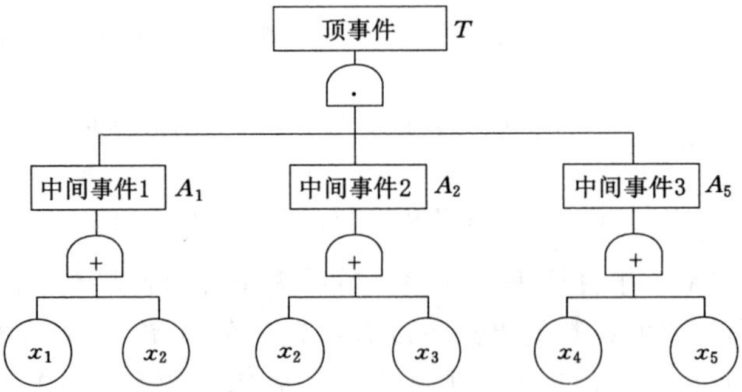

图 4-22　例 4-2 故障树

(2) 求故障树最小割集

根据上面的故障树图形，使用布尔代数化简得：

$$T = A_1A_2A_3$$
$$= (x_1 + x_2)(x_2 + x_3)(x_4 + x_5)$$

$= (x_1x_2 + x_1x_3 + x_2x_2 + x_2x_3)(x_4 + x_5)$

$= (x_1x_3 + x_2)(x_4 + x_5)$

$= x_1x_3x_4 + x_1x_3x_5 + x_2x_4 + x_2x_5$

因此，此故障树的最小割集为：$\{x_1, x_3, x_4\}$，$\{x_1, x_3, x_5\}$，$\{x_2, x_4\}$；$\{x_2, x_5\}$。

(3) 基本事件结构重要度 $I_{\Phi(i)}$

根据最小割集看频数、看频率可知，此故障树的结构重要度顺序为：

$$I_{\Phi(2)} > I_{\Phi(4)} = I_{\Phi(5)} > I_{\Phi(3)} = I_{\Phi(1)}$$

(4) 顶上事件发生的概率 Q

由于最小割集中基本事件有重复出现的情况，将$\{x_1, x_3, x_4\}$，$\{x_1, x_3, x_5\}$，$\{x_2, x_4\}$，$\{x_2, x_5\}$分别用 k_1、k_2、k_3、k_4 表示。因此，顶上事件发生的概率 Q 计算如下：

$$
\begin{aligned}
Q &= \sum_{r=1}^{k}\prod_{x_i\in k_r} q_i - \sum_{1\leqslant r<s\leqslant k}\prod_{x_i\in k_r\cup k_s} q_i + \cdots + (-1)^{k-1}\prod_{k} q_i \\
&= (q_{k1} + q_{k2} + q_{k3} + q_{k4}) - (q_{k1}q_{k2} + q_{k1}q_{k3} + q_{k1}q_{k4} + q_{k2}q_{k3} + q_{k2}q_{k4} + q_{k3}q_{k4}) + \\
&\quad (q_{k1}q_{k2}q_{k3} + q_{k1}q_{k2}q_{k4} + q_{k1}q_{k3}q_{k4} + q_{k2}q_{k3}q_{k4}) - q_{k1}q_{k2}q_{k3}q_{k4} \\
&= (q_1q_3q_4 + q_1q_3q_5 + q_2q_4 + q_2q_5) - (q_1q_3q_4q_1q_3q_5 + q_1q_3q_4q_2q_4 + q_1q_3q_4q_2q_5 + \\
&\quad q_1q_3q_5q_2q_4 + q_1q_3q_5q_2q_5 + q_2q_4q_2q_5) + (q_1q_3q_4q_1q_3q_5q_2q_4 + q_1q_3q_4q_1q_3q_5q_2q_5 + \\
&\quad q_1q_3q_4q_2q_4q_2q_5 + q_1q_3q_5q_2q_4q_2q_5) - q_1q_3q_4q_1q_3q_5q_2q_4q_2q_5 \\
&= (q_1q_3q_4 + q_1q_3q_5 + q_2q_4 + q_2q_5) - (q_1q_3q_4q_5 + q_1q_3q_4q_2 + q_1q_3q_5q_2 + q_2q_4q_5) \\
&\quad + q_1q_3q_2q_4q_5 \\
&= q_1q_3q_4 + q_1q_3q_5 + q_2q_4 + q_2q_5 - q_1q_3q_4q_5 - q_1q_2q_3q_4 - q_1q_2q_3q_5 - q_2q_4q_5 \\
&\quad + q_1q_2q_3q_4q_5 \\
&= 0.01\times0.02\times0.008 + 0.01\times0.02\times0.03 + 0.03\times0.008 + \\
&\quad 0.03\times0.03 - 0.01\times0.02\times0.008\times0.03 - 0.01\times0.03\times0.02\times0.008 - \\
&\quad 0.01\times0.03\times0.02\times0.03 - 0.03\times0.008\times0.03 + 0.01\times0.03\times0.02\times \\
&\quad 0.008\times0.03 \\
&= 0.001\ 140\ 125 \\
&\approx 0.001\ 14
\end{aligned}
$$

顶上事件发生的概率是 1.14×10^{-3}。

(5) 基本事件概率重要度 $I_{Q(i)}$

同理：

$$I_{Q(1)} = \frac{\partial Q}{\partial q_1} = q_3q_4 + q_3q_5 - q_3q_4q_5 - q_2q_3q_4 - q_2q_3q_5 + q_2q_3q_4q_5 = 0.000\ 748\ 744$$

$I_{Q(2)} = 0.037\ 752\ 448$

$I_{Q(3)} = 0.000\ 369\ 272$

$I_{Q(4)} = 0.029\ 288\ 818$

$I_{Q(5)} = 0.029\ 952\ 448$

基本事件概率重要度顺序为：

$$I_{Q(2)} > I_{Q(5)} > I_{Q(4)} > I_{Q(1)} > I_{Q(3)}$$

(6) 基本事件临界重要度 $CI_{Q(i)}$

$$CI_{Q(1)} = \frac{q_1}{Q} I_{Q(1)} = 0.006\ 567\ 207$$

$$CI_{Q(2)} = \frac{q_2}{Q} I_{Q(2)} = 0.993\ 377\ 616\ 7$$

$$CI_{Q(3)} = \frac{q_3}{Q} I_{Q(3)} = 0.006\ 477\ 743$$

$$CI_{Q(4)} = \frac{q_4}{Q} I_{Q(4)} = 0.205\ 450\ 847\ 5$$

$$CI_{Q(5)} = \frac{q_5}{Q} I_{Q(5)} = 0.788\ 135\ 593$$

基本事件危险重要系数顺序为：

$$CI_{Q(2)} > CI_{Q(5)} > CI_{Q(4)} > CI_{Q(1)} > CI_{Q(3)}$$

【知识拓展】

通过网络查找标准《故障树名词术语和符号》(GB/T 4888—2009)，并学习其中内容。

【思考练习】

1. 某故障树有 3 个最小割集：$K_1=\{x_1, x_2\}$，$K_2=\{x_2, x_3, x_4\}$，$K_3=\{x_5, x_6\}$；已知：$q_1=0.02$，$q_2=0.01$，$q_3=0.03$，$q_4=0.04$，$q_5=0.03$，$q_6=0.01$。要求完成以下内容：① 绘制故障树图形；② 故障树最小割集；③ 基本事件结构重要度 $I_{(i)}$；④ 顶上事件发生的概率 Q；⑤ 基本事件概率重要度 $I_{Q(i)}$；⑥ 基本事件临界重要度 $CI_{Q(i)}$。

2. 简述故障树分析程序。

3. 简述故障树定性和定量分析的内容。

4. 全评价方法中，不属于故障树分析的基本程序的是（　　）。

A. 分析元素故障类型和产生原因　　B. 熟悉系统

C. 确定顶上事件　　D. 确定目标值

5. 故障树分析是用一系列事件符号、（　　）和转移符号描述系统中各种事件之间的因果关系。

A. 集合符号　　B. 运算符号　　C. 几何图形　　D. 逻辑符号

6. 下列关于“故障树法”说法正确的有（　　）。（多选）

A. 在故障树中凡能导致顶上事件发生的基本事件的集合称为割集

B. 在故障树中凡能导致顶上事件发生的基本事件的集合称为最小割集

C. 在故障树中凡是不能导致顶上事件发生的最低限度基本事件的集合称为径集

D. 在故障树中凡是不能导致顶上事件发生的最低限度基本事件的集合称为最小径集

7. 某故障树的结构函数为 $T=x_1+x_1x_2+x_1x_3x_4$，则导致该事故的最基本原因是（　　）。

A. $\{x_1\}, \{x_1, x_2\}, \{x_1, x_3, x_4\}$　　B. $\{x_1\}$

C. $\{x_1, x_2, x_3, x_4\}$　　D. $\{x_2\}, \{x_2, x_3\}$

8. 故障树是一种（　　）描述事故发生的有方向的逻辑树，它能对各种系统的危险性进行识别评价，既适用于定性分析，又能进行定量分析。

A. 从原因到结果　　　　B. 从结果到原因
C. 从初期到最终　　　　D. 从分析到改进

【技能训练】

轮式汽车起重吊车，在吊物时，吊装物坠落伤人是一种经常发生的起重伤人事故，起重钢丝绳断裂是造成吊装物坠落的主要原因，吊装物坠落与钢丝绳断脱、吊钩冲顶和吊装物超载有直接关系。钢丝绳断脱的主要原因是钢丝绳强度下降和未及时发现钢丝绳强度下降，钢丝绳强度下降是由于钢丝绳腐蚀断股、变形或铜线质量不良，而未及时发现钢丝绳强度下降主要原因是日常检查不够或未定期对钢丝绳进行检测；吊钩冲顶是由于吊装工操作失误和未安装限速器造成的；吊装物超载则是由于吊装物超重和起重限制器失灵造成的。

请用故障树分析法对该案例进行分析，假如每个基本事件都是独立发生的，且发生概率均为0.1，即 $q_1=q_2=q_3=\cdots=q_n=0.1$。要求完成以下内容：①绘出故障树；②求出最小割集和最小径集；③求基本事件结构重要度；④求钢丝绳断裂事故发生的概率；⑤求基本事件概率重要度；⑥求基本事件临界重要度。

任务八　道化学火灾、爆炸危险指数评价法

【学习目标】

知识目标：了解道化学评价法的特点，熟悉道化学评价过程。

技能目标：能够根据项目特点，使用道化学法完成安全评价。

【实例展示】

以某化工厂为例，使用道化学火灾、爆炸危险指数评价法进行安全评价。

生产多孔硝酸铵20万t/a，中间产品稀硝酸27万t/a（作为20万t/a多孔硝酸铵的原料），副产蒸汽9.4万t/a（4.0 MPa，440 ℃）。项目生产规模见表4-35。

表4-35　生产规模表

物质名称	规模	储存方式	备注
稀硝酸	27万t/a 900 t/d	稀硝酸质量浓度≥0.6， 其中：HMO_2 质量浓度≤10^{-2}	中间产品（折百）
硝酸铵	20万t/a 667 t/d	硝酸铵质量浓度≥0.96	塔式造粒（折百）

储存规模：该公司在厂区已有储存液氨的球罐，本技改项目原料液氨自液氨罐由管道送至硝酸、硝酸铵界区，能保证本项目的需要，因此液氨不需要储存。本项目中需要储存的产品为稀硝酸和多孔硝酸铵。项目储存规模见表4-36。

表 4-36　项目储存规模一览表

序号	物质名称	储存量	储存方式	备注
1	稀硝酸	371 t/d	硝酸罐	2 个 600 m^3，4 个 200 m^3 的硝酸中间储罐
2	硝酸铵	3 640 t/6d	库房	库房面积为 1 440 m^2

依据该项目确定的工艺方法和路线，建设项目主要危险性是火灾、爆炸和中毒事故。使用该法可确定建设项目危险场所的火灾、爆炸潜在危险，找出导致事故发生及扩大灾情的设备、设施，将潜在的火灾、爆炸危险性纳入安全管理。

1. 工艺单元的选取

硝酸铵生产装置单元中硝酸铵储存仓库

2. 物质系数的确定

根据道化学火灾、爆炸危险指数评价法(第七版)的规定，应选取火灾危险性较大或储运量较大的危险物质作为代表性物质。得出工艺单元的物质(硝酸铵)系数如下：

$$MF=29$$

3. 危险指数评价

硝酸铵生产装置单元中硝酸铵储存仓库火灾、爆炸危险指数(F&EI)计算取值说明。

(1) 一般工艺危险 F_1

① 基本系数取值 1.0。

② 放热反应：无化学反应的过程，此项系数不考虑。

③ 物料处理与输送：硝酸铵属于易燃易爆固体，存放于仓库中，不需处理，系数取值 0。

④ 封闭式或室内单元：仓库中储存易燃固体，有合理的通风措施，系数取值 0.3。

⑤ 通道：本项目装置操作区域的通道均按消防标准设计，取值为 0。

⑥ 排放和泄漏控制：硝酸铵属于易燃固体，此项系数不考虑。

(2) 特殊工艺危险性 F_2

① 毒性物质：硝酸铵不属于毒害品，此项系数不考虑。

② 负压操作：硝酸铵为常温常压储存，此项系数不考虑。

③ 燃烧范围或其附近的操作：硝酸铵属于易燃易爆固体，经摩擦、振动、撞击或急剧加热可引起燃烧或爆炸，此项系数不考虑。

④ 粉尘爆炸：硝酸铵粒度为较大(ϕ0.5 mm～ϕ2.5 mm)，此项系数不考虑。

⑤ 压力释放：硝酸铵为常温常压储存，此项系数不考虑。

⑥ 低温：此系数不考虑。

⑦ 易燃和不稳定物质的量：硝酸铵 $N_R=3$，单元中硝酸铵的实际储存量按最大量 3 640 t/6d考虑，查表中曲线 A 得到系数取值 3.0。

⑧ 腐蚀与磨蚀：虽然设计中考虑了腐蚀和侵蚀的余量，但腐蚀或侵蚀引起事故的仍有可能发生，系数取值 0.1。

⑨ 泄漏——接头和填料：此项系数不考虑。

⑩ 明火设备的使用：工艺单元中不使用明显明火设备，取值为 0。

a. 热油热交换系统：不涉及，取值为 0。

b. 转动设备：不涉及，取值为 0。

硝酸铵生产装置单元中硝酸铵储存仓库 F&EI 计算见表 4-37。

表 4-37 硝酸铵储存仓库 F&EI 计算简表

工艺单元:硝酸铵生产装置单元中硝酸铵储存仓库		
操作状态:正常操作		确定 MF 的物质:硝酸铵
物质系数:MF=29		
1. 一般工艺危险	危险系数范围	采用的危险系数
一般工艺危险系数 F_1		1.3
特殊工艺危险系数 F_2		4.1
工艺单元危险系数 $F_3=F_1\times F_2$		5.33
火灾、爆炸危险指数 F&EI=$F_3\times$MF		154.57

单元初始危险度分级:火灾、爆炸危险指数(F&EI)是工艺单元危险系数(F_3)和物质系数(MF)的乘积,它与暴露半径有关。表 4-38 是 F&EI 值与危险度之间的关系,它使人们对火灾、爆炸的严重程度有一个相对的认识。

表 4-38 F&EI 值及危险程度等级

F&EI	危险等级	F&EI	危险等级
1~60	最轻	128~158	很大
61~96	较轻	≥159	非常大
97~127	中等		

注:本表数值含上、下限。

通过对硝酸铵储存仓库固有危险指数的计算,得出它们的初始危险等级,见表 4-39。

表 4-39 单元初期危险度分级

单元名称	初期危险指数评价	
	F&EI	危险等级
硝酸铵储存仓库	154.57	很大

4. 安全措施补偿系数

建造一个化工装置(化工厂)时,应该考虑一些基本设计要点要符合各种规范和标准以及地方政府的要求。

除了这些基本的设计规定之外,根据经验提出的安全措施也已证明是有效的。它不仅能预防严重事故的发生,也能降低事故的发生概率和危害。安全措施可以分为以下 3 类:

(1) 工艺控制补偿系数 C_1

① 应急电源:本补偿系数适用于基本设施(仪表电源、控制仪表、搅拌和泵等)具有应急电源,且能从正常状态自动切换到应急状态,取值为 0.98。

② 冷却:仓库无冷却系统,补偿系数取值为 1.0。

③ 抑爆:在突然超压(燃爆)时能防止建筑物遭受破坏的释放设施给予补偿系数,本项

目对封闭式且有爆炸危险的仓库设置能满足规范要求的泄压面积，泄压设施可采用泄压屋面和门窗，系数取值为 0.98。

④ 紧急停车装置：系数取值为 1。

⑤ 计算机控制：系数取值为 1。

⑥ 惰性气体保护：系数取值为 1。

⑦ 操作指南或操作规程：本项目制定了完整的操作指南和操作规程，如正常操作规程、检修及事故应急处理等，系数取值为 0.91。

⑧ 化学活性物质检查：用活性化学物质大纲检查现行工艺和新工艺（包括工艺条件的改变、化学物质的储存和处理等），是一项重要的安全措施，系数取值为 0.98。

⑨ 其他工艺过程危险性分析：本工艺需要定期开展检查表评估或工艺、物质等变更的审查管理，系数取值 0.98。

(2) 物质隔离补偿系数 C_2

① 远距离控制阀：未配置，系数取值为 1。

② 备用卸料装置：未设置备用卸料装置，系数取值为 1。

③ 排放系统：无排放系统，系数取值为 1。

④ 连锁装置：未配置，系数取值为 1。

(3) 防火措施补偿系数 C_3

① 泄漏检测装置：未配置，系数取值为 1。

② 钢质结构：建筑物采用钢筋混凝土结构，涂防火涂层，按规定该系数取值为 0.98。

③ 消防水供应：装置设置了消防给水系统，供水压力 0.5 MPa，补偿系数取值为 0.97。

④ 特殊系统：设防火分区，系数取值为 0.91。

⑤ 喷洒系统：单元无喷洒系统，补偿系数取值为 1。

⑥ 水幕：未设置，系数取值为 1。

⑦ 泡沫装置：未设置泡沫装置，系数取值为 1。

⑧ 手提式灭火器/水枪：单元配置了手提式和移动式灭火器，补偿系数取值为 0.98。

⑨ 电缆保护：电缆敷设采用沿管架、桥架敷设，局部穿管埋地敷设，在建筑物内线路全采用穿保护管敷设方式，系数取值为 0.94。

表 4-40　硝酸铵储存仓库安全措施补偿系数简表

1. 工艺控制安全补偿系数 C_1	$C_1=0.84$
2. 物质隔离安全补偿系数 C_2	$C_2=1$
3. 防火措施安全补偿系数 C_3	$C_3=0.797$
安全措施补偿系数 $C=C_1\times C_2\times C_3=0.669$	

5. 单元补偿后危险度分级

单元危险度的初期评价结果表示的是不考虑任何预防措施时，单元所固有的危险性。道化学公司从降低单元的实际危险度出发，可通过变更设计，对所选用的危险系数作重新考虑。或者在降低事故频率和潜在的事故规模方面，采取一系列安全对策措施和各种预防手段来降低其危险性。

补偿火灾、爆炸危险指数(F&EI)′按下式计算：

$$(F\&EI)' = F\&EI \times C = 154.57 \times 0.669 = 103.4$$

补偿前与补偿后的危险度比较见表4-41。

表4-41 单元补偿后的危险度分级

工艺单元	F&EI	危险等级	(F&EI)′	危险等级
硝酸铵储存仓库	154.57	很大	103.4	中等

6. 工艺单元危险分析汇总

(1) 暴露半径及暴露区域的计算

暴露半径(ft)是由已计算出的火灾、爆炸指数(F&EI)乘以0.84得出的(1 ft=0.304 8 m,下同)。

暴露半径(m)：

$$R = F\&EI \times 0.84 \times 0.3048$$

暴露区域面积(m^2)：

$$S = \pi R^2$$

(2) 单元危害系数的确定

单元危害系数是由单元危险系数 F_3 和物质系数MF根据单元危害系数计算图来确定的,它代表了单元中物料泄漏或反应能量释放所引起的火灾、爆炸事故的综合效应。确定危害系数时,如果 F_3 的数值超过8.0,不能按图外推,应按 $F_3=8.0$ 来确定危害系数。

查单元危害系数计算图,得：

$$Y = 0.484766 + 0.094288 \times 5.33 - 0.00216 \times 5.33^2 - 0.00031 \times 5.33^3 = 0.879$$

(3) 基本最大可能财产损失

假设设备成本为 A,增长系数 $\lambda=0.8295$,因此硝酸铵仓库基本最大可能财产损失为：

$$0.82 \times 0.879 \times A\lambda = 0.82 \times 0.879 \times 0.8295A = 0.598A$$

式中,0.82为考虑事故发生时有些成本不会遭受损失或不需更换所取的修正系数。

(4) 实际最大可能财产损失

实际最大可能财产损失=基本最大可能财产损失×安全措施补偿系数

=0.40A

被评价的工艺单元评价结果汇总于表4-42。

表4-42 单元危险分析汇总

工艺单元	物质系数	F&EI	暴露半径/m	暴露面积/m^2	危害系数
硝酸铵储存仓库	29	154.57	39.57	4 916.6	0.85

评价结果：根据道化学火灾、爆炸危险指数评价法(第七版)的规定,硝酸铵仓库单元的火灾、爆炸指数为154.57,其危险等级是很大。一旦硝酸铵仓库中的硝酸铵发生火灾、爆炸,将把仓库周围39.57 m半径内、39.57 m高度内空间范围的设备、建筑物暴露在本单元

发生的火灾、爆炸环境中。火灾、爆炸会使上述范围内的财产受到损坏，危害系数为0.879，考虑到事故发生时有些成本不会遭受损失或不需更换取，修正系数0.82，这表明在4 916.6 m^2的区域将有59.8%遭到破坏。对硝酸铵仓库单元安全进行补偿，补偿系数为0.669，可将火灾、爆炸危险等级降为达到可以接受的程度，最大可能财产损失降至40.0%。

安全对策措施补偿后，硝酸铵仓库的危险等级降为中等。但是，单元固有危险性依然存在，硝酸铵属于易燃、易爆的固体，受到撞击或摩擦就可能引发爆炸事故。因此，除严格执行道化法评价时提出的各项安全防护措施，在生产过程中，必须加强安全管理，建立健全切实可行的操作规程、管理制度，定期检测防雷设施、消防器材等，保证其完好性。

【相关知识】

一、道化学评价法简介

1. 道化学评价法概念

道化学火灾、爆炸危险指数评价法（第七版）是以工艺过程中的物质、设备、物量等数据为基础，加上一般或特殊工艺的危险修正系数，求出火灾、爆炸系数，然后通过逐步推算，得出最大可能财产损失和停业损失。它将以往的事故的统计资料、物质的能量和现行的安全防护措施的状况作为依据，以单元重要危险物质在标准状态下的火灾、爆炸或释放出危险性潜在能量大小为基础；同时考虑工艺过程的危险性，计算单元火灾、爆炸指数，确定危险等级；还对特定物质、一般工艺及特定工艺的危险修正系数求出火灾、爆炸指数。首先定量地对工艺过程和生产装置及所含物料的实际潜在火灾、爆炸和反应性危险逐步推算进行客观的评价；再根据指数的大小分成几个等级，按等级的要求及火灾、爆炸危险的分组采取相应的安全措施。

2. 道化学评价法产生与发展

1964年，美国道化学公司根据化工生产的特点提出了以物质指数为基础的安全评价法，开发出了火灾、爆炸危险指数评价法，用于对化工生产装置进行安全性评价。

1966年，进一步提出了火灾、爆炸指数的概念，表示火灾、爆炸的危险程度。

1972年，提出了以物质的闪电（沸点）为基础，代表物质潜在能量的物质系数，结合物质的特定危险值、工艺过程及特殊工艺的危险值，计算出系统的火灾、爆炸指数，以评价该系统火灾、爆炸危险程度（第三版）。

1976年，日本劳动省以第三版为蓝本，公布了化工联合企业安全评价六阶段法，以及匹田法等。

1979年，英国帝国化学工业公司蒙德部结合道化学火灾、爆炸危险指数评价法（第三版）并加以扩充，提出了蒙德火灾、爆炸、毒性指标评价法。

1976年，美国道化学公司在引进了毒性、改进了确定物质指数方法的基础上，提出了计算火灾、爆炸最大可能损失（MPPO）的方法后，发表了第四版评价法。

1980年，美国道化学公司提出用最大可能停工日数（MPDO）计算经营损失（BI），发表了第五版评价方法。

1987年，美国道化学公司在调整了物质系数，增加了毒性补偿内容，简化了附加系数和补偿系数的计算方法后，发表了第六版评价方法。

1993年，美国道化学公司在对第六版进行了修改并给出了美国消防协会（NFPA）的最新物质系数后，推出了第七版评价方法。

道化学火灾、爆炸危险指数评价法经过多次修订和不断完善。由于该评价方法切合实际、科学合理，并提供了火灾、爆炸总体的关键数据，因此世界化学工业及石油化学工业公认为该方法是最主要的危险指数评价法。

3. 道化学评价法的特点、目的

道化学火灾、爆炸危险指数评价法是较为成熟、使用面最广的评价方法，几乎所有的国家都有企业采用这种方法进行化学品的危险性评价。该方法为化工企业的生产、储存、运输等方面的安全问题提出了有效的评价方法。

其目的如下：

(1) 真实地量化潜在火灾、爆炸和反应性事故的预期损失。

(2) 确定可能引起事故发生或使事故扩大的装置。

(3) 向管理部门通报潜在的火灾、爆炸危险性。

火灾、爆炸危险指数评价最重要的目标是使工程师了解各工艺部分可能造成的损失，并帮助其确定减轻潜在事故的严重性和总损失的有效而又经济的途径。

4. 道化学评价法的优缺点

(1) 道化学评价法的优点

① 该方法是指数评价法的一种，指数的采用使得系统结构复杂、用概率难以表述其危险性单元的评价有了一个可行的方法。

② 这类方法操作简单，是目前应用较多的评价方法之一。

③ 指数的采用避免了事故概率及其后果难以确定的难题。

④ 评价指数值同时含有事故频率和事故后果两方面因素。

(2) 道化学评价法的缺点

① 评价模型对系统安全保障体系的功能重视不够，特别是危险物质和安全保障体系间的相互作用关系未予考虑。

② 各因素之间均以相乘或相加的方式处理，忽视了各因素之间重要性的差别。

③ 评价自开始起就用指标给出，使得评价后期对系统的安全改进工作较困难。

④ 指标值的确定只和指标的设置与否有关，而与指标因素的客观状态无关，致使危险物质的种类、含量、空间布置相似，而实际安全水平相差较远的系统，其评价结果相似，导致该方法的灵活性和敏感性较差。

5. 道化学评价法的适用范围

道化学火灾、爆炸危险指数评价法目前在石油化工等领域应用较多，适合化工生产系统。其主要用于评价储存、处理、生产易燃、可燃、活性物质的操作过程的潜在损失，但也可用于分析污水处理设施、公用工程系统、管路、整流器、变压器、锅炉、热氧化器以及发电厂一些单元的潜在损失，还可用于潜在危险物质库存量较小的工艺过程的风险评价，特别是用于实验工厂的风险评价。该评价方法的适用范围是易燃或活性化学物质的最小处理量为454 kg左右的系统。

二、道化学评价法的评价过程

在使用道化学火灾、爆炸危险指数评价法时，应按以下程序进行，如图4-23所示。

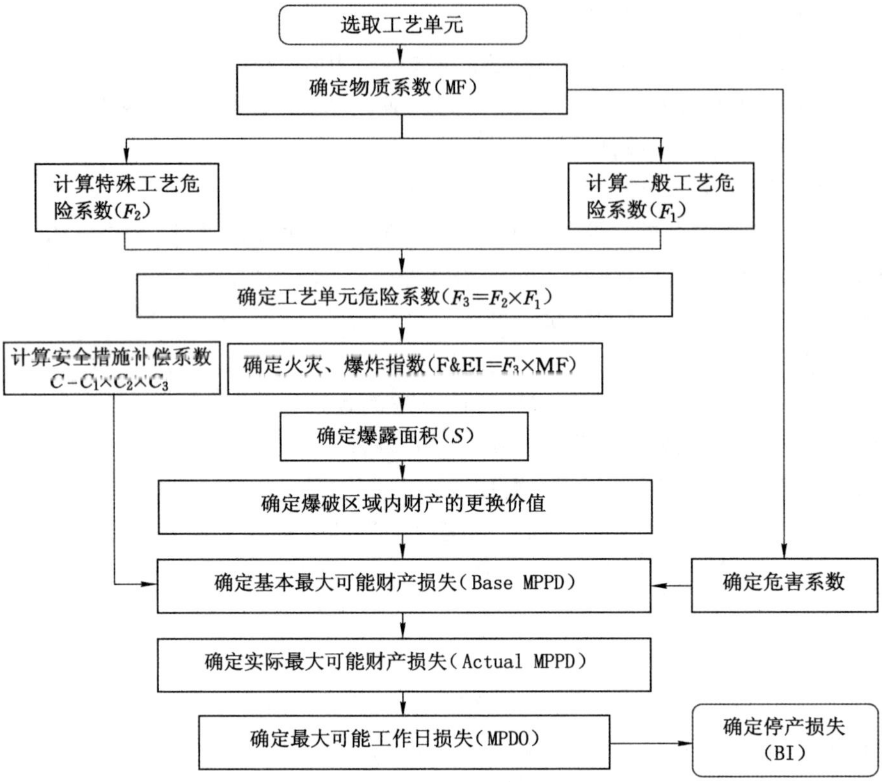

图 4-23 道化学火灾、爆炸危险指数法的评价程序

1. 选择工艺

道化学评价方法将单元区分为生产单元和工艺单元，而生产单元则包括化学工艺、机械加工、仓库、包装线等在内的整个生产设施，当然也可以是整个生产厂。工艺单元被定义为工艺装置的任一主要单元，如乳胶厂的原料储罐、反应器等。由此可见，大多数生产单元都包括许多工艺单元，但在计算 F&EI 时只评价那些从损失预防角度看对工艺有影响的工艺单元。一般称为恰当工艺单元，简称工艺单元。

选择恰当工艺单元的重要参数包括：

① 物质的潜在化学能(物质系数)。

② 工艺单元中危险物质的数量。

③ 资金密度(每平方米美元数)。

④ 操作压力与操作温度。

⑤ 导致火灾、爆炸事故的历史资料。

⑥ 对装置操作起关键作用的设备。

作为本方法的评价单元，其中所处理的易燃、可燃或化学活性物质的最低量假定为 2 268 kg 或 2.27 m^3。若单元内物料量较少，评价结果往往会夸大其危险性。对于中间规模的实验工厂，所处理的易燃可燃或化学活性物质的量也至少应为 454 kg 或 0.454 m^3，这样评价结果才有意义。当设备串联布置且中间无有效间隔时，需要仔细考虑单元划分。酌情取一系列设备作为一个工艺单元，或是只取单个或几个设备作为一个工艺单元。但一个生产单元的单独操作区极少分成三四个工艺单元来计算 F&EI 值。每个评价单元要分别完成F&EI计算表，然后填入生产单元危险分析汇总表。操作状态和操作时间也是一个考虑因素，如开停车、正常生产、装卸料等，对F&EI值也有影响。可以选定一个操作阶段来评价，但有时必须研究几个阶段来确定重大危险。

2. 物质系数(MF)

道化学评价法的第七版给出了近330种常见化合物的MF值，可供直接查用。

(1) 表外物质的MF

对于表中没有的物质(称为表外物质)，可根据它的易燃危险系数 N_F 和反应危险系数 N_R 按NFPA49确定，并依照温度修正后，由表4-43确定其物质系数。有些物质也可根据其差热扫描量计(DSC)或差热分析仪(DTA)分析其温升的最低峰值温度来确定其 N_R 值，见表4-44。

表4-43　物质系数取值表

挥发性固体、液体、气体的易燃性或可靠性	NFPA325M或NFPA49	反应性或不稳定性 N_R					备注
		0	1	2	3	4	
不燃物	$N_F=0$	1	14	24	29	40	暴露在816 ℃的热空气中5 min不燃烧
F. P. >93.3 ℃	$N_F=1$	4	14	24	29	40	F. P. 为闭杯闪点
37.8 ℃<F. P. ≤93.3 ℃	$N_F=2$	10	14	24	29	40	
22.8 ℃≤F. P. <37.8 ℃或F. P. <22.8 ℃且B. P. ≥37.8 ℃	$N_F=3$	16	16	24	29	40	B. P. 为标准温度和压力下的沸点
F. P. <22.8 ℃且B. P. <37.8 ℃	$N_F=4$	21	21	24	29	40	
可燃性粉尘或烟雾							
S_{t-1}(K_{st}≤20 MPa·m/s)		16	16	24	29	40	K_{St}值是用带强点火源的16 L或更大的密闭试验容器测定的，见NFPA68《泄漏指南》
S_{t-2}(K_{st}=20~30 MPa·m/s)		21	21	24	29	40	
S_{t-3}(K_{st}>20 MPa·m/s)		24	24	24	29	40	
可燃性固体							
厚度大于40 mm，紧密的	$N_F=1$	4	14	24	29	40	包括50.8 mm厚的木板、镁锭、紧密的固体堆积物、紧密的纸张或废料薄膜卷
厚度大于40 mm，疏松的	$N_F=2$	10	14	24	29	40	包括塑料颗粒、支架、木材平板之类的粗粒状材料，以及聚苯乙烯类不起尘的粉尘物料等
泡沫材料、纤维、粉状物等	$N_F=3$	16	16	24	29	40	包括轮胎、胶靴类的橡胶制品等

表4-44　反应危险性系数NR的确定

峰值温度/℃	N_R	峰值温度/℃	N_R
300~500(含500)	0	≤150	2,3,4
150~300(含300)	1		

在确定 N_R 值时，还需要附加以下限定条件：

① 若此物质为氧化剂，N_R要增加1，但不超过4。

② 所有对撞击敏感的物质，其 $N_R=3$ 或 $N_R=4$。

③ 若得出的 N_R值与该物质的特性不符，则应补做反应性试验。

④ 向有关人员请教，以便对所有热分析数据有正确的分析认识。

(2) 混合物的 MF

确定混合物的 MF 是较麻烦的，要依其混合情况、存在时机、反应变化等的不同而不同。最好的办法是直接做混合物的燃烧性或反应性试验，以取得 N_F、N_R 值。不能做试验时，可取组分中最大的 MF 作为混合物的 MF 近似值，但该组分浓度应大于 5%。

(3) 烟(云)雾的 MF

易燃或可燃液体的微粒(微小液滴)悬浮于空气中能形成易燃混合物，它和易燃气体空气混合物一样具有爆炸性。例如，液滴直径小于 0.01 mm 的悬浮物，燃烧下限几乎与环境温度下该物质在其闪点的燃烧下限相同。不要在封闭的工艺单元内使可燃液体形成雾，这一点很重要，因为此时更易达到可燃浓度。防止云雾爆炸的最好办法就是避免形成云雾。如果可能形成云雾，可将物质系数提高一级，以表明危险程度增大。

(4) MF 的温度修正

物质的 MF 只代表了常温度常压环境下的危险性，如果工艺单元温度高于 60 ℃，就应该按表 4-45 的规定加以修正。

表 4-45　物质系数温度修正表

物质系数温度修正	N_F	N_T	N_R
a. 填入 N_F(粉尘为 S_T)、N_R			
b. 若温度<60 ℃，则转至“e”项			
c. 若温度高于闪点，或温度>60 ℃，在“NR”栏内填“1”			
d. 若温度大于起始温度或自燃点，在“NR”栏内填“1”			
e. 各数行数字相加，当总数≥5 时，填“4”			
f. 用“e”栏数和表 4-2 确定“MF”，并填入 F&EI 表和生产单元危险分析汇总表			

关于表中的放热起始温度是指 ARC 的测定值。如果是 DSC 或者 DTA 测定值，则需用以下两种方法中的一种加以修正，即第一放热起始温度－70 ℃，第二放热峰值温度－100 ℃。如果工艺单元是反应器，则对反应引起的温度升高可不修正，因在反应系统中已考虑这一因素。物质闪点低于 60℃时也不需修正。至于压力的影响，将在特殊工艺危险中考虑。

3. 工艺危险系数(F_3)

工艺单元危险系数(F_3)包括一般工艺危险系数(F_1)和特殊工艺危险系数(F_2)，对每项系数都要恰当地进行评价。工艺单元危险系数的计算公式为：

$$F_3 = F_1 \times F_2 \qquad (4\text{-}18)$$

F_3的取值范围为 1～8；若 $F_3>8$，则按 8 计算。

计算工艺单元的工艺危险系数 F_3时，应选择物质在工艺单元中所处的最危险状态，而且应防止对过程中的危险进行重复计算。

(1) 一般工艺危险系数(F_1)

F_1 是确定事故损害大小的主要因素之一。它所涉及的在表 4-48 中列出的 6 项内容适用于大多数作业场合，每一项的具体系数值和是否采用，这一需要在仔细分析评价单元后而定。例如：放热化学反应危险系数取值范围为 0.3～1.25，若属轻微放热反应只取 0.3；中等放热反应取 0.50；剧烈放热反应取 1.00；特别剧烈(硝化)的反应就取到上限 1.25。

(2) 特殊工艺危险系数(F_2)

特殊工艺危险是影响事故发生概率的主要因素，特殊的工艺条件是导致火灾、爆炸事故的主要原因。表4-48中共有12项，其中：

① 毒性：毒性物质的危险系数为$0.2N_R$，混合物取其中最高的N_R值。N_R为NFPA 704中定义的毒性分级值，在NFPA325M或NFPA49中已列出。

② 粉尘：粉尘爆炸危险系数按表4-46确定。

表4-46　粉尘爆炸危险系数确定表

粉尘粒半径/pm	泰勒筛/目	危险系数
>175	60～80(含80)	0.25
150～175(含175)	80～100(含100)	0.50
100～150(含150)	100～150(含150)	0.75
75～100(含100)	150～200(含200)	1.25
≤75	>200	2.00

注：1 pm$=10^{-12}$ m。

③ 压力：操作压力高于大气压时，可能会引起高速率的泄漏，因此要考虑采用危险系数。是否采用，这取决于单元中导致易燃物泄漏的构件是否发生故障。

④ 低温：考虑到碳钢或其他金属在其延展或脆化转变温度以下时可能存在脆化问题。若经常认真评价，确认在正常操作和异常情况下都不会低于转变温度，则不需要此系数。例如：碳钢构件在操作温度低于转变温度(假定为10 ℃)时危险系数取0.3，其他材料时取0.2。

⑤ 易燃及不稳定物质的量：分以工艺过程中的液体或气体，储存中的液体或气体(工艺操作场所之外)，储存中的可燃固体和工艺中的粉尘。易燃及不稳定物质的量由各自的危险系数曲线查得。

⑥ 腐蚀：腐蚀速率指外部腐蚀速率和内部腐蚀速率之和，同时不能忽视工艺物流中少量杂质及衬里的缺陷可能产生的影响。危险系数和腐蚀速率的关系：腐蚀速率(包括点腐蚀和局部腐蚀)小于0.127 mm/a，危险系数为0.10；腐蚀速率大于0.127 mm/a，并小于0.254 mm/a，危险系数为0.20；腐蚀速率大于0.254 mm/a，危险系数为0.50；如果应力腐蚀裂纹有扩大的危险，危险系数为0.75，这一般是氯气长期作用的结果；要求用防腐衬里时，危险系数为0.20。但如果衬里仅仅是为了防止产品污染，则不取危险系数。

⑦ 泄漏：垫片、接头或轴的密封处及填料处可能是易燃、可燃物质的泄漏源，尤其是在热和压力周期性变化的场所。前者系数取0.10，后者系数取0.30。如物料为渗透性或腐蚀性浆液，或使用转动轴封、填料函时，系数取0.04。如使用玻璃视镜、波纹管或膨胀节时，系数取1.50。

⑧ 明火设备的使用：当易燃液体、蒸汽或可燃粉尘泄漏时，工艺中明火设备的存在额外增加了引燃的可能性。如果明火设备位于评价单元中，且加热易燃或可燃物，即使物质温度不高于其闪点，危险系数取1.00。对于带有“压力燃烧器”的明火设备，若空气进气孔为3 m或更大，且不靠近排放口之类的潜在的泄漏时，系数仅取标准燃烧器所确定系数的50%。但是，当明火加热本身就是评价单元时，则系数不能乘以50%。

⑨ 热油交换系统：大多数交换介质可燃且操作温度常在闪点或沸点之上，因此增加了危险性。热油交换系统危险系数见表 4-47。

表 4-47　热油交换系统危险系数

油量/m^3	危险系数	
	高于闪点	等于或高于沸点
≤18.9	0.15	0.25
18.9～37.9(含 37.9)	0.30	0.45
37.9～94.6(含 94.6)	0.50	0.75
>94.6	0.75	1.15

⑩ 转动设备：单元内大容量的转动设备会带来危险。大于 600 马力(1 马力＝735.5 W，下同)的压缩机，以及大于 75 马力的泵，发生故障后因混合不均、冷却不足或终止而引起反应温度升高的搅拌机、循环泵，其他大型高速旋转设备(如离心机)等，危险系数取 0.5。

4. 火灾、爆炸指数(F&EI)

F&EI 用来估计生产过程中发生事故时可能造成的破坏。计算 F&EI 时一次只评价一种危险源。各种危险因素如反应类型、操作温度、压力和可燃物的数量等，表征了事故发生概率、可燃物的潜能，以及由工艺控制故障、设备故障、振动或应力疲劳等导致的潜能释放的大小。如 MF 是按易燃液体确定的，就不要再选与可燃粉尘有关的系数，尽管粉尘可能存在于过程中的另一段时间内。合理的算法是先用易燃液体的 MF 评价，再用粉尘的 MF 评价。只有导致最高的 F&EI 和实际 MPPD 的计算结果时才需要报告。

据直接原因，易燃物泄漏并点燃后引起火灾或爆炸的破坏情况分为：

① 冲击波或爆燃。

② 初始泄漏引起的火灾暴露。

③ 容器爆炸引起的对管道与设备的撞击。

④ 引起其他可燃物释放等的二次事——其他可燃物的释放。

随着 F&EI 值增大，二次事故变得越加严重，则：

$$\text{F\&EI} = F_3 \times \text{MF} \tag{4-19}$$

具体见表 4-48。

表 4-48　火灾、爆炸指数(F&EI)表

<table>
<tr><td>地区/国家：</td><td>部门：</td><td>场所：</td><td>日期：</td></tr>
<tr><td>位置：</td><td colspan="2">生产单元：</td><td>工艺单元：</td></tr>
<tr><td>评价人：</td><td colspan="2">审定人：(负责人)</td><td>建筑物：</td></tr>
<tr><td>检查人：(管理部门)</td><td colspan="2">检查人：(技术中心)</td><td>检查人：(安全和损失预防)</td></tr>
<tr><td colspan="4">工艺设备中的物料：</td></tr>
<tr><td colspan="2">操作状态：设计—开车—正常操作—停车</td><td colspan="2">确定 MF 的物质：</td></tr>
<tr><td colspan="2">操作温度：</td><td colspan="2">物质系数：</td></tr>
<tr><td>一般工艺危险</td><td colspan="2">危险系数范围</td><td>采用危险系数</td></tr>
</table>

表 4-48(续)

基本系数	1.00	1.00
A. 放热化学反应	0.30～1.25	
B. 吸热反应	0.20～0.40	
C. 物料处理与输送	0.25～1.05	
D. 密闭式或室内工艺单元	0.25～0.90	
E. 通道	0.20～0.35	
F. 排放和泄漏控制	0.20～0.50	
1. 一般工艺危险系数 F_1=		

特殊工艺危险		危险系数范围	危险采用系数
基本系数	1.00	1.00	
A. 毒性物质	0.20～0.80		
B. 负压(<500 mmHg=66 661 Pa)	0.50		
C. 易燃范围内及接近易燃范围的操作:惰性化、未惰性化			
a. 灌装易燃液体	0.50		
b. 过程失常或吹扫故障	0.30		
c. 一直在燃烧范围内	0.80		
D. 粉尘爆炸	0.25～2.00		
E. 压力:操作压力(kPa,绝对压力) 释放压力(kPa,绝对压力)			
F. 低温	0.20～0.30		
G. 易燃及不稳定物质量(kg) 物质燃烧热值 H_c(J/kg)			
a. 工艺中的液体及气体			
b. 储存中的液体及气体			
c. 储存中的可燃固体及工艺中的粉尘			
H. 腐蚀及磨损	0.10～0.75		
I. 泄漏——接头和材料	0.10～1.50		
J. 使用明火材料			
K. 热油热交换系统	0.15～1.15		
L. 传动设备	0.50		
2. 特殊工艺系数 F_2=			
3. 工艺单元危险系数 $F_3=F_1\times F_2$=			
4. 火灾、爆炸指数 F&EI=$F_3\times$MF=			

注:①无危险系数用0。

表4-49是F&EI值与危险程度之间的关系,它使人们对火灾、爆炸的严重程度有一个

相对的认识。

表 4-49 F&EI 及危险等级

F&EI	1～60	61～96	97～127	128～158	＞158
危险等级	最轻	较轻	中等	很大	非常大

注：本表数值含上、下限。

F&EI 值被汇总到火灾、爆炸危险指数计算表中。建议保存有关 F&EI 值的计算和文件，以备日后检查和校对。

5．暴露区域面积(S)

(1) 暴露半径的确定

暴露半径也称影响半径，可以用 0.84×F&EI 求得，单位为 ft。它是一个以工艺设备的关键部位为中心以暴露半径为半径的圆，每个被评价的单元都可画出这样的圆，可表明生产单元危险区域的平面分布。如被评价的单元较大，就从外边缘向外量取暴露半径。

(2) 暴露区域面积的确定

暴露区域意味着其内的设备将会暴露在本单元发生的火灾、爆炸危险环境中。为了评价这些设备受损情况，实际应考虑以暴露区域为底面积、以暴露半径为高的圆柱体体积或球体体积。此体积表征了发生火爆事故时生产单元承受的风险大小。当然，燃爆事故的蔓延并不是理想的圆，各方向也不尽相同，圆只是作为预防设计的基础。防爆墙可视为暴露区域的界限。如果被评价工艺单元是一个小设备，则以该设备的中心为圆心，以暴露半径为半径画圆。如果设备较大，则应从设备表面向外量取暴露半径，暴露区域加上评价单元的面积才是实际暴露区域的面积。在实际情况中，暴露区域的中心常常是泄漏点，经常发生泄漏的点是排气口、膨胀节和装卸料连接处等部位，它们均可作为暴露区域的圆心。暴露区域面积 $S(m^2)$ 计算公式为：

$$S = \pi R^2 = \pi(0.3048 \times 0.84 \times F\&EI) \tag{4-20}$$

在早期的 F&EI 研究中，计算暴露半径时要考虑各种易燃物泄漏量达 8 cm 深时可能造成的后果，以及爆炸性气体混合物和火灾的影响，同时还要考虑几种不同的环境状况。

① 如果暴露区域内有建筑物，但该建筑物的墙耐火或防爆，或者二者兼有，则该建筑物没有危险，因而不应计入暴露区域内。如果暴露区域内设有防火墙或防爆墙，则墙后的面积也作为暴露面积。

② 如果物料储存在仓库或其他建筑物内，基于上述理由可以得到如下结论：处于危险状态的仅是建筑物本身的容积，可能的危险是燃烧而不是爆炸，建筑物的墙和顶棚应不能传播火焰。假若这个建筑物不耐火或至少是可燃物建造的，则影响区域就延伸到墙壁之外。

(3) 其他

① 包含评价单元的单层建筑物的全部面积可以看作暴露区域，除非它用耐火墙分隔成几个独立的部分，如果有爆炸危险，即使各部分用防火墙隔开，整个建筑面积也都要看作是暴露区域。

② 多层建筑具有耐火楼板时，其暴露区域按楼层划分。

③ 如果火源在建筑物的外部，则防火墙具有良好的防止建筑物暴露于火灾危害中的作

用。但若有爆炸危险，它就丧失了隔离功能。

④ 防爆可以看作暴露区域的界限。

6. 暴露区域内财产的更换价值(D)

暴露区域内财产价值可由区域内含有的财产(包括在存的物料)的更换价值来确定：

$$D = 原来成本 \times 0.82 \times 增长系数 \tag{4-21}$$

式中，0.82是考虑到事故发生时有些成本不会遭受损失或不需要更换，如场地平整、道路、地下管线和地基、工程费等，如能做更精确的计算，这个系数可以改变；增长系数由工程预算专家确定，他们掌握着最新的公认的数据。

更换价值可按以下几种方法计算：

① 采用暴露区域内设备的更换价值。现行价值可按上述原则确定。在理想情况下，会计的统计资料可提供这些信息。会计统计资料中可能有保险金额或实际的现金值，它们是从现行的更换价值算出的。当赔偿金额是按保险值来确定时，估计风险的最好办法是依据现行的更换价值。

② 用现行的工程成本来估算暴露区域内所有财产的更换价值，地基和其他一些不会遭受损失的项目除外，这几乎像估算一个新装置那样费时。为了简化起见，可只用主要设备的成本来估算，然后用工程预算安装系数核定安装费用。工艺技术中心可以提供已有装置和新建装置的最新成本数据。

③ 从整个装置的更换价值推算每平方米的设备费，再用暴露区域的面积与之相乘就得到更换价值。这种方法的精确度可能最差，但对老厂最适用。

计算暴露区域内财产的更换价值时，必须采用在存物料的价值及设备价值。储罐的物料量可按其容量的80%计算；塔器、泵、反应器等采用在存量或与之相连的物料储罐的物料量。不论其量是否偏小，均可用15 min物流量或其有效容积。物料的价值要根据制造成本、可销售产品的销售价及废料的损失等来确定。

需要注意的是，当一个暴露区域内包含有另一个暴露区域的一部分时，不能重复计算。

7. 危害系数(H)

危害系数由单元危险系数(F_3)和物质系数(MF)按图4-24所示的危害系数取值图确定。它代表了单元内物料泄漏或反应能量释放所引起的火灾、爆炸事故的综合效应。图4-24的计算方程式只对应物质系数1、4、10、14、16、21、24、29与40定义9个计算方程式。介于上述物质系数之间的未列方程。

确定危害系数时，如果F_3值超过8.0，不能按图4-19外推，应按$F_3 = 8.0$来确定危害系数。随着物质系数(MF)和单元危险系数(F_3)的增加，单元危害系数从0.01增至1.00。例如，有两个单元A和B，它们的单元危险系数(F_3)均为4.00，单元A的物质系数为16，而单元B的物质系数为24，根据图4-24可以得到单元A的危害系数为0.45，单元B的危害系数为0.74。

8. 基本最大可能财产损失(BMPPD)

BMPPD是根据多年来开展损失预防积累的经验数据来确定的，是假定没有任何一种安全措施来降低损失的结果。确定了暴露区域、暴露区域内财产和危害系数之后，有必要计算按理论推断的暴露面积(实质上是暴露体积)内有关设备价值的数据。暴露面积代表了基本最大可能财产损失，即：

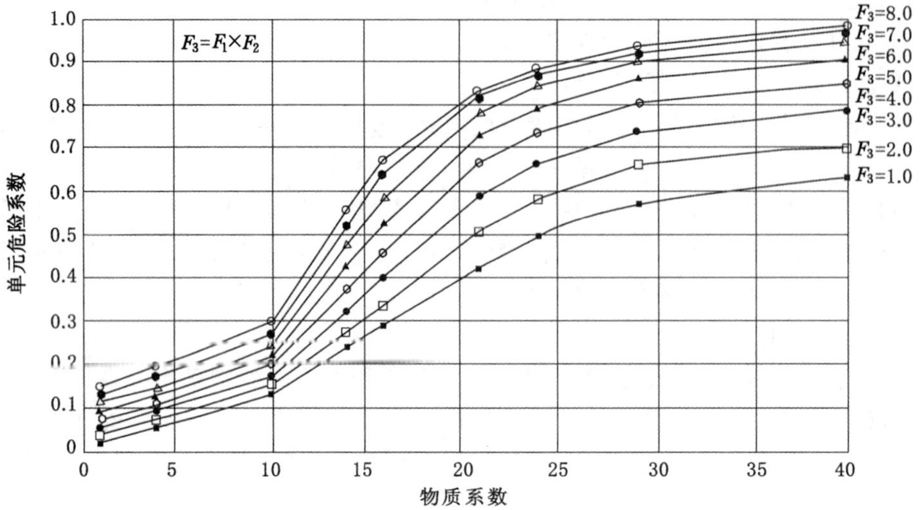

图 4-24　单元危害系数取值图

$$\mathrm{BMPPD}=S\times D \tag{4-22}$$

9. 安全措施补偿系数(C)

选择的安全补偿措施应能切实地减少或控制评价单元的危险，提高安全可靠性，最终结果是确定损失减少的金额或使最大可能财产损失降到更为实际的程度。安全措施分为工艺控制、物质隔离和防火措施，其补偿系数分别为 C_1、C_2、C_3，见表 4-50～表 4-52。具体计算公式为：

$$C=C_1\times C_2\times C_3 \tag{4-23}$$

表 4-50　工艺控制安全补偿系统(C_1)

项目	补偿系数范围	采用补偿系数①	项目	补偿系统范围	采用补偿系数①
a. 应急电源	0.98		f. 惰性气体保护	0.94～0.96	
b. 冷却装置	0.97～0.99		g. 操作规程/程序	0.91～0.99	
c. 抑爆装置	0.84～0.98		h. 化学活泼性物质检查	0.91～0.98	
d. 紧急切断装置	0.96～0.99		i. 其他工艺危险分析	0.91～0.98	
e. 计算机控制	0.93～0.99				

注：① 有安全补偿系数时，填入 1.00。

表 4-51　物质隔离安全补偿系统(C_2)

项目	补偿系数范围	采用补偿系数①	项目	补偿系统范围	采用补偿系数①
a. 遥控阀	0.96～0.98		c. 排放系统	0.91～0.97	
b. 卸料/排空装置	0.96～0.98		d. 联锁装置	0.98	

注：① 有安全补偿系数时，填入 1.00。

表 4-52　防火设施安全补偿系数(C_3)

项目	补偿系数范围	采用补偿系数[①]	项目	补偿系统范围	采用补偿系数[①]
a. 泄漏检测装置	0.94～0.98		f. 水幕	0.97～0.98	
b. 结构钢	0.95～0.98		g. 泡沫灭火装置	0.92～0.97	
c. 消防水供应系统	0.94～0.97		h. 手提式灭火器材/喷水枪	0.93～0.98	
d. 特殊灭火系统	0.91		i. 电缆防护	0.94～0.98	
e. 洒水灭火系统	0.74～0.97				

注：① 无安全补偿系数时，填入 1.00。

10. 实际最大可能财产损失(AMPPD)

AMPPD 在数值上等于基本最大可能财产损失与安全措施补偿系数的乘积，它表示在采取适当的(但不完全理想)防护措施后事故造成的财产损失。如果这些防护装置出现故障，其损失值应接近于基本最大可能财产损失，即：

$$\text{AMPPD}=\text{BMPPD}\times C \tag{4-24}$$

11. 最大可能工作日损失(MPDO)

估算最大可能工作日损失是评价停产损失(BI)必须经过的一个步骤。停产损失常常等于或超过财产损失，这取决于物料储量和产品的需求状况。一些不同的情况可以导致最大可能工作日损失(MPDO)与财产损失的关系发生变化。例如：修理电缆支架上损坏的电缆所花费的时间，与修理或更换小电动机、泵及仪表的时间差不多，但其财产损失要小得多；关键原料供应管的故障(如盐水管、碳氢化合物输送管等)的财产损失小，但最大可能工作日损失大；需要换部件或是单机系统难以买到，对停工天数有影响，会拖延修复日期；需要从遥远的生产厂家购置损失的产品；工厂之间的依赖关系，由于原材料生产厂的问题而致原材料供应难，使收益和连续成本受到损失。

(1) 最大可能停工天数高于 70%的可能范围时使用下面的公式：

$$\lg(\text{MPDO})=1.550\ 233+0.598\ 416\lg(\text{AMPPD}) \tag{4-25}$$

(2) 最大可能停工天数在正常的范围内使用下面的公式：

$$\lg(\text{MPDO})=1.325\ 132+0.592\ 47\lg(\text{AMPPD}) \tag{4-26}$$

(3) 最大可能停工天数低于 70%的可能范围时使用下面的公式：

$$\lg(\text{MPDO})=1.045\ 515+0.614\ 042\ 6\lg(\text{AMPPD}) \tag{4-27}$$

影响停工天数的因素很多，它和实际 MPDO 有一定的关系。

12. 停产损失(BI)

停产损失(Business Interruption)按下式计算(以美元计)：

$$\text{BI}=\text{VPM}\times(\text{MPDO}/30)\times 0.70 \tag{4-28}$$

式中　VPM——每月产值；

0.70——固定成本和利润。

按以上程序评价完毕就要分别填写工艺单元和生产单元危险分析汇总表，见表 4-53 和表 4-54。

表 4-53　工艺单元危险分析汇总表

序号	内容	工艺单元	序号	内容	工艺单元
1	火灾、爆炸危险指数(F&EI)		7	基本最大可能财产损失(基本MPPD)	百万(美)元
2	危险等级		8	安全措施补偿系数	
3	暴露区域半径	m	9	实际最大可能财产损失(实际MPPD)	百万(美)元
4	暴露区域面积	m^2	10	最大可能停工天数	d
5	暴露区域内财产价值	百万(美)元	11	最大可能停工损失(MPDO)	百万(美)元
6	破坏系数		12	停产损失(BI)	百万(美)元

表 4-54　生产单元危险分析汇总表

地区/国家：			部门：			场所：	
位置：			生产单元：			操作类型：	
评价人：			生产单元总替换价值：			日期：	
工艺单元主要物质	物质系数	F&EI	影响区内财产价值	基本 MPPD	实际 MPPD	停工天数	停产损失(BI)

【知识拓展】

蒙德火灾、爆炸、毒性指标评价法的评价过程。

1. 评价单元的确定

单元是装置的一个独立部分，而不是与装置在一起的其余部分，如有一定间距、挡火墙、防护堤等隔开的装置的一部分设施，也可作为单元。在选择装置的部分作为单元时，要注意邻近的其他单元的特征及是否存在有不同的特别工艺和有危险性物质的区域。

2. 单元内的重要物质及其物质系数的确定

(1) 选取单元内的重要物质

在选择单元中以较多数量存在的、危险性潜能较大的物质作为单元内的重要物质对单元进行评价。若装置、单元中存在一种以上的重要物质时，必须对各重要物质作不同评价，并选用最危险的那个作为该单元危险性的代表为最终评价的依据。若装置内的物质是混合物且组成保持一定，在装置内具有主要火灾、爆炸、反应或毒性的潜在危险性时，也可取混合物作为重要物质。

(2) 重要物质系数的确定

物质系数是指重要物质在标准状态(25 ℃，0.1 MPa)下的火灾、爆炸或放出能量的危险性潜能的尺度。在进行总效果计算时，物质系数(MF)用符号 B 表示。

3. 单元危险性的初期评价

(1) 特殊物质的危险性

物质危险性时，对重要的物质的特殊性质、重要物质在单元内与催化剂等其他物质混合的情况要重新进行评价。要根据该单元内重要物质的数量、在火灾或可能出现火灾的条件下对其特定性质所产生的影响来决定特殊物质危险性系数的标准。危险性系数是所研究的特定单元内重要物质在具体使用环境中的一个函数，不能用孤立重要物质的性质来定义。因此，不同单元中某一物质危险系数可强可弱，如单元不同，即使是同样的重要物质也需要对特殊物质危险性系数加以改变。

(2) 一般工艺过程危险性

这类危险性与单元内进行的工艺及其操作的基本类型有关。其操作过程包括：纯物理变化、单一连续反应、单一间歇反应、反应多重性、同一装置中进行不同的工艺操作、物质运输、可搬动容器。

(3) 特殊工艺过程危险性

在重要物质或基本工艺和操作性质所评价的评分基础上，有些操作过程及其工艺会使总体的危险性增加。具体包括：低压、高压、低温、高温及腐蚀和侵蚀的危险性、接头和填料的危险性、振动及循环负荷疲劳危险性、难控制工艺反应、爆炸极限附近的操作、粉尘或雾滴爆炸的危险性、使用强气相氧化剂工艺、静电危险性等。

(4) 数量的危险性

处理大量的可燃性和分解性物质时，要给予附加的危险性系数。

计算所研究的单元中物质总量应考虑反应器、管道、供料槽、塔等设备内的全部物料数量。可以根据物质质量直接计算，也可以根据体积和密度计算。根据气体、固体、液体及其混合物的质量，可以进行危险性的比较。

(5) 布置上的危险性

单元布置引起的危险性系数所考察的重要项目是大量可燃性物质在单元内存在的高度。单元的高度是指装置工艺单元和输送物质配管顶部从地面开始的高度，排气管、梁式升降机的横梁构造物不能用于决定高度；但一定要考虑蒸馏塔和反应塔的主配管位置、生成物塔顶冷凝器、上部供料容器等。在计算中，高度用 H(m)表示。

工艺单元的通常作业区域是指和单元有关的构造物的计划区域。需要包括上述作业区域以外的泵、配管、装置等时可予以扩大。由周围单元的构造物以及有关的辅助设施用最小限度长度的墙围起来的领域可视为作业区域，用 N(m^2)表示。评价主管桥单元的通常作业区是指管桥的最大宽度与支架或架台中心的间距相乘所得面积。评价带堤坝的储罐单元的通常作业区是指储罐自身的实际计划区域与单元内的泵及有关配管所占的区域，堤坝内总的区域不能算作通常作业区。地下储罐的通常作业区由地下储罐所处位置决定，在更深处储藏洞的通常作业区是指地表或地下 10 m 以上的人孔及配管连接部的位置。

(6) 毒性的危险性

它是关于毒性危险性的相对评分及其对综合危险性评价的影响。对健康的危害性可根据造成的原因和程度来考虑，有的可归因于维护及工艺不能控制或易发生火灾等异常工艺条件；有来自接头、基础、工艺排气等处经常发生的细微泄漏；还有由氮气、甲烷、二氧化碳等窒息性气体造成的对健康的危害。瓦斯、蒸气、粉尘的毒性一般是以每周 40 h、每天劳动 7～8 h为标准的时间负荷值(TLV)表示。对于短时间接触，用 TLV 乘以一定系数。有的物质即使在短时间内接触也必须控制在比 TLV 值低的范围。一般泄漏造成的危险性及通常的维修或者工艺操作引起的危害性，用 TLV 值评价，异常高的泄漏、装置控制系统的故障、火灾条件等用高短时间的浓度值评价。重要装置项目上的放射线源和热等物理因素与上述直接毒性一起，必须作为复合毒性危险性来考虑。发生异常混乱状态时，影响采取正确的动作速度和形式的问题也应考虑。

初期评价结果的计算

对所记录的各种系数先进行小计，再根据 DOW 最初确定的方法变换为 DOW/ICI 的全部指标。

【思考练习】

1. 简述道化学火灾、爆炸危险指数评价法的目的。

2. 道化学火灾、爆炸危险指数评价法是以工艺过程中的(　　)、(　　)、(　　)等数据为基础，另外加上一般或特殊工艺的危险修正系数，求出(　　)系数，然后通过逐步推算，得出(　　)和(　　)。

3. 采用道化学火灾、爆炸危险指数评价法进行分析、评价时，可以计算出潜伏火灾、爆炸和反应性事故的________。

A. 预期损失　　B. 严重度　　C. 发生频率　　D. 毒性指数

4. 道化学火灾、爆炸危险指数评价法不可以提供________。

A. 事故后果分级　　B. 财产损失　　C. 受灾范围　　D. 毒性分级

5. 采用道化学火灾、爆炸危险指数评价法进行分析、评价时，若工艺装置及所含物料无危险，则填写火灾、爆炸危险指数时，系数定为________。

A. 0.00　　B. 0.01　　C. 0.10　　D. 1.00

6. 采用道化学火灾、爆炸危险指数评价法进行分析、评价时，若评价单元没有采取任何安全措施，则安全措施补偿系数定为________。

A. 0.00　　B. 0.01　　C. 0.10　　D. 1.00

7. 在道化学火灾、爆炸危险指数评价法中，________是表述物质主要由于燃烧或发生其他化学反应引起火灾、爆炸时开释能量大小的内在特性的一个最基础的数值。

A. 火灾、爆炸危险指数　　B. 物质指数

C. 物质系数　　D. 物量指数

8. 在道化学火灾、爆炸危险指数评价法中，工艺单元内混合物物质应按"________"原则来确定。

A. 在实际操纵过程中所存在的含量最大的物质

B. 在实际操纵过程中所存在的最危险物质

C. 在实际操纵过程中所存在的反应热最大的物质

D. 在实际操纵过程中所存在的反应速度最快的物质

【技能训练】

精对苯二甲酸装置氧化反应器的火灾、爆炸危险指数评价。某化纤公司精对苯二甲酸装置于 1995 年 8 月建成投产，经过两次技术改造和增容工作，现年产精对苯二甲酸已达35 万 t。其氧化反应器是装置的重点保护设备。氧化反应所采用的原辅料对二甲苯、醋酸均为易燃、

易爆液体。醋酸的闪点为 40 ℃,蒸气爆炸极限为 5.4%~16%,对二甲苯的闪点为 25 ℃,蒸气爆炸极限为 1.0%~7.6%。正常操作时,氧化反应器中的压力是1.256 MPa,温度是191 ℃。反应基本原理是:对二甲苯以醋酸为溶剂,在催化剂的作用下,与空气在液相中直接催化氧化,生成对苯二甲酸。反应过程中向氧化反应器不断通入空气,通过测量尾气中氧浓度来控制通入氧化反应器的空气流量。因此,氧化反应器存在火灾、爆炸危险性。

1. 评价过程

(1) 选择工艺单元

以氧化反应器作为评价单元。

(2) 确定物质系数(MF)

氧化反应器中混合物的主要成分有醋酸、对二甲苯、对苯二甲酸、副产物等。醋酸的闪点为 40 ℃,根据表 4-2,取 $N_F=2$。醋酸自身通常稳定,但在加温加压条件下就会变得不稳定,取 $N_R=1$。根据表 4-2,醋酸的物质系数定为 14。查资料可知,对苯二甲酸戊酯系数为 14。在氧化反应器中对二甲苯和副产物的存量很少,远小于 5%,不能用来确定物质系数。因此,氧化反应器内混合物的物质系数:

$$MF=\underline{\qquad\qquad}$$

(3) 确定危险系数(F_3)

氧化反应器的危险系数(F_3)为一般危险系数(F_1)与特殊危险系数(F_2)的乘积。

① 确定一般危险系数(F_1)。F_1的基本系数为 1.00;A. 放热反应:因氧化反应器中发生的是放热化学反应,在正常情况下,对二甲苯与氧气在 191 ℃、1.256 MPa 这一控制条件下反应,一旦反应失控,则有严重火灾、爆炸危险,所以一般危险系数要加上 1.00。故 $F_{1\text{-}1}$ 取 1.00;B. 吸热反应:没有,故 $F_{1\text{-}2}$ 取 0;C. 物质处理和运输:因本单元不属于储运系统,物质进出都用管道输送,故 $F_{1\text{-}3}$ 为 0;D. 封闭式结构单元:本单元为敞开式结构,故 $F_{1\text{-}4}$ 为 0;E. 通道:本单元为敞开式结构,故 $F_{1\text{-}5}$ 为 0;F. 排放和泄漏控制:因反应器温度远远大于物料的闪点,一旦氧化反应器内物料紧急排放到地沟、暴露于空气中,则有燃烧、爆炸可能,故 $F_{1\text{-}6}$ 取 0.5。所以氧化反应器单元一般操作危险系数为:

$$F_1=\underline{\qquad\qquad}$$

② 确定特殊危险系数(F_2)。氧化反应器的特殊危险系数以混合物中危险最大的物质确定,氧化反应器中混合物的主要成分有醋酸、对二甲苯、对苯二甲酸、副产物等,其中醋酸的物质危险性最大。F_2的基本系数为 1.00;A. 毒性物质:道化推荐的毒性修正系数为0.2 N_H。从道化学数据表中查出醋酸 $N_H=3$,故 $F_{2\text{-}1}$ 为 0.60;B. 负压操作:本单元为正压操作,故 $F_{2\text{-}2}$ 为 0;C. 爆炸极限附近的操作:反应器内氧浓度易上升到燃烧爆炸条件,所以 $F_{2\text{-}3}$ 为 0.8;D. 可燃性粉尘:本单元无可燃性粉尘,所以 $F_{2\text{-}4}$ 为 0;E. 压力修正系数:氧化反应器中的压力是 1.256 MPa,故 $F_{2\text{-}5}$ 为 0.45;F. 低温修正系数:本单元不会出现金属转变温度以下操作的可能性,故不考虑修正,$F_{2\text{-}6}$ 为 0;H. 易燃及化学活泼性物质的质量:年产精对苯二甲酸 35 万 t,根据氧化反应器的物质量,经计算查得 $F_{2\text{-}7}$ 为 0.85;I. 腐蚀和磨损:醋酸有强烈的腐蚀性,它的水溶液有弱酸性,故 $F_{2\text{-}8}$ 取 0.20;J. 泄漏(接头与法兰):本单元极少泄漏,但压力、温度高,故 $F_{2\text{-}9}$ 取 0.30;K. 使用明火:没有,故 $F_{2\text{-}10}$ 为 0;L. 热油交换系统:根据道化学建议,热油系统本身作为一个评价工艺单元不需修正,故 $F_{2\text{-}11}$ 为 0;M. 转动设备:有,故 $F_{2\text{-}12}$ 取 0.5。所以,氧化反应器单元特殊操作危险系数为:

$$F_2 = \underline{\qquad\qquad}$$

③ 求危险系数(F_3)

$$F_3 = F_1 \times F_2 = \underline{\qquad\qquad}$$

F_3 的取值范围为:1~8,若 $F_3>8$,则按 8 计算。因此,氧化反应器的危险系数 F_3

$$F_3 = \underline{\qquad\qquad}$$

(4) 确定火灾、爆炸指数(F&EI)

氧化反应器的火灾、爆炸指数等于氧化反应器内物料的物质系数与危险系数的乘积。

$$F\&EI = F_3 \times \mathrm{MF} = \underline{\qquad\qquad}$$

因此,正常生产时氧化反应器的火灾爆炸危险为________。

(5) 确定暴露区域面积(S)

① 暴露区域半径:

$$R = 0.84 \times 0.3048 \times \mathrm{F\&EI} = \underline{\qquad\qquad}$$

② 暴露区域面积:

$$S = \pi R^2 = \underline{\qquad\qquad}(\mathrm{m}^2)$$

则暴露区域是一个以氧化反应器为中心,以 $R=$________ m 为半径的圆,这个圆的面积 $S=$________ m^2。在这个区域内的设备都暴露在氧化反应器可能发生的火灾或爆炸环境中。实际上,爆炸影响的是一个体积,而不是面积。以圆柱体为模型,其底面积是暴露面积,高度相当于暴露半径,它的体积为________ m^3。该体积表征了发生火灾爆炸时,精对苯二甲酸装置所承受风险的大小。

氧化反应器处于精对苯二甲酸装置"A"框架的 1~6 层,每层有楼板隔开,但楼板有很多孔洞。"A"框架的 6 层以上楼层敷设的都是钢制格栅板。"A"框架每层都有其他压力容器,"整个"A"框架处于暴露区域内。"A"框架南面的空压机房墙壁是耐火墙壁,假如发生火灾,其助向只能延伸到墙壁之外。"A"框架西面有框架、设备,在影响范围内,其设备大多是压力容器,内部介质是易燃易爆品。"A"框架北面是空地,不会造成多大损失。"A"框架东面是空地,旁边是氧气、氢气储罐,在________ m 的暴露半径之外,但爆炸产生的冲击波、碎片、飞溅物有可能会引起二次火灾爆炸。所以,估计精对苯二甲酸装置氧化部分有 50% 的设备会处于氧化反应器火灾、爆炸的暴露区域之内。

(6) 确定暴露区域的财产更换价值(D)

查有关资料知,氧化反应器单元设备价值约 1 亿元,暴露区域内其他设备、原料原本成本约有 1.5 亿元,增长系数可取 1.2。因氧化反应器内衬钛是经爆炸成型的,出现火灾爆炸反应后,若有较大损坏,则:

$$D = \text{原来成本} \times 0.82 \times \text{增长系数} = \underline{\qquad\qquad}(\text{亿元})$$

(7) 确定危害系数(H)

由物质系数 MF 和单元危险系数 F_3,根据危害系数查得危害系数为________。

(8) 基本最大可能财产损失(BMPPD)

基本最大可能财产损失是由暴露区域内的财产价值与危害系数相乘得到的。所以,基本最大可能财产损失:

$$\mathrm{BMPPD} = \underline{\qquad\qquad}(\text{亿元})$$

(9) 确定安全措施补偿系数(C)

① 工艺控制补偿系数。氧化反应器上采用了防爆膜，系数取0.98；设置了紧急停车系统，系数取0.96；采取了计算机控制，有冗余技术，系数取0.93；当尾氧浓度达8%时，会联锁停车，自动引入高压惰气，系数取0.96；制定了操作规程，系数取0.93。工艺控制补偿系数C_1为以上所采取系数的乘积，即：

$$C_1=\_\_\_\_\_\_\_\_$$

② 物质隔离补偿系数。氧化反应器单元有远距离切断阀，可以在中控室指令关闭现场阀门，切断物料，系数取0.98；氧化反应器紧急排放时，全部物料都可排到污水收集池中并及时送走，系数取0.91；装有止回阀，不会出现物料倒流，系数取0.98。物质隔离补偿系数C_2为以上所采取3个系数的乘积，即：

$$C_2=\_\_\_\_\_\_\_\_$$

③ 防火措施补偿系数。氧化反应器的承重钢结构全部覆盖有防火涂层，系数取0.95；供应有充足的消防水，系数取0.94；配备有水枪、手提式灭火器等，系数取0.95。防火措施补偿系数C_3为以上所采取三个系数的乘积，即：

$$C_3=\_\_\_\_\_\_\_\_$$

④ 总的安全措施补偿系数：

$$C=C_1\times C_2\times C_3=\_\_\_\_\_\_\_\_$$

(10) 确定实际最大可能财产损失(AMPPD)

实际最大可能财产损失表示在采取适当安全措施后事故造成的财产损失。在建造精对苯二甲酸装置时，不仅考虑了国家有关法规，而且采取了一系列的安全措施，它们不仅能预防严重事故的发生，也能降低事故的发生概率和危害。如果这些安全措施失效，发生事故后的损失值应接近于基本最大可能财产损失。实际最大可能财产损失是基本最大可能财产损失与安全措施的补偿系数的乘积，即：

$$\text{AMPPD}=\_\_\_\_\_\_\_\_(\text{亿元})$$

(11) 确定最大可能工作日损失(MPDO)

氧化反应器内衬钛保护层是经过爆炸成型的，如果发生火灾、爆炸破坏后无法修复，只有更换新的氧化反应器。制造一台新的氧化反应器最快要半年时间，再加上运输、安装等时间，损失的工作日至少200 d。假设精对苯二甲酸装置每天的净利润有100万元，停工200 d，就会损失2亿元。

$$\text{MPDO}=\_\_\_\_\_\_\_\_(\text{亿元})$$

(12) 计算停产损失(BI)

由火灾、爆炸引起的总损失主要包括实际财产损失和停车所造成的利润损失。由氧化反应器发生的火灾爆炸事故引起的损失总计为：

$$\text{BI}=\text{AMPPD}+\text{MPDO}=\_\_\_\_\_\_\_\_(\text{亿元})$$

表4-55　精对苯二甲酸装置氧化反应器的工艺单元危险分析汇总表

序号	内　容	工艺单元
1	火灾、爆炸危险指数(F&EI)	
2	危险等级	
3	暴露区域半径	m
4	暴露区域面积	m^2

表 4-55(续)

序号	内容	工艺单元
5	暴露区域内财产价值	亿元
6	破坏系数	
7	基本最大可能财产损失(基本 MPPD)	亿元
8	安全措施补偿系数	
9	实际最大可能财产损失(实际 MPPD)	亿元
10	最大可能停工天数	d
11	最大可能停工损失(MPDO)	亿元
12	停产损失(BI)	亿元

表 4-56 精对苯二甲酸装置氧化反应器的生产单元危险分析汇总表

地区/国家:中国		部门:某化纤公司生产部			场所:氧化反应器房		
位置:×号厂区		生产单元:氧化反应器			操作类型:正压操作		
评价人:×××		生产单元总替换价值:1 亿元			日期:××年××月××日		
工艺单元主要物质	物质系数	F&EI	影响区内财产价值	基本 MPPD	实际 MPPD	停工天数	停产损失(BI)
醋酸、对二甲苯、对苯二甲酸			______亿元	______亿元	______亿元	______d	______亿元

2. 评价结论

氧化反应器的火灾、爆炸危险性为(　　)。一旦发生火灾、爆炸事故,造成的经济损失约达(　　)亿元人民币,损失非常大,而且会引起其他生产厂的原料供应紧张,还会引起市场精对苯二甲酸价格的上涨。因此,需要引起高度重视,还要密切关注氧化反应器的运行情况。

3. 安全措施

根据安全评价结论,提出安全对策措施(略)。

任务九　事故后果及风险程度评价

【学习目标】

知识目标:熟悉几种常见火灾、爆炸事故模型。

技能目标:掌握几种火灾、爆炸事故的计算。

【实例展示】

假定苯乙烯泄漏,120 kg 的苯乙烯蒸气扩散到空气当中。苯乙烯燃烧热:4 376.9 kJ/mol,其相对分子质量为 104.14,可计算出其单位质量的燃烧热值为 42 028.999 kJ/kg,即4 376.9×1 000/104.14=42 028.999(kJ/kg)。

W_{TNT} 当量计算公式：

$W_{TNT} = (1.8\alpha W_f Q_f)/Q_{TNT}$

$= (1.8 \times 0.04 \times 120 \times 42\ 028.999)/4\ 520 = 80.338\ 6\ (kg)$

式中，α 为可燃气体蒸气云当量系数（统计平均值为 0.04）；W_f 为蒸气云中燃料的总质量，kg；Q_f 为燃料的燃烧热，kJ/kg；Q_{TNT} 为 TNT 的爆热，取 4 520 kJ/kg。

1. 根据以下公式计算爆炸伤害半径

$$R = C(NE)^{1/3} \tag{4-29}$$

式中，C 为爆炸实验常数，取 0.03～0.4；N 为有限空内爆炸发生系数，取 10%。

计算得：

$R_i = 0.4 \times (0.1 \times 1.8\alpha W_f Q_f)^{1/3}$

$= 0.4 \times (0.1 \times 1.8 \times 0.04 \times 120 \times 42\ 028.999)^{1/3}$

$= 13.25\ (m)$

2. 建筑物受到一定程度的破坏，隔墙木结构要加固的影响半径为：

$$R_i = \frac{K_i W_{TNT}{}^{1/3}}{[1 + (3\ 175/W_{TNT})^2]^{1/6}} \tag{4-30}$$

式中，K_i 为常数，取 28。

计算得：

$R = 28 \times 80.338\ 6^{1/3}/[1 + (3\ 175/80.338\ 6)^2]^{1/6}$

$= 35.44\ (m)$

表 4-57 英国建筑物破坏等级的划分

破坏等级	破坏系数	K_i	破坏状况
1	1.0	3.8	所有建筑物全部破坏
2	0.6	4.6	砖砌房外表 50%～70%破损，墙壁下部危险
3	0.5	9.6	房屋不能再居住，房屋基础部分或全部破坏，外墙 1～2 个面部分破损，承重墙损失严重
4	0.3	28	建筑物受到一定程度的破坏，隔墙木结构要加固
5	0.2	56	房屋经修理可居住，天井瓷砖瓦管不同程度的破坏，隔墙木结构要加固
6	0.1	$+\infty$	房屋基本无破坏

评价结论：采用事故后果模拟分析法对爆炸事故进行定量评价，存在 120 kg 的苯乙烯扩散到空气中的情况下，爆炸伤害半径及建筑物受到一定程度的破坏隔墙木结构要加固的影响半径分别为 33.9 m 和 35.4 m。

【相关知识】

一、蒸气云爆炸的伤害模型

蒸气云爆炸（vapour cloud explosion，VCE）是一类经常发生、后果十分严重的爆炸事故。如泄漏物扩散到广阔的区域，形成弥漫相当大空间的云状可燃性气体混合物，经过一段延滞时间后，可燃蒸气云被点燃，由于存在某些特殊原因和条件，火焰加速传播，产生危险的爆炸冲击波超压，发生蒸气云爆炸。蒸气云爆炸通常采用传统的 TNT 当量系数法计算，将事故性爆炸产生的爆炸能量同一定当量的 TNT 联系起来。在 TNT 当量系数法中，当量的 TNT 质量与云团中的燃料的总质量有关。

1. 爆炸后果计算模型

① 可燃气体的 TNT 当量 W_{TNT}：

$$W_{TNT}=\frac{1.8\alpha W_f Q_f}{Q_{TNT}} \tag{4-31}$$

② 爆炸总能量：

$$E-1.8\alpha WQ \tag{4-32}$$

式中，E 为可燃气体的爆炸总能量，kJ；1.8 为地面爆炸系数。

③ 爆炸伤害半径：

$$R=C(NE)^{1/3} \tag{4-33}$$

式中，C 为爆炸实验常数，取值 0.03～0.4；N 为有限空间内爆炸发生系数，取 10%。

④ 爆炸冲击波正相最大超压(Δp)：

$$\ln\left(\frac{\Delta p}{p_0}\right)=-0.9216-1.5058\ln(R')+0.167\ln^2(R')-0.0320\ln^3(R') \tag{4-34}$$

$$R'=\frac{D}{(E/p_0)^{1/3}} \tag{4-35}$$

式中，R'为距离，无量纲量；D 为目标到蒸气云中心距离，m；p_0 为大气压力，Pa。

⑤ 死亡半径(R_1)：

死亡半径 R_1 是指人在冲击波作用下头部撞击致死半径，由下式确定：

$$R_1=0.3962W_{TNT}^{1/3}e^{5.05-0.8777\ln p_1+0.0398(\ln p_1)^2} \tag{4-36}$$

式中，R_1 为死亡半径，m；p_1 为人死亡时的冲击波超压，MPa。

⑥ 重伤半径(r_2)：

重伤半径 R_2 是指人在冲击波作用下耳鼓膜 50%破裂半径，由下式确定：

$$R_2=0.3962W_{TNT}^{1/3}e^{5.05-0.8777\ln p_2+0.0398(\ln p_2)^2} \tag{4-37}$$

式中，R_2 为重伤半径，m；p_2为人重伤时的冲击波超压，MPa。

⑦ 轻伤半径(r_3)：

轻伤半径 R_3 是指人在冲击波作用下耳鼓膜 1%破裂半径，由下式确定：

$$R_3=0.3962W_{TNT}^{1/3}e^{5.05-0.8777\ln p_3+0.0398(\ln p_3)^2} \tag{4-38}$$

式中，R_3 为轻伤半径，m；p_3为人轻伤时的冲击波超压，MPa。

⑧ 财产损失半径(R_4)

财产损失半径是指在冲击波作用下建筑物三级破坏半径，由下式确定：

$$R_4=0.3962W_{TNT}^{1/3}e^{5.05-0.8777\ln p_4+0.0398(\ln p_4)^2} \tag{4-39}$$

式中，R_4 为财产损失半径，m；p_4 为财产损失时的冲击波超压，MPa。

若知道可燃气体装置区域的人员密度和财产密度，即可评价确定人员的伤亡数量和财产损失大小。

2. 火灾后果计算模型

在火灾发生的情况下，热辐射通常是其主要危害。无论是池火灾，还是固体火灾，或者是沸腾液体扩展蒸汽爆炸，为了估计其严重度，必须知道热辐射的伤害——破坏准则。在热辐射的作用下，目标可能遭受伤害和破坏。这里的目标既可以指人，又可指以加工设备、燃料、厂房、建筑物等。

（1）热辐射对人的影响

① 皮肤裸露的死亡率：

$$P_r = -36.38 + 2.56\ln(tq^{4/3}) \tag{4-40}$$

② 有衣服保护（20%皮肤裸露）时，二度烧伤概率：

$$P_r = -43.14 + 3.0188\ln(tq^{4/3}) \tag{4-41}$$

③ 有衣服保护（20%皮肤裸露）时，一度烧伤概率：

$$P_r = -43.14 + 3.0188\ln(tq^{4/3}) \tag{4-42}$$

式中，q 为人体接收到的热通量，W/m^2；t 为人体暴露于热辐射的时间，s；P_r 为人体伤害概率。

如果皮肤外表皮下深处的温度高于人体体温 9 ℃，那么：当$h<0.12$ mm 时，为一度烧伤；当 $0.12\ \text{mm} \leqslant h < 2$ mm 时，为二度烧伤；当 $h \geqslant 2$ mm 时，为三度烧伤。

（2）热辐射对建筑物的影响

热辐射对建筑物的破坏程度直接取决于热辐射强度及作用长短。多数研究集中于引燃木料所需的热通量。劳森（Lawson）与希姆斯（Simms）用下式来估计引燃木料所需要的热通量：

$$q = 6730t^{-4/5} + 25400 \tag{4-43}$$

式中，t 为热辐射作用时间，s。

对于沸腾液体扩展为蒸气爆炸来说，即火球持续时间。对于其他火灾，建议取火灾最大持续时间

$$t = W/M_c \tag{4-44}$$

式中，W 为可燃物质量，kg；M_c为单位时间烧掉的可燃物质量，kg/s。

通过式(4-43)计算得到所需的热通量(q)后，就可以与其他公式联立求解与此相应的破坏距离，即引燃半径。

二、沸腾液体扩展蒸气云爆炸火球热辐射模型

加压存储的可燃液化气体，由于容器遇到外火灼烧使器壁的强度下降，或者由于机械碰撞、制造上的缺陷及腐蚀等使内部压力过高时造成容器破裂，液体瞬态泄漏，并在环境温度高于其沸点时急剧汽化，如果遇到火源就会发生剧烈的燃烧，产生巨大的火球，形成强烈的热辐射，造成人员的伤亡和财产损失，此种现象称为沸腾液体扩展为蒸气爆炸，简称 BLEVE(boiling liquid expanding vapor explosions)。沸腾液体扩展为蒸气爆炸是石油、化工和交通运输行业常见的重要事故类型。

BLEVE 可以产生 3 种危害后果：冲击波超压、火球热辐射和抛射碎片，有时也可能伴随延迟发生的蒸气云爆炸或闪火等事故灾害。BLEVE 过程虽然有破片和冲击波产生，但近场以外的冲击波压力效应不重要，爆炸也通常只产生几块较大的抛射碎片，故爆炸火球的热辐射是最主要的伤害因素。采用国际劳工组织(ILO)建议的沸腾液体扩展为蒸气爆炸模型。

1. 火球半径的计算

根据普适火球模型，火球直径和火灾持续时间的计算公式为：

$$D = 4.54W^{0.320} \tag{4-45}$$

$$t = 1.54W^{0.320} \tag{4-46}$$

式中，D 为火球半径，m；W 为火球中消耗的可燃物质量，kg；t 为火球持续时间，s。

国际劳工组织建议的沸腾液体扩展为蒸气爆炸模型。实验证明，火球的半径与可燃物质量的立方根成正比，火球半径的计算公式为：

$$R = 2.9W^{1/3} \tag{4-47}$$

$$t = 0.45W^{1/3} \tag{4-48}$$

式中，R 为火球半径，m；W 为火球中消耗的可燃物质量，kg（对单罐储存，W 取罐容量的 50%；对双罐储存，W 取罐容的 70%；对多罐储存，W 取罐容的 90%）；t 为火球持续时间，s。

2. 目标接收到热辐射通量的计算

根据普适火球模型，假设火灾的持续时间就是人员暴露于火球辐射热的时间，则人员伤亡的热辐射方程为：

$$C_n = tq^{4/3} = t^{-1/3}\left[\frac{(\mathrm{bG})W^{1/3}\theta^{2/3}}{1+FR^2/D^2}\right]^{4/3} \tag{4-49}$$

式中，bG 为常量，2.04×10^4；θ 为火球温度，K，对于蒸气云爆炸取 2 200 K；R 为到火球中心的水平距离，m；F 为常量，取 161.7；C_n 为常数，对于 1 度烧伤取 2.817×10^6，对于 2 度烧伤取 8.425×10^6，对于死亡取 1.459×10^7。

同样，可以得到描述木材引燃情况的方程：

$$q = \frac{(\mathrm{bG})W^{1/3}\theta^{2/3}}{t(1+FR^2/D^2)} = 6\ 730t^{-0.8} + 25\ 400 \tag{4-50}$$

在国际劳工组织建议的沸腾液体扩展为蒸气云爆炸模型中，应计算目标接收到的热辐射通量。距离火源 r 处的目标接收到的热辐射通量为：

$$q(r) = \frac{q_0 R^2 r(1-0.058\ln r)}{(R^2+r^2)^{3/2}} \tag{4-51}$$

式中，q_0 为火球表面的热辐射强度，W/m²，对于柱形罐取 270 kW/m²，对于球形罐取 200 kW/m²；R 为目标到火球中心的水平距离，m。

式(4-51)适用于 $r>2R$ 的情况。

目标接收到的热量可按下式计算：

$$Q(r) = q(r)t \tag{4-52}$$

有服装防护时，人体接收到的热辐射强度同无服装防护时情况相比，由于服装的防护作用，人体实际接收的热辐射强度有所减少。那么，人体实际接收的热辐射强度 q_c(W/m²) 为：

$$q_c = \beta q \tag{4-53}$$

式中，β 为有服装防护时人体的热接收率，取 0.4。

三、池火灾伤害模式

1. 池直径的计算

当危险单元为油管或油罐区时，根据防护堤围池面积 S(m²)计算池直径 D(m)：

$$D = \left(\frac{3S}{3.14}\right)^{1/2} \tag{4-54}$$

当危险单元为输油管且无防护堤时，假定泄漏的液体无蒸发且充分蔓延，地面无渗透，则根据泄漏液体量 W(kg)和地面性质，按下式计算最大池面积 S：

$$S = \frac{W}{H_{\min}\rho} \tag{4-55}$$

式中，H_{mim}为最小油层厚度，与地面性质和状态有关，见表4-58；ρ为油的密度，$\mathrm{kg/m^2}$。

知道最大池面积后，按式(4-54)可计算池直径。

表4-58　不同面积的最小油层厚度

地面性质	H_{mim}/mm	地面性质	H_{mim}/mm
草地	20	粗糙地面	25
平整地面	10	混凝土地面	5
平静的水面	1.8		

2. 火焰高度的计算

托马斯(Thomas)给出的计算池火焰高度的经验公式被广为使用：

$$\frac{L}{D} = 42\left(\frac{M_{\mathrm{f}}}{\rho_0\sqrt{gD}}\right)^{0.61} \tag{4-56}$$

式中，L为火焰高度，m；D为直径，m；M_{f}为单位面积质量燃烧速率，$\mathrm{kg/(m^2\cdot s)}$；ρ_0为空气的密度，$\mathrm{kg/m^2}$；g为重力加速度，$\mathrm{m/s^2}$。

式(4-56)是在木垛实验的基础上推导出来的。因此，它预测的火焰高度比池火灾的实际值稍微偏高。

3. 火焰表面热通量的计算

假定能量由圆柱形火焰侧面和顶部向周围均部辐射，则可用下式计算火焰表面的热通量：

$$q_0 = \frac{0.2\pi D^2 \Delta H_{\mathrm{c}} M_{\mathrm{f}} f}{0.2\pi D^2 + \pi DL} \tag{4-57}$$

式中，q_0为火焰表面热通量，$\mathrm{kW/m^2}$；ΔH_{c}为燃烧热，kW/kg；f为热辐射系数，取0.15。

4. 目标接收到热通量的计算

目标接收到的热通量$q(r)$的计算公式为

$$q(r) = q_0 V(1-0.058)\ln r \tag{4-58}$$

式中，$q(r)$为目标接收到得热通量，$\mathrm{kW/m^2}$；r为目标到油区中心的水平距离，m；V为视角系数。

按1974年雷(Ray)和卡雷卡(Kalelkar)提供的方法，用如下的方程组计算：

$$\begin{cases} V = \sqrt{V_{\mathrm{v}}^2 + V_{\mathrm{h}}^2} \\ \pi V_{\mathrm{h}} = A - B \\ A = (B - 1/s)/(b^2-1)^{1/2}\cdot \arctan[(b+1)/(b-1)\cdot(s-1)/(s+1)]^{1/2} \\ B = (a-1/s)/(a^2-1)^{1/2}\cdot \arctan[(a+1)/(a-1)\cdot(s-1)/(s+1)]^{1/2} \\ \pi V_{\mathrm{v}} = \arctan[h/(s^2-1)^{1/2} + h(J-K)/s] \\ J = (a^{-1}-1)^{1/2}\cdot \arctan[(a+1)/(a-1)\cdot(s-1)/(s+1)]^{1/2} \\ K = \arctan[(s-1)/(s+1)]^{1/2} \\ a = (h^2+s^2+1)/(2s) \\ b = (1+s^2)/(2s) \end{cases} \tag{4-59}$$

式中，s为目标到火焰垂直轴的距离与火焰半径之比；h为火焰高度与直径之比；A，B，J，K，

V_h,V_v分别为描述方便而引入的中间变量。

有了 $q(r)$值,就可以计算热辐射对目标的影响。

四、固体火灾伤害模型

固体火灾的热辐射参数按点源模型估算。此模型认为,火焰辐射出的能量为燃烧热的一部分,并且辐射强度与目标至火源距离的平方成反比,即:

$$q(r) = \frac{fM_c H_c}{4 \times 3.14r^2} \tag{4-60}$$

式中,f 为热辐射系数,由实验确定,缺少实验数据时取 0.25;M_c 为燃烧速度,kg/s;H_c 为燃烧热,kJ/kg;r 为目标到火源间的水平距离,m。

五、室内火灾伤害模型

日本建筑学会建议的方法来估算室内火灾的死亡人数是比较可靠的,该方法的计算过程如下。当室内火灾发生时,室内人员通过走道、楼梯、安全出口进行疏散。

1. 疏散时间的计算

$$t_p = \rho A_f/(b_p B_p) \tag{4-61}$$

式中,t_p 为疏散时间,s;ρ 为室内人员密度,人/m^2;A_f 为房间面积,m^2;b_p 为疏散通道通过系数,可取 1.3～1.5 人/(m·s);B_p 为疏散通道最窄处宽度,m。

2. 死亡人数的计算

$$D_p = b_p B_p(t_p - t_s) \tag{4-62}$$

式中,t_s 为允许的走道疏散时间,s,见表 4-59。

表 4-59　房屋面积与允许走道疏散时间的关系

A_f/m^2	t_s/s	A_f/m^2	t_s/s
<200	30	1 000～1 500	90
200～500	45	1 500～3 000	150
500～1 000	60		

注:本表数值含上、下限。

当 $t_p \leqslant t_s$ 时安全,无人员死亡;当 $t_p > t_s$ 时,则不安全,有人员死亡。

3. 财产损失的估计

假定室内火灾发生后,室内财产全部烧毁,则可按下式估算室内火灾的财产损失:

$$C = A_f P \tag{4-63}$$

式中,P 为室内平均财产密度,万元/m^2。

【知识拓展】

1. 泄漏数学模型

(1) 液体泄漏量的计算

① 工艺单元中液体经小孔或裂口泄漏。系统与外界无热交换,液体流动的不同能量形式遵守如下的机械能守恒方程:

$$\int \frac{dp}{\rho} + \Delta \frac{\alpha U^2}{2} + \Delta gz + F = \frac{W_S}{m} \tag{4-64}$$

式中,p 为压力,Pa,习惯上将压强也称为压力,下同;ρ 为液体的密度,kg/m^3;α 为动能校正因子，无量纲量；U 为液体平均速度，简称流速，m/s；g 为重力加速度，m/s²；z 为高度，m，以基准面为起始；F 为阻力损失，J/kg；W_s 为轴功，J；m 为质量，kg。

动能校正因子 α 值与速度分布有关，在此 α 值近似取为 1。对于不可压缩液体，密度恒为常数，泄漏过程暂不考虑轴功，$W_s=0$，则式(4-64)简化为：

$$\frac{\Delta p}{\rho}+\frac{\Delta U^2}{2}+g\Delta z+F=0 \tag{4-65}$$

工艺单元中的液体在稳定的压力作用下，经薄壁小孔泄漏。容器内的压力为 p_1(Pa)，小孔面积为 A(m²)，液体密度为 ρ(kg/m³)，容器外为大气压力。此种情况，容器内液体流速可以忽略，不考虑摩擦损失和液位变化，得：

$$Q=\rho UA=A\sqrt{2p_1\rho} \tag{4-66}$$

式中，Q 为单位时间内液体经过任一截面的质量，又称为质量流量，kg/s。

考虑到因惯性引起的截面收缩以及摩擦引起的速度减低，引入孔流系数 C_0，见表 4-60。其定义为实际流量与理想流量的比值。则经小孔泄漏的实际质量流量为：

$$Q=\rho UAC_0=AC_0\sqrt{2p_1\rho} \tag{4-67}$$

表 4-60 液体孔流系数 C_0

小孔形状		
修圆小孔	薄壁小孔(壁厚≤d/2)	厚壁小孔或器壁连有短管(d/2≤壁厚≤4d)
1	0.61	0.81

很多情况下，难以确定泄漏孔口的孔流系数，为保持足够的安全裕度，确保估算出最大的泄漏量和泄漏速度，C_0 值可取为 1。

液体经裂口泄漏，则孔流系数 C_0 换成裂口系数 C_d，C_d 取值见表 4-61。

表 4-61 液体裂口系数 C_d

Re	裂口形状		
	圆形(多边形)	三角形	长方形
>100	0.65	0.60	0.55
≤100	0.50	0.45	0.40

② 储罐中液体经小孔或裂口泄漏。液体储罐，距其液位高度 z_0(m)处有一小孔，在静压能和势能的作用下，储罐中的液体经小孔或裂口向外泄漏，储罐内的液体流速可以忽略。储罐内的液体压力为 p_g，外部为大气压力($p=0$)。如前定义孔流系数和裂口系数，以后统一用符号 C 表示，若泄漏处截面积为 A，则质量流量 Q 为：

$$Q=\rho UA=\rho AC\sqrt{\frac{2p_g}{\rho}+2gz} \tag{4-68}$$

如果储罐内外压力差为 p_g，可得随时间变化的质量流量：

$$Q=\rho AC\sqrt{\frac{2p_g}{\rho}+2gz}-\frac{\rho gC^2A^2}{A_0}t \tag{4-69}$$

当 $Q=0$ 时，由式(4-69)可求出最大泄漏时间。

③ 液体经管道泄漏

如果管线发生爆裂、折断或因误拆盲板等，可造成液体经管口泄漏。液体在管路中的流动阻力可以分为直管阻力和局部阻力。其中阻力损失的计算是估算泄漏速度和泄漏量的关键。我们略去公式推导，直接引用阻力计算的有关公式。

a. 直管阻力计算：

$$F=\lambda\frac{l}{d}\frac{U^2}{2} \tag{4-70}$$

式中，λ 为摩擦系数；l 为管长，m；d 为管径，m；其余符号意义同前。

b. 局部阻力。液体在圆管内流动，由于管件、阀门、流通截面的扩大或缩小而产生流动阻力，称为局部阻力。局部阻力可按式下计算：

$$F=\lambda\frac{l_e}{d}\frac{U^2}{2} \tag{4-71}$$

$$F=\xi\frac{U^2}{2} \tag{4-72}$$

式中，l_e 为当量长度，即将局部阻力折合成当量长度的直管来计算；ξ 为局部阻力系数，即将局部阻力折合成动能来计算。

c. 总的阻力损失计算。总的阻力损失为直管阻力和局部阻力损失之和。

$$F=\lambda\left(\frac{l+\sum l_e}{d}\right)\frac{U^2}{2}\quad 或\quad F=\lambda\left(\frac{l+\sum l_e}{d}\right)\frac{U^2}{2}+\sum\xi\frac{U^2}{2} \tag{4-73}$$

根据雷诺数 $Re=\mathrm{d}U\rho/\mu$、相对粗糙度 ε/d、ξ 和总的阻力损失确定流速 U，则泄漏的最大质量流量为：

$$Q=\rho UA \tag{4-74}$$

式中，A 为管道泄漏处管口的面积，$A=\frac{\pi}{4}d^2$，m^2。

④ 液体闪蒸泄漏。为了储存和运输方便，通常采用加压液化的方法来储存某些气体，储存温度在其正常沸点之上(如液氧)。这类液化气体一旦泄入大气，因压力的瞬间大幅降低，其中一部分会迅速汽化为气体，从高压下的气液平衡状态转变为常压下的气液平衡状态。汽化时所需要的热由液体达到常压下的沸点所提供，液相部分的温度由储存时的温度降至常压下的沸点温度，这种现象称为闪蒸。之后液体吸收环境热量，继续蒸发汽化。由于闪蒸过程瞬间完成，故可以看作绝热过程，则：

$$q=\frac{W(H_1-H_2)}{r} \tag{4-75}$$

式中，q 为蒸发气量，kg；W 为液体泄漏量，kg；H_1 为液体储存温度 T_0 时的比焓，kJ/kg；H_2 为常压下液体沸点 T 时的比焓，kJ/kg；r 为液体温度 T 时的蒸发潜热，kJ/kg。

(2) 气体泄漏量

前面讨论了用机械能守恒方程描述液体的泄漏过程，其中有很重要的一条假设，即液体为不可压缩液体、密度恒定不变。对于气体而言，该假设只有在初态和终态压力变化较小[$(p_0-p)/p_0<20\%$]和较低的气体流速(<0.3 倍音速)的情况下才可应用。当气体的泄漏速度大到与该气体中音速相近或超过音速时，会引起很大的压力、温度、密度变化。因此，根

据不可压缩液体假设得到的结论不再适用。这里讨论可压缩气体以自由膨胀的形式泄漏的情况，气体经小孔或裂口泄漏的过程。轴功率为 0，忽略势能变化，由机械能守恒方程可得到泄漏质量流量：

$$Q = C\rho A\sqrt{\frac{2\gamma}{\gamma-1}\frac{M}{RT_0}\left[\left(\frac{p}{p_0}\right)^{2/\gamma}-\left(\frac{p}{p_0}\right)^{(\gamma+1)/\gamma}\right]} \tag{4-76}$$

式中，p 为绝对压力，Pa；p_0 为大气压力，Pa；R 为理想气体常数 8.314 J/(mol・K)；M 为气体摩尔质量，kg/mol；ρ 为气体密度 kg/m^3；T 为温度，K。C 为气体泄漏系数，当小孔和裂口形状为圆形时取 1.00，三角形时取 0.95，长方形时取 0.90；γ 为绝热指数，是等压热容与等容热容的比值。单原子分子取值 1.67，双原子分子取值 1.40，三原子分子取值 4.32。

从安全的角度考虑，我们关注的是泄漏气体最大流量。如图 4-25 所示，若以压力 p/p_0 为横坐标，以流量 Q 为纵坐，可得图中的 0bc 曲线，当 $p/p_0=1$ 时，小孔前后的压力相等，$Q=0$；当 $p/p_0=0$ 时，气体流向绝对真空，$\rho=0$，故 $Q=0$。当 $dQ/(p/p_0)=0$，流量曲线存在最大值。图中 p_c 为临界压力。

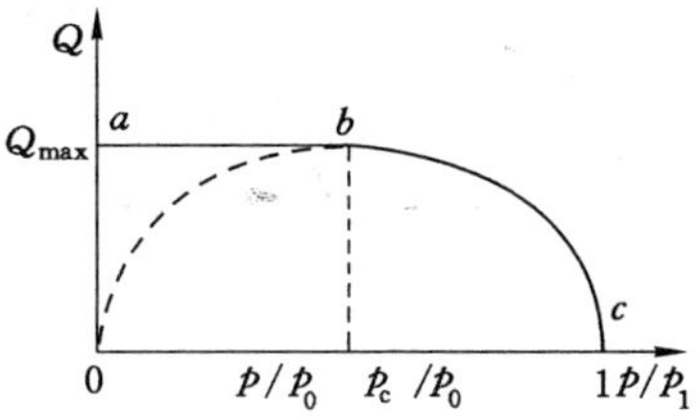

图 4-25　流量曲线

在图 4-25 中，当 $p>p_c$ 时，气体流速低于音速，如图中 bc 段曲线所示；当 $p=p_c$ 时，气体的泄漏速度刚好可能达到的最大流速，实际上就是气体中的音速。泄漏速度不可能超过音速，在图中以 ab 线表示。在化工生产中发生的气体泄漏，很多属于最后一种情况。

气体呈现亚音速流动时，其泄漏量为：

$$Q = YCpA\sqrt{\frac{\gamma M}{RT}\left(\frac{2}{k+1}\right)^{\frac{\gamma+1}{\gamma-1}}} \tag{4-77}$$

式中，Y 为气体膨胀因子。

它由正式计算：

$$Y = \sqrt{\left(\frac{1}{\gamma-1}\right)\left(\frac{\gamma+1}{2}\right)^{\frac{\gamma+1}{\gamma-1}}\left(\frac{p}{p_0}\right)\left(1-\left(\frac{p_0}{p}\right)^{\frac{\gamma-1}{\gamma}}\right)} \tag{4-78}$$

（3）两相流泄漏量

当容器内物质随泄漏而减少或压力降低而影响泄漏速度时，泄漏速度的计算比较复杂。如果流速小或时间短，在后果计算中可采用最初排放速度，否则应计算其等效泄漏速度。

在过热液体发生泄漏时，有时会出现气、液两相流动。均匀两相流动的泄漏速度可按下式计算：

$$Q = CA\sqrt{2\rho(p-p_c)} \tag{4-79}$$

式中，Q 为两相流泄漏质量流量，kg/s；C 为两相流泄漏系数，可取 0.8；A 为裂口面积，m^2；p 为两相流混合物的压力，Pa；p_c 为临界压力，Pa，取 0.55 Pa；ρ 为两相混合物的平均密度，kg/m^3。

2. 扩散泄漏数学模型

如前所述，泄漏物质的特性多种多样，而且还受原有条件的强烈影响，但大多数物质从容器中泄漏出来后，都可发展成弥散的气团向周围空间扩散。对可燃物质若遇到引火源会着火。有毒有害重大危险源物质泄漏后在大气中的扩散情况，综合上面介绍的扩散影响因素和扩散方式分类，选择重气扩散模式和中性或浮性气体扩散的高斯模式。关于气团原形释放的开始形式，即液体泄漏后扩散、喷射扩散和绝热扩散在此不予考虑。

（1）重气扩散模式

泄漏物分子量比空气大，物质泄漏后经常形成比空气重的气云，由于自身密度的缘故向地面下沉，并沿地面扩展而形成低而平的气云。迄今，国内外已经开发了大量各种类型的重气扩散模型，主要的扩散模型为：箱与相似模型、三维传递现象模型、浅层模型、图表型唯象模型、FEM3 三维有限元模型等。由于篇幅有限，这里只介绍 FEM3 三维有限元模型。FEM3 模型适用于处理连续源泄漏及有限时间的泄漏，计算量很大，但能够很好地反映重气扩散的趋势，并且可以处理复杂地形条件下的扩散。

FEM3 模型的原型是 1979 年为了模拟液化天然气的突发性泄放，获得了较好的结果，近几年模型发展较快，可处理毒气及可燃性气体等许多重气体的扩散，对连续源及瞬时源经过稍加变动后都可以模拟，FEM3 模型的主要计算公式如下：

$$\frac{\partial t(\rho U)}{\partial t}+\rho U=\nabla(\rho K^{m}U)=(\rho-\rho_{h})g \tag{4-80}$$

$$\nabla(\rho U)=0 \tag{4-81}$$

$$\frac{\partial T}{\partial t}+U\,\nabla T=\frac{1}{\rho c_{p}}\cdot\nabla(\rho c_{p}K^{T}\,\nabla T)+\frac{c_{pA}-c_{pN}}{c_{p}}\cdot(K^{T}\,\nabla T)\cdot\nabla T \tag{4-82}$$

$$\frac{\partial w}{\partial t}+U\,\nabla w=\frac{1}{\rho}\cdot(\rho K^{w}\cdot\nabla w) \tag{4-83}$$

$$\rho=\frac{pM}{RT}=\frac{p}{RT[w/(M_{N}+M_{A})]} \tag{4-84}$$

式中，U 为气体速度，m/s；∇为拉普拉斯微分算符；ρ 为气体云密度，kg/m^3；R 为通用气体常数，kg/(kmol·K)；p 为扩散压力，Pa；M 为混合气体分子的摩尔质量，kg/kmol；T 为混合气体温度，K；K^T，K^m，K^w分别为温度、速度、浓度的扩散系数，m/s；w 为扩散质浓度（以体积分数表示）；M_N，M_A分别为扩散气体及空气分子的摩尔质量，kg/kmol；g 为重力加速度，m/s^2；c_p，c_{pN}，c_{pA}分别为混合气、纯扩散气体及空气的比热容，J/(kg·K)；ρ_h 为静止空气密度，kg/m^3；t 为时间，s。

（2）中性或浮性气体扩散的高斯模式

高斯模式是计算释入大气中的有毒有害物质下风向浓度的应用最广的方法，气体密度与空气相差不多的气体或经很短时间的空气稀释后密度与空气接近的气体，扩散用高斯模型。高斯模式的特点是：模型简单，易于理解，运算量小，计算结果与实验值能较好吻合，可模拟连续性泄漏和瞬时泄漏两种方式；由于提出的时间比较早，实验数据多，因而较为成熟等特点致使该模型得到了广泛的应用。

在考虑地面对扩散的影响时，通常按照全反射的原理，采用“像源法”处理。也就是说地面如同一面“镜子”，对泄漏物质既不吸收也不吸附，起着全反射的作用。因此，地面上任意一点的浓度是两部分作用之和：一部分是不存在地面时此点应具有的浓度；另一部分是由于地面全反射而增加的浓度。对于地面源，任意一点浓度 $c(x,y,z)$ 为无界条件下的 2 倍；对于地面上高为 H 的泄漏源，任意一点浓度应是高为 H 实源和高为 $-H$ 的虚源在此点造成的浓度之和。

① 烟团模型：

a. 瞬时地面泄漏源烟团模型。以风速方向为 x 轴，坐标原点取在泄漏源中心处，风速恒为 u，则源强为 Q 的浓度分布为：

$$c(x,y,z,t)=\frac{Q}{\sqrt{2}\pi^{3/2}\sigma_x\sigma_y\sigma_z}\cdot\exp\left[-\frac{(x-ut)^2}{2\sigma_x}-\frac{y^2}{2\sigma_y}-\frac{z^2}{2\sigma_z}\right] \tag{4-85}$$

式中，$c(x,y,z,t)$ 为泄漏物质在空间位置 (x,y,z)、时间 t 时的浓度，mg/m³；σ_x，σ_y，σ_z 分别为水平扩散参数和垂直扩散参数，m；取 $\sigma_x=\sigma_y$；x，y，z 分别为三维坐标系空间位置，m；t 为泄漏发生后的某一时间，s；Q 为源强（泄漏物质质量流量），mg/s；u 为平均风速，m/s。以下各式中单位符号意思相同的不再说明。

b. 有效源高 H 的瞬时泄漏源烟团模型。以风速（$u\neq0$）方向为 x 轴方向，选取移动坐标系，任一时刻烟团中心的 x 轴坐标为 ut，则其浓度分布为：

$$c(x,y,z)=\frac{Q}{2\sqrt{2}\pi^{3/2}\sigma_x\sigma_y\sigma_z}\exp\left[-\frac{y^2}{2\sigma_y^2}\right]\cdot\left\{\exp\left[-\frac{(z-H)^2}{2\sigma_z^2}\right]+\exp\left[-\frac{(z+H)^2}{2\sigma_z^2}\right]\right\} \tag{4-86}$$

若以风速方向为 x 轴，泄漏中心对地面的投影为坐标原点，则浓度分布为：

$$c(x,y,z,t)=\frac{Q}{2\sqrt{2}\pi^{3/2}\sigma_x\sigma_y\sigma_z}\exp\left[-\frac{y^2}{2\sigma_y^2}\right]\cdot\left\{\exp\left[-\frac{(z-H)^2}{2\sigma_z^2}\right]+\exp\left[-\frac{(z+H)^2}{2\sigma_z^2}\right]\right\}\cdot\exp\left[-\frac{(x-ut)^2}{2\sigma_x^2}\right] \tag{4-87}$$

② 烟羽模型：

a. 连续地面泄漏源。以风速（$u\neq0$）方向为 x 轴，假定流场稳定，坐标点为泄漏中心处，则浓度分布为：

$$c(x,y,z)=\frac{Q}{\pi\sigma_y\sigma_z u}\cdot\exp\left(-\frac{y^2}{2\sigma_y^2}-\frac{z^2}{2\sigma_z^2}\right) \tag{4-88}$$

b. 有效源高 H 的连续泄漏源。以风速（$u\neq0$）方向为 x 轴方向，泄漏源中心对地面投影为坐标点，假定流场稳定，则浓度分布为：

$$c(x,y,z)=\frac{Q}{2\pi\sigma_y\sigma_z u}\exp\left(-\frac{y^2}{2\sigma_y^2}\right)\cdot\left\{\exp\left[-\frac{(z-H)^2}{2\sigma_z^2}\right]+\exp\left[-\frac{(z+H)^2}{2\sigma_z^2}\right]\right\} \tag{4-89}$$

式中，令 $z=0$，得地面浓度；令 $z=0$，$y=0$，得地面轴线浓度，并可求得地面轴线最大浓度。

当 $\sigma_z=H/\sqrt{2}$ 时，出现地面轴线最大浓度：

$$c\,(x,0,0)_{\max}=\frac{Q}{\pi\sigma_y\sigma_z u}\cdot\exp\left(-\frac{H^2}{2\sigma_z^2}\right)=\frac{2Q}{e\pi uH^2}\frac{\sigma_z}{\sigma_y}=\frac{0.234Q}{uH^2}\cdot\frac{\sigma_z}{\sigma_y} \tag{4-90}$$

（3）扩散参数的确定

① 大气稳定度分类。高斯扩散公式的应用，关键在于确定扩散参数 σ_z 和 σ_z，现在大气稳定度的分类方法有：帕斯奎尔（Pasquill）分类及改进方法、温度递减率方法、风向涨落方法、风速比和风速廓线方法、分立西格玛方法、史密斯（Smith）的诺模图方法等。这里只介绍应用最为广泛的帕斯奎尔分类法，帕斯奎尔法根据五类地面风速、三类日间的日射和两类夜间云量将扩散天气分成 6 类，即强不稳定、不稳定、弱不稳定、中性、较稳定和稳定。它们分别用英文字母 A～F 表示，见表 4-62。

表 4-62 帕斯奎尔的大气稳定度分类

距地面 10 m 高处的风速/(m·s^{-1})	白天太阳辐射			阴天的白天或夜晚	有云的夜晚	
	强	中	弱		薄云遮天或云量＞4/8	云量＜3/8
≤2	A	A—B	B	D		
2～3(含 3)	A—B	B	C	D	E	F
3～5(含 5)	B	B—C	C	D	D	E
5～6(含 6)	C	C—D	D	D	D	D
＞6	C	D	D	D	D	D

注:① A—B 按 A、B 数据内插;② 夜晚定义为日落前 1 h 至日出后 1 h;③ 无论体积天气状况,夜晚前后各 1 h 都作为中性;④ 在中纬度地区,仲夏晴天的中午为强太阳辐射,寒冬晴天中午为弱太阳辐射;⑤ 云量将减小太阳辐射,云量的定义为当地可见的天空上被云覆盖的比例。

也可采用我国修订的帕斯奎尔稳定度分类方法(见《环境影响评价技术导则 大气环境》HJ 2.2—2018),首先由云量与太阳高度角查出太阳辐射等级数,再由太阳辐射数与地面风速查找稳定度等级。城市重大危险源的扩散,是为估算其最大影响范围,所以采用帕斯奎尔分类法即就可满足要求。

② 扩散参数。扩散参数确定的常用方法有:P-G(帕斯-奎尔)扩散参数和布里格斯(Briggs)扩散参数。

a. P-G 扩散参数。由吉福特(Gifford)给出的帕斯奎尔(Pasquale)各类天气条件下的 σ_y、σ_z 值随下风向距离变化的曲线,是目前确定扩散参数值的应用最广泛的方法,但由于各种书籍中扩散曲线的复制误差,很难得到确切的数字,为了克服该缺点,英国伦敦气象局列出了其数值,见表 4-63。该表列出了 6 个稳定度级别下以及在一些距离上的 σ_y、σ_z 具体数值,用内插法可求出在 20 km 距离内的 σ_y、σ_z 值。

表 4-63 帕斯奎尔曲线的 σ_z、σ_z 值 单位:m

稳定度	标准差	距离/km																				
		0.1	0.2	0.3	0.4	0.5	0.6	0.8	1.0	1.2	1.4	1.6	1.8	2.0	3.0	4.0	6.0	8.0	10	12	16	20
A	σ_z	27.0	49.8	71.6	92.1	112	132	170	207	243	278	313										
	σ_z	14.0	29.3	47.4	72.1	105	153	279	456	674	930	1230										
B	σ_z	19.1	35.8	51.6	67.0	81.4	95.8	123	151	178	203	228	253	278	395	508	723					
	σ_z	10.7	20.5	30.2	40.5	51.2	62.8	84.6	109	133	157	181	207	233	363	493	777					
C	σ_z	12.6	23.3	33.5	43.3	53.5	62.8	80.9	99.1	116	133	149	166	182	269	335	474	603	12.6			
	σ_z	7.44	14.0	20.5	26.5	32.6	38.6	50.7	61.4	73.0	83.7	95.3	107	116	167	219	316	409	7.44			
D	σ_z	8.37	15.3	21.9	28.8	35.3	40.9	53.5	65.6	76.7	87.9	98.6	109	121	173	221	315	405	488	569	729	884
	σ_z	4.65	8.37	12.1	15.3	18.2	20.9	27.0	32.1	37.2	41.9	47.0	52.1	56.7	79.1	100	140	177	212	244	307	372
E	σ_z	6.05	11.6	16.7	21.4	26.5	3102	40.0	48.8	57.7	65.6	73.5	82.5	85.6	129	166	237	306	366	427	544	659
	σ_z	3.72	6.05	8.84	10.7	13.0	14.9	18.6	21.4	24.7	27.0	29.3	31.6	33.5	41.9	48.6	60.9	70.7	79.1	87.4	100	111
F	σ_z	4.19	9.91	10.7	14.4	17.7	20.5	26.5	32.6	38.1	43.3	48.8	54.5	60.5	86.5	102	156	207	242	285	365	437
	σ_z	2.33	4.19	5.58	6.98	8.37	9.77	12.0	14.0	15.8	17.2	19.1	20.5	21.9	27.0	31.7	37.4	42.8	46.5	50.2	55.8	60.5

为了便于计算，德国科学家沃格特(Vogt)推荐采用下述模拟公式：

$$\sigma_y = (a_1 \ln x + a_2)x \tag{4-91}$$

$$\sigma_z = \frac{1}{2.15}\exp(b_1 + b_2 \ln x + b_3 \ln^2 x) \tag{4-92}$$

上式中各系数的取值见表 4-64。

表 4-64 不同扩散参数采用的扩散系数

系数	扩散天气类型					
	A	B	C	D	E	F
a_2	−0.023 4	−0.014 7	−0.011 7	−0.005 9	−0.005 9	−0.002 9
a_2	0.350 0	0.248 0	0.175 0	0.108 0	0.088 0	0.054 0
b_1	0.880 0	−0.985 0	−1.186 0	−1.350 0	−2.880 0	−3.800 0
b_2	−0.152 0	0.820 0	0.850 0	0.793 0	1.255 0	1.419 0
b_3	0.147 5	0.016 8	0.016 8	0.002 2	−0.042 0	−0.055 0

帕斯奎尔方法适用于开阔平坦的地面，对粗糙度较大的地区，如城市，则应向不稳定方向提高 1～2 级后再查图或计算。

b. 布里格斯扩散参数。布里格斯将布鲁克海文国立实验室和田纳西流域管理局等几种扩散曲线结合在一块，应用公式渐近线的理论概念，提出了一套广泛应用的公式。该公式适用于高烟囱排放情况，应用于开阔乡间和城市，见表 4-65。

表 4-65 布里格斯公式(10^2 m$\leqslant x \leqslant 10^4$ m)

适用条件	大气稳定度	σ_y	σ_z
城市	A—B	$0.32x(1+0.0004x)^{-1/2}$	$0.24x(1+0.001x)^{-1/2}$
	C	$0.22x(1+0.0004x)^{-1/2}$	$0.20x$
	D	$0.16x(1+0.0004x)^{-1/2}$	$0.14x(1+0.0003x)^{-1/2}$
	E—F	$0.11x(1+0.0004x)^{-1/2}$	$0.08x(1+0.0015x)^{-1/2}$
开阔平原	A	$0.22x(1+0.0001x)^{-1/2}$	$0.20x$
	B	$0.16x(1+0.0001x)^{-1/2}$	$0.12x$
	C	$0.11x(1+0.0001x)^{-1/2}$	$0.08x(1+0.0002x)^{-1/2}$
	D	$0.08x(1+0.0001x)^{-1/2}$	$0.06x(1+0.0015x)^{-1/2}$
	E	$0.06x(1+0.0001x)^{-1/2}$	$0.03x(1+0.0003x)^{-1}$
	F	$0.04x(1+0.0001x)^{-1/2}$	$0.016x(1+0.0003x)^{-1}$

【思考练习】

1. 某丙酮液体储罐，直径为 6 m；上部装设有呼吸阀与大气连通，在某下部有一泄漏孔，直径为 2 cm；初始泄漏时距液面高度为 8 m，已知丙酮的密度为 800 kg/m^3，C_0 取 1.0。求：① 最大泄漏量；② 泄漏质量流量时间的表达式；③ 泄漏量随时间变化的表达式。

2. 某天然气管道发生泄漏，泄漏的质量为 14 kg。如果泄漏出的天然气中有 90% 发生燃烧，形成爆炸火球。试计算火球的热辐射伤害范围。(人员一度烧伤、二度烧伤、死亡半

径,木村引燃半径)

3. 有一个 60 t 的柱形液化气罐在外部火灾的烧烤下发生爆炸事故。已知液化气的燃烧热为 46 500 kJ/kg,储罐的储存压力为 4 MPa。试用国际劳工组织模型评价该事故的火球参数和热辐射危害范围。

4. 如何计算可燃气体的 TNT 当量?

5. 如何计算室内火灾的疏散时间?

6. 给出的事故后果可以是系统事故发生的概率、事故的伤害(或破坏)范围、事故的损失或定量的系统危险性等的安全评价方法是(　　)。

A. 伤害(破坏)范围评价法　　B. 事故后果安全评价方法

C. 危险指数评价法　　D. 概率风险评价法

7. 某一储存有毒液体的储罐,直径 5 m,罐高 10 m,罐顶上装设有呼吸阀与大气连通。由于年久腐蚀,在罐底下部高 2 m 处有一直径为 5 cm 圆滑喷嘴形泄漏小孔,初始泄漏时液面高度为 8 m,有毒液体的密度为 1 000 kg/m^3,圆滑喷嘴型泄漏系数 $C_0=1.0$,请你计算有毒液体泄漏 1 h 的泄漏量。

【技能训练】

储存区事故后果模拟分析法评价(完成评价过程)。

1. 泄漏量的计算

甲醇储罐液体泄漏速度可用流体力学的伯努利方程计算,其泄漏速度为:

$$Q_0 = C_d A\rho\sqrt{\frac{2(p+p_0)}{\rho}+2gh} \tag{4-93}$$

式中,Q_0 为液体泄漏速度,kg/s;C_d 为液体泄漏系数,取 0.50;A 为裂口面积,m^2;设裂口为 0.2 m,则 $A=0.126$ m^2;ρ 为泄漏液体密度,kg/m^3;本项目液体甲醇 $\rho=0.79$ kg/m^3;p 为容器内介质压力,Pa;甲醇储罐为常压,$p=10^5$ Pa;p 为环境压力,Pa;$p_0=10^5$ Pa;g 为重力加速度,取 9.8 m/s^2;h 为裂口之上液位高度,m。

设甲醇储罐裂口之上液位高度为 4 m,则:

$$Q_0 = \_\_\_\_\_\_\_\_ (\text{kg/s})$$

2. 形成池火事故的条件和范围

本项目在事故状态下,可燃液体泄漏后流到地面形成液池,遇到火源燃烧而成池火。

(1) 燃烧速度

当液池中的可燃液体的沸点高于周围环境温度时,液体表面上单位面积的燃烧速度 dm/dt 为:

$$\frac{\mathrm{d}m}{\mathrm{d}t}=\frac{0.001H}{c_p(T_b-T_0)+H} \tag{4-94}$$

式中,dm/dt 为面积燃烧速率,kg/(m^2·h);c_p 为液体的比定压热容,J/(kg·K);T_b 为液体的沸点,K;T_0 为环境温度,K;H 为液体的汽化潜热,J/kg。

同时,燃烧速度也可通过相关手册查得,见表 4-66。

表 4-66　几种可燃液体的燃烧速度

物质名称	汽油	柴油	原油	苯	甲苯	乙醚	甲醇
面积燃烧速率 /(kg·m^2·h^{-1})	92～81	49.33	21.1	165.37	138.29	125.84	57.6

甲醇可燃液体的燃烧速度查表为：

$$\frac{dm}{dt} = 57.6\ kg/(m^2 \cdot h) = 0.016\ kg/(m^2 \cdot s)$$

(2) 火焰高度

设液池为一半径为 r 的圆池子，其火焰高度可按下式计算：

$$h = 84r\left[\frac{dm/dt}{\rho_0(2gr)^{1/2}}\right] \tag{4-95}$$

式中，h 为火焰高度；m；R 为液池半径；20 m；ρ_0 为周围空气密度，1.29 kg/m^3；g 为重力加速度，取 9.8 m/s^2；dm/dt 为燃烧速率，取 0.016 kg/(m^2·s)。

液池半径为 6 m 时，火焰高度：

H=________(m)

(3) 热辐射通量

当液池燃烧时放出的总热辐射通量为：

$$Q = (\pi r^2 + 2\pi rh)\frac{dm}{dt} \cdot \eta \cdot H_c / \left[72\left(\frac{dm}{dt}\right)^{0.60} + 1\right] \tag{4-96}$$

式中，Q 为总热辐射通量，W；η 为效率因子，取 0.13；其余符号意义同前。

Q = ________(W)

(4) 目标入射热辐射强度

假设全部辐射热量由液池中心点的小球面辐射出来，则在距离池中心某一距离(X)处的入射热辐射强度为：

$$I = \frac{Q\lambda_c}{4\pi X^2} \tag{4-97}$$

式中，I 为入射热辐射强度，kW/m^2；Q 为总热辐射强度；kW；λ_c 为热传导系数，在无相对理想的数据时，可取值为 1；X 为目标点到液池中心距离，m。

热辐射强度，计算可得：

当 I=37.5 kW/m^{2}时，X=____ m；当 I=25 kW/m^{2}时，X=____ m；当 I=12.5 kW/m^{2}时，X=____ m；

当 I=4.0 kW/m^{2}时，X=____ m；当 I=1.6 kW/m^{2}时，X=____ m。

(5) 火灾事故范围

火灾通过辐射热的方式影响周围环境。当火灾产生的热辐射强度足够大时，可使周围的物体燃烧或变形，强烈的热辐射可能烧毁设备甚至造成人员伤亡等。火灾损失估算建立在辐射通量与损失等级的相应关系的基础上，见表 4-67。

表 4-67　不同入射热辐射强度造成伤害或损失半径

X/m	入射热辐射强度/(kW·m^{-2})	对设备的损害	对人体的伤害
1%死亡/10 s 100%死亡/1 min		37.5	操作设备全部损坏
重大烧伤/10 s 100%死亡/1 min		25	在无火焰、长时间辐射下，木材燃烧的最小能量
1 度烧伤/10 s 1%死亡/1 min		12.5	有火焰时，木材燃烧，塑料融化的最低能量
20 s 以上感觉疼痛，未必起泡		4.0	
长期辐射无不舒服感		1.6	

从表 4-67 可以看出，在较小辐射等级时，致人重伤需要一定的时间，这时人们可以逃离现场或掩蔽起来。

(6) 甲醇泄漏具备造成爆炸事故的条件

甲醇的爆炸极限在 5.5%～44%，其蒸气与空气可形成爆炸性混合物。空气中浓度处在爆炸极限范围时，若遇明火或火花，就会发生火灾爆炸事故。

爆炸是物质的一种非常急剧的物理、化学变化，也是大量能量在短时间内迅速释放或急剧转化成机械功的现象。它通常是借助于气体的膨胀来实现。

甲醇储罐区内有 3 台 100 m^3 甲醇储罐(最大储量为 216 t)，因相距一定距离，不考虑淡甲醇储罐的影响，当甲醇泄漏蒸发成同质量的气体，在爆炸范围(5.5%～44%)的甲醇蒸气遇到火源，发生蒸气云爆炸。

爆炸性气体瞬间泄漏后遇到火源，则可能发生蒸气云爆炸。按下式预测蒸气云爆炸的冲击波损害半径：

$$R = C_s (NE)^{1/3}$$

式中，R 为损害半径，m；E 为爆炸能量，kJ，$E = 1.8\alpha WQ$；α 为可燃气体蒸气云当量系数，取 0.04；Q 为可燃气体的高燃烧热值，甲醇燃烧热为 727 kJ/mol＝17 948 kJ/m^3；N 为效率因子，其值与燃烧浓度持续展开所造成损耗的比例和燃烧材料所得机械能的数量有关，一般取 $N = 10\%$；C_s 为经验常数，取决于损害等级，其取值情况见表 4-68。

表 4-68　损害等级表

损坏等级	C_s	设备损坏	人员伤害
1	0.03	重创建筑物和加工设备	1%死亡于肺部；＞50%耳膜破裂；＞50%被碎片击伤
2	0.06	损坏建筑物外表，可修复性破坏	1%耳膜破裂；1%被碎片击伤
3	0.15	玻璃破碎	被玻璃击伤
4	0.4	10%玻璃破碎	无人员伤害

若有 50 m^3 甲醇泄漏全部挥发后在常压下的体积(按理想气体计算)为：

$$V = (50 \times 790 \times 8.34 \times 298)/(101\ 325 \times 0.11) = 78\ (\mathrm{m}^3)$$

4 个等级对应的损害半径分别为：

等级 1：$R_1=0.03\times(0.1\times78\times17\ 948)^{1/3}=1.6$ (m)

等级 2：$R_2=0.06\times(0.1\times78\times17\ 948)^{1/3}=3.2$ (m)

等级 3：$R_3=0.15\times(0.1\times78\times17\ 948)^{1/3}=8$ (m)

等级 4：$R_4=0.4\times(0.1\times78\times17\ 948)^{1/3}=20.8$ (m)

由此可见，甲醇储罐发生蒸气云爆炸的时候，建筑物和人员损害程度与爆炸中心距离关系以及实际对应建筑破坏情况见表 4-69。

表 4-69 甲醇储罐发生蒸气云爆炸损失半径

等级	损坏半径/m	设备损坏	人员伤害	实际可能破坏建筑物
1	1.6	重创建筑物和加工设备	1%死亡于肺部伤害； >50%耳膜破裂 >50%被碎片击伤	距储罐中心 22.6 m 范围内无建筑物；操作人员死亡范围
2	3.2	损坏建筑物的外表，可修复性破坏	1%耳膜破裂； 1%被碎片击伤	此范围内围墙、发酵车间建筑物外表受损
3	8	玻璃破碎	被玻璃击伤	生产车间玻璃破碎，人员被玻璃击伤
4	20.8	10%玻璃破碎		无人员伤亡

距甲醇储罐 1.6 m 以内区域中，危害等级为 1 级，为人员死亡范围；本项目距储罐中心 1.6 m 范围内无建筑物；距甲醇储罐 1.6～3.2 m 内危害等级为 2 级，为人员重伤范围；距甲醇储罐 3.2～8 m 内危害等级为 3 级，为人员轻伤范围，可能发生生产车间玻璃破碎，人员被玻璃击伤事故；距甲醇储罐 8～20.8 m 的区域内为 4 级危害程度，危害最轻，只会造成建筑物少量的玻璃震碎，无人员伤亡。

当发生蒸气云爆炸时，人员伤亡和建筑物损害范围在本企业内，对周边环境造成的安全影响在可承受范围内。

任务十 其他典型的安全评价方法

【学习目标】

知识目标：掌握风险矩阵评价法、统计图表分析法、人员可靠性分析法、层次分析评价法，了解六阶段评价法、概率风险分析评价法、模糊数学评价法、灰色系统理论评价法、神经网络评价法等。

技能目标：能够运用各种安全评价方法进行安全评价。

【实例展示】

对某矿井自然安全条件使用层次分析评价进行安全评价。

1. 建立自然条件影响因素的层次结构

某矿自然条件评价因素层次结构如图 4-26 所示，而图 4-26 中各符号的含义见表 4-70。

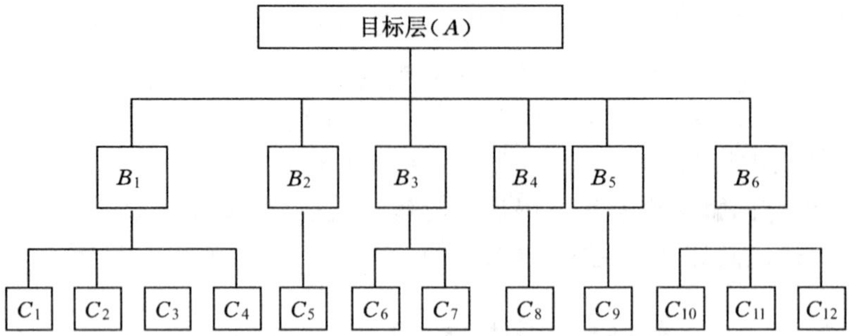

图 4-26　某矿井自然条件影响因素的层次结构图

表 4-70　某矿井自然条件影响因素

目标层	符号含义	准则层	符号含义	方案层	符号含义
A	矿井自然条件	B_1	矿井地质条件	C_1	矿井地质条件
				C_2	可采煤层厚度
				C_3	可采煤层倾角
				C_4	矿井开采深度
		B_2	相对瓦斯涌出量	C_5	相对瓦斯涌出量
		B_3	矿井火灾	C_6	煤层自然发火倾向
				C_7	煤层自然发火率
		B_4	煤尘爆炸性	C_8	煤尘爆炸性指标
		B_5	矿井水害	C_9	矿井水文地质
		B_6	矿井项、底板分级	C_{10}	可采煤层直接顶
				C_{11}	可采煤层基本顶
				C_{12}	煤层底板分级

2. 综合评价量化分析

量化分析是综合评价的基础。矿井自然灾害的危险性可用相对危险指数表示，它是由专家评估确定的量化赋值。基于以上量化赋值标准，并且考虑到矿井自然灾害危险一致性和各评价因素分级，根据矿井开采设计说明书及相关资料，该矿井自然条件安全性的各参数为：

C_1煤层：地质条件简单，相对指数取 1.0；C_2可开采煤层厚度：中厚度煤层，2^{-2}煤层平均厚度为 2.43 m，3^{-2}煤层平均厚度为 0.72 m，相对指数取 1；C_3可采煤层倾角：平均值为 1°，相对指数取 1；C_4矿井开采深度：煤层埋深较浅，深度为 150～160 m，相对危险指数取 3.6；C_5相对瓦斯涌出量：对于低瓦斯矿，相对危险指数取 1；C_6煤层自然发火倾向：属于自燃煤层，相对危险指数取6.3；C_7煤层自然发火率：尚无自燃事故发生，相对危险指数取 1；C_8煤尘爆炸性指标：2^{-2}、3^{-2}煤层原煤挥发分平均值为 36.36％和 35.73％，危险指数取 7；C_9矿井水文地质：水文地质条件简单，指数取 1；C_{10}可采煤层直接顶：属于Ⅰ级较稳定顶板，指数取 9；C_{11}可采煤层基本顶：不明显，相对危险指数取 1；C_{12}煤层底板分级：属于Ⅲb 类较软底板，危险指数取 6。

首先，矿井自然条件的综合评价因素集为：

$R=\{C_1,C_2,C_3,C_4,C_5,C_6,C_7,C_8,C_9,C_{10},C_{11},C_{12}\}$

$=\{1,1,1,3.6,1,6.3,1,7,1,9,1,6\}$

3. 用层次分析判断矩阵法确定各因素的权重

由专家对同一层次的评价因素，通过两两比较确定相对重要值，然后以此构造判断矩阵，计算矩阵的最大特征向量，再经一致性检验合格后，取矩阵归一化特征向量作为评价因素的权重。按照上述方法，逐层次确定矿井自然灾害因素的权重。

按各因素在各层次的权重积，自下而上求出各评价因素对综合评价的权重为：

$A=\{a_{C_1},a_{C_2},a_{C_3},a_{C_4},a_{C_5},a_{C_6},a_{C_7},a_{C_8},a_{C_9},a_{C_{10}},a_{C_{11}},a_{C_{12}}\}$

$=\{0.099,0.0195,0.0195,0.012,0.20,0.045,0.105,0.04,0.06,0.08,0.12,0.078\,6\}$

4. 矿井自然条件安全性预评价

代入综合评价模型计算，得到该矿井的自然安全条件的综合危险指数为：

$$P=A\boldsymbol{R}^{\mathrm{T}}=4.02$$

5. 矿井自然条件评价结论

对照矿井自然安全条件安全程度分级（表 4-71），得出该矿井的自然安全条件属于一般危险级。因此，该矿自然条件危险度不是很大，但安全是一个相对概念，矿井自然条件中潜在的危险、有害因素会随着开采的变化而变化，被偶然事件所引发，很可能引起灾害事故。

表 4-71　矿井自然安全条件安全程度分级

危险程度	极危险	很危险	较危险	危险	一般	较不危险	不危险	很不危险
综合指数	8～9	7～8	6～7	5～6	4～5	3～4	2～3	1～2

注：本表数值范围不含上限。

【相关知识】

一、风险矩阵评价法

风险矩阵评价法目前在国外应用广泛，以下为该方法介绍。

对某公司某炼油厂炼油工艺装置（区域）的风险等级进行了评价。评价装置包括：两套综合的常压/减压分馏装置、延迟焦化装置、减压渣油蒸气裂解装置、两套减压柴油/柴油/石脑油加氢处理装置、催化裂化（FCC）装置和气体分离装置以及硫回收装置。

1. 风险评价准备

通过选择关键的工艺装置或风险区域，评价炼油厂风险的规模和属性。

(1) 风险属性。

采用风险评价系统对以下内容进行风险评价和核查：各种安全设计；紧急情况控制要素；控制室；管理；容器检查区域的工作运行体制。

(2) 风险程度。

使用分析方法对下列内容进行评价和测定：泄漏着火；气体云爆炸；毒气泄漏（氟化氢、氨气）；运行中断（利润损失包括不可预见的结果）；第三方责任。

(3) 风险矩阵表。

每个工艺装置总体风险系数采用上述 5 类评价风险指标和 5 种评价的风险后果来进行评价，参见工艺单元一览表部分的风险矩阵图。

该总体工艺的风险系数可作为安排装置/区域进行安全改善先后顺序的参考依据。

(4) 风险改善建议

该评价采用下列类型的建议：A 型建议；B 型建议，工艺装置/区域具体的，但可在炼油厂总体基础上使用；C 型建议：对将来项目安全设计原理或炼油厂标准变更方面的建议。建议应使用费用-收益的分析方法来进行程序，即对炼油厂执行可能发生的费用和风险降低方面的收益风险等级评定(图 4-27)。

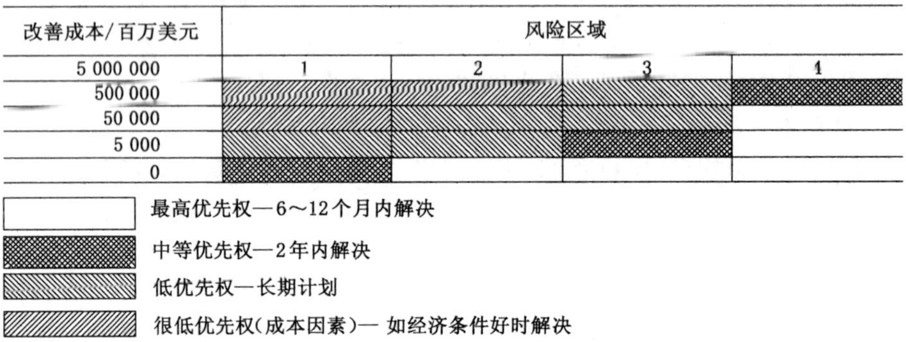

图 4-27 风险区域等级划分示意图

2. 风险评价总结

通过风险评价，得出该炼油厂主要风险特点如下：

(1) 总体平面布置

装置间隔非常好，除催化裂化区域外，发生极大损失的概率较低。

(2) 工艺装置平面布置

除我国设计的区域外，布置总体是满意的。但风险很高的泵应安装在管廊下方，润滑油装置应安装在压缩机的下方。

(3) 工艺控制

除延迟焦化装置外，都有相当的投入。

(4) 加热炉安全控制系统

常减压装置、裂解和焦化装置的安全装置采用的是最基本的系统，其他炉子采用了平均水平的系统。

(5) 遥控切断阀/减压阀

除控制阀外，未采用其他方法。需要有选择地考虑对处理高风险自燃物料的泵入口的监测对策。这些控制阀是安全生产的最好投入。

(6) 泵密封

除一些装置的高压泵采用双机械密封外，其他区域大部分都是单机械密封和填料密封，将来的项目应更新设计原则。

(7) 机器运转监控

氢气循环压缩机采用了奔特力公司(Bentley Nevada)的装置，实现便携式振动检查。

(8) 泄压设计和火炬

除压力较低的一套常压装置外，放空罐一般没有自动启动设备。

(9) 控制室安全设计

没有规划抗爆控制室，一些控制室可能受到爆炸事故、气体侵入及辐射火焰的损害。

(10) 排水系统

工艺区一般采用明排水沟，但坡度不够，新项目应更改设计标准。风险区域很好地使用了围堰。

(11) 防火

其标准多样不一致，一般只有基础标准，将来的项目考虑到管廊中的水平支撑，翅片式空气冷却器的停车开关应放置在地面层。

(12) 操作规程

操作手册、仪表记录及操作记录都很规范，但工艺和仪表图不能始终保持高标准及最新版本。手册中工艺事故紧急停车程序太短，应根据程序增加。

(13) 工作票

许可证制度执行良好，但有效的工作单也应在控制室中显示。

(14) 管理

总体很好，但也有不足之处。例如，导淋管无堵头(LPG，高压)，有些地方有高度腐蚀的迹象。

(15) 操作工作设备

人力配备多，使操作检测达到高水平。各装置都有设备员和安全员。

(16) 技术安全审查

需开发 HAZOP(危险及可操作性研究)技术。

(17) 气体探测

检测区域大部分安装这种类型的装置。

(18) 火警探测

控制室内火警探测仪安装情况好，但不包括配电站。有些按钮开关不灵，泵密封上没有固定的火警监测装置。

(19) 消防水系统/消火栓

消防水泵系统配有电动/柴油驱动泵，总体可达到满意程度，但有些地方消火栓通道不畅，只能手动启动消防泵。

(20) 消防队

消防队配备人员多，消防车完好，消防人员训练有素且反应迅速。

(21) 固定保护

使用水炮，总体满意，但某些装置需审查水炮覆盖范围。水炮需距离设备 15 m，固定保护未考虑管廊下方的高风险的泵(常减压装置及焦化装置泵)。常压罐采用了很好的固定泡沫装置，LPG 罐有足够的固定保护。

(22) 液态烃储罐

安全标准很好，遥控阀应用普遍，液位计采用自备方式，排放系统为封闭型，气体检测系统满意。

(23) 管线检查

记录标准不一致。ISO 9002 提供了好的设备和管道检查计划；应根据危险和腐蚀性(6 个月至 2 年的频率)，规定出风险基本检查的统一标准；确保正确地记录所有数据的趋势，购买计算机数据处理系统；保温管道腐蚀检查计划（30～120 管线）；小孔径接管，如导淋管。

（24）仪表检查

记录很好。关键报警器只能在每 2 年 1 次的大修时检查，需进行常规测试（6 个月）。报警器的临界性应在操作检查/测试计划中进行。ESD 应在大修时检查。

（25）变更程序

由于变更程序在没有全面的安全审查和文件更新的基础上进行，因此需完善变更程序审查标准；采纳全面的现代化文档证书系统，并且使用危险及可操作性研究/安全检查表。需确保所有的修改都应正确地记录到操作手册、管线和仪表流程图中。

3．风险评价结论

各工艺装置等级一览表及各个范围内的内在风险系数的一览表，见表 4-72。内在风险系数是由下述的风险矩阵表推导出来的。

表 4-72　某炼油厂工艺装置风险等级

装置	可能性等级[①]	后果							风险区
		有毒物	火灾损失	VCE损失	利润损失	机械	责任	加权平均	
1 套常减压	1.8	低-中	中-高	低-中	高	低	低	中-高	3
2 套常减压	2.1	低-中	中-高	中-高	很高	低	低	高	3
1 套加氢处理	2.3	低-中	中-高	中-高	低-中	高	低	中-高	2
2 套加氢处理	2.5	低-中	中-高	中-高	中-高	高	低	中-高	2
蒸汽裂解	2.1	中-高	中-高	中-高	低-中	中-高	低	中-高	3
延迟焦化	2.0	中-高	中-高	中-高	中-高	低-中	低	中-高	3
FCC	未进行	低-中	高	高	低-中	高	低	高	3
液态烃储罐	3.0	低	高	低-中	低-中	低	低-中	低-中	1
常压储罐	2.7	低	高	低-中	低-中	低	低	低-中	1

可能性	装置等级[②]	装置以往事故	后果				
			低	低-中	中-高	高	很高
很高	0.0～1.2	装置发生几次，每年 1 次	5	4	3	2	1
高	1.3～2.0	装置发生几次，每 10 年 1 次	10	8	6	3	2
中-高	2.1～2.6	中石化公司发生过几次，每 100 年 1 次	15	12	9	6	3
低-中	2.7～3.4	行业中发生过，每 1 000 年 1 次	20	16	12	8	4
低	3.5～4.0	行业中从未听说过，每 10 000 年不到 1 次	25	20	15	10	5

中毒	人员受伤	急救	可记录	可能损失时间	1 人死亡	多人死亡
火灾或爆炸	损失/百万美元	<0.5	<0.2	1	<50	>50
	伤亡	无	可记录		1 人死亡	1 人死亡
设备损坏	停车时间	无	周	多周	>3 月	>9 月
	利润损失/百万美元	<0.5	<2	<10	<50	<50

表 4-72(续)

装置		可能性等级*	后果							风险区
			有毒物	火灾损失	VCE损失	利润损失	机械	责任	加权平均	
机械损失	损失/百万美元	无	>0.2	<1		<5			<5	
	备件配备		安装备件	装置内备件		装置外备件			无备件	
责任	受影响人	无	1～5	>5		>50			>500	
	人力损失+污染/百万美元	<0.5	<2	<10		<50			>50	

风险区		得分
4	不可接受	13
3	不合要求	46
2	可控制的	812
1	可接受的	1 525

注：① 按照国际上好的做法，可接受的风险等级分为2.5～3.0；② 装置等级数值范围含上、下限。

总体装置的事件-可能性主要是从装置等级系统推导出来的。总体事件-后果风险系数是从各工艺装置事件分析所用的风险系数加权推导出来的。

危险系数明确了装置/区域未来安全改善的紧迫程度。该评价还提出了各装置的风险改善建议，这里不再介绍。

二、统计图表分析法

1. 因果分析图

(1) 因果分析图法简介

因果分析图也称鱼刺图或特性因素图。鱼刺图分析法分析安全问题，可以使复杂的原因系统化、条块化，而且直观、逻辑性强，因果关系明确，便于将主要原因弄清楚。在鱼刺图中，“结果”表示不安全问题，事故类型；主干是一条长箭头，表示某一事故现象；长箭头两边有若干“枝干”“要因”，表示与该事故现象有直接关系的各种因素，它是综合分析和归纳的结果；“中原因”则表示与要因直接有关的因素。依次类推，便可以将事故的各种大小原因客观地、全面地找出来。

(2) 因果分析图法具体分析步骤

① 将事故名称易画在图面的最右边(头)。

② 找出事故发生大原因(骨干)，再寻找中原因(鱼刺)，然后寻找小原因(小刺)，甚至更小的原因(细刺)。

③ 画出主干线，主干线的箭头标明事故，再在主干线的两边依次用不同粗细的支线和箭头线表示出大、中、小原因之间的因果关系，在相应线条上旁边注出原因内容。

④ 找出主要原因，用显著记号或图将主要内容圈起来，以示突出。

⑤ 再使用相关的评价表进行危险评价，确定后果等级。

(3) 举例分析

【例 4-3】 使用鱼刺图法对某矿业公司的尾矿库溃坝事故进行安全评价。

1. 根据影响尾矿库安全的危险有害因素分析结果

绘制溃坝安全溃坝因果关系鱼刺图,如图 4-28 所示。

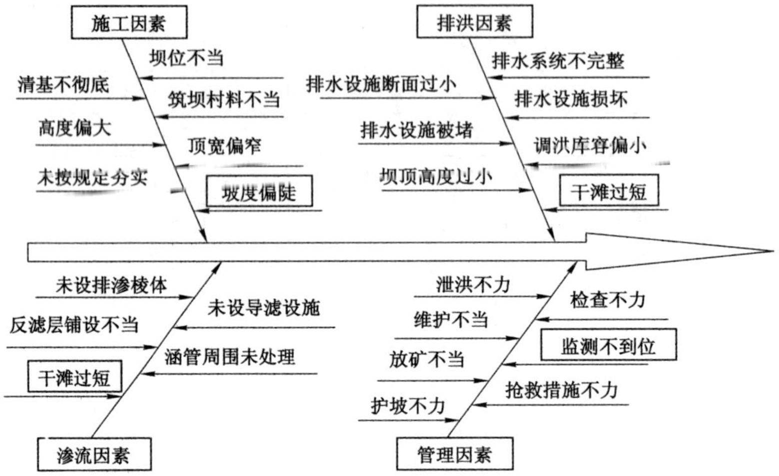

图 4-28 尾矿库溃坝事故鱼刺图

2. 尾矿库安全评价标准

尾矿库的安全程度评价函数值按下式进行计算:

$$W_{溃坝} = ab(c+d) \tag{4-98}$$

式中,a 为施工因素因子值;b 为排洪因素因子值;c 为渗流因素因子值;d 为管理因素因子值。

尾矿库的安全程度评价因素取值按表 4-73 确定,子评价因子按重要度从小到大取值,取值范围为 1~7,根据危险、有害因素辨识结果,子评价因子取值如表 4-73 所列;a~d 评价因子分值按子评价因子安全程度对评价因子影响最大的子因子取值;把评价因素分值代入式(4-98),对照表 4-72 可得到评价对象的危险程度和危险等级。

表 4-73 溃坝安全程度评价取值

序号	评价因子	子评价因子安全程度	子评价因子取值	分值
1	施工因素	坝位不当	7	a
		清基不彻底	6	
		筑坝材料不当	5	
		高度偏大	4	
		顶宽偏窄	3	
		未按规定夯实	2	
		坡度偏陡	1	

表 4-73(续)

序号	评价因子	子评价因子安全程度	子评价因子取值	分值
2	排洪因素	排水系统不完整	7	b
		排水设施断面过小	6	
		排水设施损坏	5	
		排水设施被堵	4	
		调洪库容偏小	3	
		坝顶超高过小	2	
		干滩过短	1	
3	渗流因素	未设排渗棱体	5	c
		未设导滤设施	4	
		反滤层铺设不当	3	
		涵管周围未处理	2	
		干滩较短	1	
4	管理因素	泄洪不力	7	d
		检查不力	6	
		维护不当	5	
		监测不到位	4	
		放矿不当	3	
		抢救措施不力	2	
		护坡不力	1	

表 4-74 尾矿库溃坝危险程度表

评价函数值(总分值)	危险程度等级	危险程度
$W_{溃坝}\geqslant 30$	四级	极危险
$20\leqslant W_{溃坝}<30$	三级	很危险
$10\leqslant W_{溃坝}<20$	二级	比较危险
$W_{溃坝}<10$	一级	稍有危险

3. 评价结果分析

经过现场分析、评价,确定影响尾矿库安全程度的因子分别为:施工因素为坡度偏陡,排洪因素为干滩过短,渗流因素为干滩较短,管理因素为监测不力,因此因子取值为 $a=1,b=1,c=1,d=4$。按式(4-98)求得的评价函数值 $W_{溃坝}=5$,对照表 4-74 可知某矿业公司尾矿库安全程度等级为一级,稍有危险。

4. 安全对策措施

为了确保尾矿库安全运行,要加强尾矿库的施工质量,尾矿库库址应当由设计单位根据库容、坝高、库区地形条件、水文地质、气象、下游居民区和重要工业构筑物等情况,经科学论证后,合理确定。对尾矿库库址及尾矿坝稳定性、尾矿库防洪能力、排洪设施和安全观测设施的可靠性进行充分论证，解决干滩过短引起的排洪和渗流问题。加强安全管理，组织好尾矿库管理人员的安全知识和安全技术培训，提高他们的安全意识，加强安全监测力度，实施24 h监测监控和值班值守，并针对可能发生的垮坝、漫顶、排洪设施损毁等生产安全事故和影响尾矿库运行的洪水、泥石流、山体滑坡、地震等重大险情制定并及时修订应急救援预案，配备必要的应急救援器材、设备，放置在便于应急时使用的地方。

2. 趋势图

趋势图是按一定的时间间隔统计数据，利用曲线的连续变化来反映事物动态变化的图形。趋势图借助于连续曲线的升降变化来反映事物的动态变化过程，可以帮助我们掌握事故发生规律，预测其未来的变化趋势，以便采取预防措施，降低事故损失。

3. 比重图

比重图是一种表示事物构成情况的平面图形，可以在平面图上形象、直观地反映事物的各种构成所占的比例。利用比重图可方便地对各事故进行统计分析，是一种表示事故构成情况的平面图形，在平面图上可以形象地反映各种事故构成所占的百分比。要绘制工伤事故比重图，首先要收集事故资料，其次要进行归纳整理及分类分析，在此基础上进行统计计算，求出其比重，再绘制图形。一般情况下，用一定弧度所对应的面积代表该类事故所占的比重，故称为比重图。

4. 主次图

主次图是主次排列图的简称，又称为分层排列图，简称排列图是按照数量多少的顺序依次排列的条形图与累计百分比曲线图相结合的坐标图形。主次图的横坐标为分析对象，如工龄、工种、事故类别、事故原因、发生地点、发生时间、受伤部位等。左侧坐标为事故的工伤人数，右侧纵坐标为累计百分比。分时故事发生原因时，用主次图可以定量地反映各个因素的大小，帮助人们找出主要原因，即抓住安全工作重点主要矛盾。

【例 4-4】 某矿山企业掘进队6个小队一定时间段内工伤人数统计，见图4-29。

绘制主次图：

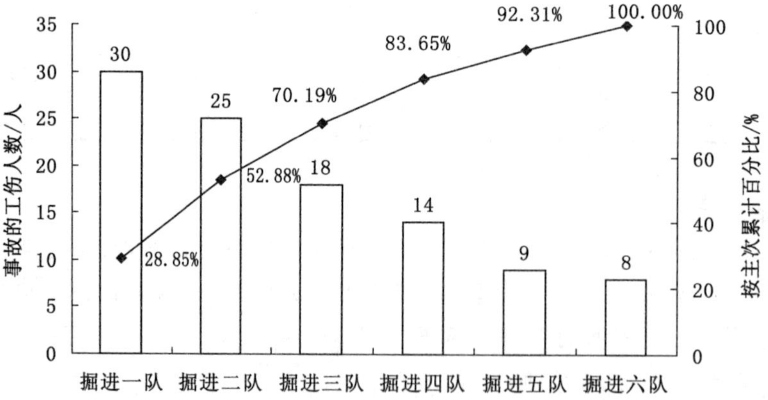

图4-29　某矿掘进队工伤人数统计主次图

5. 控制图

控制图是在趋势图的基础上做出的，它是在计算出控制界限并在图上标出之后，按事物发展的实际数据及时填图，以控制管理对象。实际上，它是一个标有控制界限的坐标图，其中横坐标为时间，纵坐标为管理对象的特征值。

(1) 控制图的控制界限值可根据以下情况计算确定

① 当统计数字只包括歇工 1 d 以上的事故时，事故发生频率服从泊松分布，确定控制界限的计算式为：

$$\overline{P_n} = \frac{\sum P_n}{K} \tag{4-99}$$

$$\overline{\mathrm{CL}} = \overline{P_n} \tag{4-100}$$

$$L_{上} = \overline{P_n} + 2\sqrt{\overline{P_n}} \tag{4-101}$$

$$L_{下} = \overline{P_n} - 2\sqrt{\overline{P_n}} \tag{4-102}$$

式中，P_n 为单位时间内事故发生次数；K 为统计单位时间次数；$\overline{\mathrm{CL}}$为中心线；$L_{上}$ 为上控制界限；$L_{下}$ 为下控制界限；$\overline{P_n}$为事故平均数。

② 当统计数字包括轻微(歇工不足 1 d)的事故时，事故发生的频率服从二项分布，确定其控制界限的计算式为：

$$L_{上} = \overline{P}_n + 3\sqrt{\overline{P_n}(1-\overline{P})} \tag{4-103}$$

$$L_{下} = \overline{P}_n - 3\sqrt{\overline{P_n}(1-\overline{P})} \tag{4-104}$$

式中，$\overline{P}$ 为平均事故发生频率。

(2) 举例分析

【例 4-5】 某企业一年 12 个月的工伤事故起数(只包括歇工 1 d 以上的事故)统计，绘制事故控制图(图 4-30)。

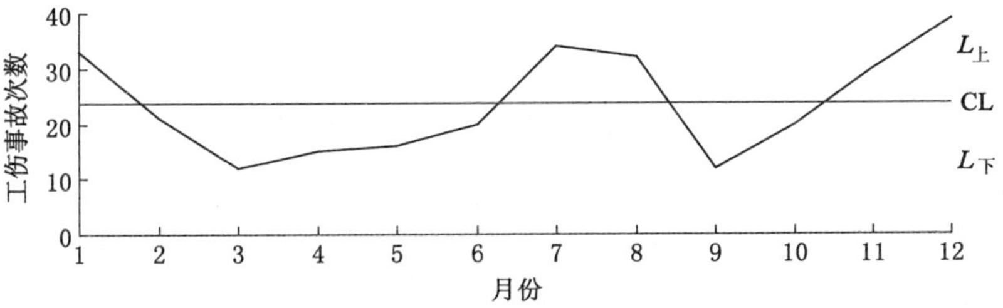

图 4-30　某企业工伤事故控制图

从图 4-30 中可以看出，该企业工伤事故主要集中在 7 月、8 月、11 月、12 月和 1 月份，为减少工伤事故重点要从这 5 个月份进行安全控制。

三、人员可靠性分析法

1. 人员可靠性分析法简介

人因可靠性分析(HRA)是以人因工程、系统工程、认知科学、概率统计、行为科学等诸多学科为理论基础，以对人的可靠性进行定性与定量分析和评价为核心，以分析、预测、预防与控制人的失误为目标的一种新型评价方法。目前，在人机系统概率安全评价方面，HAR 方法具有重要的应用价值。

HRA 的研究开始于 20 世纪 50 年代；20 世纪 50 年代末至 60 年代初已经有人开始探讨人

为差错对系统可靠性的影响;20 世纪 80 年代出现了 SLIM-MAUD 等方法,很多研究人员将这一时期出现的 HRA 方法称为第一代 HRA 方法;20 世纪 90 年代之后,陆续出现了一些新方法,如 ATHEANA 和 MERMOS 等。相对于第一代 HRA 方法,第二代方法的一个共同的特点是在分析过程中建立了人的认知过程模型,试图从认知方面着手,通过分析环境条件、操作员本身和设备自身状态等人为差错诱因,来描述人为差错产生机理。目前,HRA 的主要目标在于正确评估由于人为差错导致的风险和寻求降低人为差错影响的方式。

HRA 方法发展得很快,种类也较多,有些已在 HRA 中正式得到应用,而有些仅是提出作为 HRA 的可选择方法。表 4-75 列出几种常用的人员可靠性分析方法,并讨论了它们的特点。

表 4-75　HRA 方法汇总

序号	全称	特点
1	人误率预测技术(THREP)	①迄今最系统的人因可靠性分析方法; ②有较好的数据收集条件; ③在应用于事故下的规则性失误分析时,可获得信赖的结果; ④有一套较完整的表格,查表可量化人因失误
2	操作员动作树(OAT)	①早期开发的一种方法,用于诊断或与时间有关情况; ②可用于操作员的决策分析; ③仅用于粗略分析
3	事故引发与进展分析(AIPA)	①用于与响应时间相关联的情况; ②用于估算在高温气冷堆运行中的操纵员响应概率; ③类似于 TRC 模型; ④对 PSF 的修正考虑较少
4	人的认知可靠性模型(HCR)	①适用于诊断的决策行为的评价; ②将人的行为进行简化的处理后,再考虑一个不完全独立于时间的 HEP; ③模式已考虑人员间的关联性
5	成对比较法(PC)	①在简单估计 HEP 情况下,采用专家判断结果; ②对复杂任务 HEP 获得困难
6	直接数字估计法(DNE)	①要求有较好的参考数值; ②不适应完全的 HRA 情况; ③在多位专家之间进行有效的讨论
7	成功似然指数法(SLIM)	①较好的灵活性,无法验证; ②一种专家判断的技术; ③较好的理论基础; ④不过分强调外界可观察的错误而选用较确切的失误概率值; ⑤不考虑 PSF 的相互作用
8	社会-技术人的可靠性分析法(STAHR)	①一种依赖于主观推测和心理分析结合的方法; ②可以考虑比较复杂的、更为仔细的 PSF 相依问题; ③具有较强的灵敏度分析能力; ④利用影响图进行技术上的分析,而社会分析是指对影响图中技术因素影响的分析

表 4-75(续)

序号	全称	特点
9	混合矩阵法(CM)	①用于分析在初因事件诊断中的混淆错误; ②对专家判断依赖性很强; ③一种定性的分析
10	维修个人行为模拟模型(MAPPS)	①一种较适合于分析 PSA 中有关维修工作的方法; ②技术性较强的一种方法,结果较难理解
11	多序贯失效模型(MSFM)	①一种研究以维修为导向的计算机软件模型; ②为 PSA 维修活动提供数据; ③该方法本身是一种事件树的模拟,为分析人员提供有用的信息
12	系统化的人的行为可靠性分析程序(SHARP)	美国电力研究院(EPRI)进行人因分析的标准步骤,可使分析结果更加系统化、条理化
13	估计人决策失误的方法(INTENT)	①可作为进行操作员决策失误的评价方法; ②一种类似于 THERP 的方法,可以更广泛地描述人的命令错误; ③可对意向性失误的概率定量化
14	认知事件树系统(COGENT)	①对 THERP 中 HRA 事件树的一种扩展,可以描述几种认知失误; ②对认知失误的分类基于 SRK 框架和"slips"、"lapes"及"mistakes"的组合
15	人误分析技术(ATHEANA)	①提出了迫使失误情景的概念; ②当前最新的 HRA 方法之一; ③其成熟性尚未证明,并且可用数据缺乏
16	认知可靠性与失误分析方法(CREAM)	①基于认知心理学而提出的 HRA 最新方法; ②使用较为复杂,可操作性尚待强化

2. 第一代 HRA 方法

据不完全统计,第一代 HRA 方法有 50 多种,常用的有 30 种左右,具体介绍如下:

(1) 人的失误率预测技术(THERP)

THERP 方法 1964 年提出,1983 年最终成型。该方法主要通过建立 HRA 事件树来分析任务执行过程中可能出现的与人有关的差错,分析这些差错发生的概率,称人为差错概率(NHEP)。HRA 事件树在结构上类似于故障树,但实质上它们是有很大区别的。HRA 事件树以人为差错为中心,通过分解任务流程,确定不同阶段中可能的人为差错,利用二分法建立事件树的分支。THERP 最本质的优点在于提供了 HRA 事件树及基本 HEP 数据库,因而人员可靠性分析者在了解系统及运行班组的状况后,就可利用 THERP 模式查表量化人因失误。THERP 方法的过程比较清晰,沿用至今积累了丰富的数据资料,但这种方法依然存在以下缺陷:

① 虽然事件树非常有用，但在建立过程中并没有统一的标准，只能依赖评估人员对任务的理解。因此，评估人员中必须包括领域专家。

② 并不是所有的操作任务差错概率都可以从表中查出，对于表中没有包含的差错，只能通过查阅其他表或专家打分等主观手段得出，导致最终的计算结果很难保持一致性。

③ 对于比较简单的任务来说，二分法还能够满足需要。但是，随着任务复杂程度的提高，简单地将操作分为正确或者差错就显得比较粗糙了。

④ 在 PSF 和相关任务影响程度的分析方面，不同评估人员的理解很难保持一致，这样就必须增加评估人员的数量，造成人力、财力和时间的浪费。该方法问世以来，已被美国、日本等多个国家广泛用于核电站、石化工业、大型武器系统等领域的风险评价。

(2) 人的认知可靠性模型(HCR)

HCR 方法由比尔·汉纳曼(Bill Hannaman)于 1984 年提出，是为了评价运行班组未能在有限的时间内完成动作的概率而开发的。HCR 方法的目标是分析错误反应和没有反应的概率，它将认知行为分为基于技能的、基于规则的和基于知识的 3 种类型。HCR 方法认为，操作人员在规定的任务时间内没有响应的概率服从三参数威布尔分布(对数正态分布)。由此可知，人的认知可靠性包含以下几个方面：

① 指出人的可靠性分析必须利用任务分析方法分析。

② 人的认知过程行为分类可以分为技能型、规则型和知识型 3 种。

③ 确定执行响应任务的中值时间。

④ 调整任务响应中值时间以说明绩效因子。

⑤ 对每一种行为确定系统时间窗口，在时间窗口内行为必须完成。

⑥ 得到规范化时间值，基于这个时间，可以得到一组不响应概率和时间-可靠性曲线。

(3) 操作员动作树(OAT)

OAT 方法于 1982 年提出，将操作人员行为分为“观察—分析—反应”。该方法对人的行为进行了细分，认为最应该关注的是分析阶段，而这一阶段的差错最为重要。因此，该方法首先建立了任务的事件树，然后分析其中可能存在的分析差错并估计其概率。在该方法中，差错概率取决于可用的分析时间(从信号发出到必须做出反应的时间段)，而与任务类型和性质无关。一旦分析时间确定，差错概率就确定了。然而，OAT 方法中差错概率仅仅依赖分析时间，而与任务类型和性质无关，这是它的缺陷之一。

3. 第二代 HRA 方法

第二代方法的共同特征是都认为任务所处的环境条件才是人为差错的决定因素，具体介绍如下。

(1) 人误评估与减少技术(HEART)

HEART 方法由威廉姆斯(Williams)于 1983 年正式提出，虽然不是为了解决 THERP 方法存在的问题而提出的，但是其中一些思路恰好是与以上问题一一对应的。HERAT 方法着重研究对人因可靠性有负面影响的因素，即差错诱发条件，并寻求能够降低人为差错概率的措施。该方法基于两个基本假设：标称 HEP(NHEP)取决于不同的任务场景类型；最终的 HEP 可以通过 EPC 进行调节。其中，EPC 的概念和 PSF 非常相似，而通过 EPC 来调整 HEP 的思路也和 THERP 方法不谋而合。但是，在具体评估流程方面，HEART 方法要比 THERP 方法简单得多。Williams 归纳了 8 种不同类型的通用任务场景，并分别设定了标称 HEP 及其上、下限，几乎所有的任务都可以与这 8 种任务场景相匹配。针对可能出现的某些任务无法与这 8 种任务场景中的任何一种相匹配的情况，还额外指定了一种任务场景。HEART 方法中设定了 38 种 EPC 及其权重，用于调节 NHEP。针对某个具体的任务，还必须通过专家为 EPC 的影响程度打分（分值为0～1）。

HEART 方法避开了事件树，直接将任务归纳为 8 种不同的类型，这在很大程度上减轻了评估人员的工作负荷，即使离开领域专家，相关人员也能够进行评估。此外，EPC 的数量也比较精练，便于进行快速查询，而且 EPC 的调整公式也比较简单，这样可以在一定程度上保证数据的一致性。需要指出的是，HEART 方法中也包含了主观评估的因素，即 EPC 的影响程度还是需要主观判断的。对于具体任务来说，EPC 的影响程度肯定存在区别，而且任务类型和 EPC 数量比较少。因此，为了最大限度地保证安全，对于那些高风险领域（如核工业）采用 HEART 方法评价是必需的。

（2）人误分析技术（ATHEANA）

ATHEANA 方法是由美国核能管理委员会（USNRC）提出的。该方法认为，绝大部分的人为差错事件都是由系统自身条件和性能形成因子相结合共同影响造成的，统称为差错诱发环境。差错诱发环境可能导致非安全动作，非安全动作最终将导致人为差错事件。因此，该方法的重点在于辨识那些人为差错事件及其可能诱发的非安全动作。ATHEANA 方法将认知过程分为由"监测—环境感知—计划—实现"4 个阶段构成的回路，任一阶段出现差错，都可能导致错误。在这个认知模型的基础上，与操作人员、维修人员等紧密协作，确定人为差错事件和非安全动作，这是一个不断反复的过程，也是 ATHEANA 的关键过程。

（3）认知可靠性与失误分析模型（CREAM）

CREAM 方法是由埃里克（Erik）于 1998 年正式提出的。该方法认为，人的性能并不是孤立的随机行为，而是依赖于完成任务时所处的环境。CREAM 方法采用情景依赖控制模型作为认知模型基础，将模型中的认知功能分为观察、解释、计划和执行 4 类，认知控制模式也分为混乱的、机会的、战术的和战略的，每种控制模式对应一个认知行为差错概率区间。

四、日本化工六阶段评价法

1. 六阶段评价法简介

1976 年，日本劳动省颁布了《化工厂安全评价指南》，提出化工联合企业安全六阶段评价法，并在化工企业中推广使用。该评价法是一种对工程项目的安全性进行综合评价的方法，综合应用安全检查表、定量危险性评价、事故信息评价、故障树分析、事件树分析等方法，分成六个阶段采取逐步深入，定性与定量结合，层层筛选的方式识别、分析、评价危险，并采取措施修改设计消除危险。

2. 六阶段评价法实施步骤

（1）第一阶段：资料准备

建厂条件、原料和产品的物化性质、有关法规标准；反应过程；制造工程概要；流程图；流程机械表；配管、仪表系统图；安全设备种类及设置地点；运转要点；人员配置图；安全教育训练计划等其他有关资料。

（2）第二阶段：定性评价

应用安全检查表主要针对厂址选择、工厂内部布置、建筑、工艺流程和设备布置、原材料、中间体、产品、输送存储系统、消防设施等方面进行检查，发现问题改进设计。

(3)第三阶段:定量评价

将装置划分成若干个单元,对各单元的物质、容量、温度、压力和操作等进行评价,每项又分为 A、B、C、D 分段,分别对应分值 10 分、5 分、2 分、0 分。

(4) 第四阶段:制定安全对策

根据单元的危险度等级,按照方法推荐的各评价等级应采取的措施和要求,采取相应技术、设备、和组织管理等方面的安全对策措施。

(5) 第五阶段:用过去类似设备和装置的事故资料进行复查评价

根据设计内容参照过去同样的设备和装置的事故情报进行再评价,如果有应改进的地方,再按第四阶段要求进一步采取措施。

(6) 第六阶段:再评价

用故障树、事件树进行再评价。

3. 六阶段安全评价法的优缺点及适用范围

该方法综合运用检查表、定量危险性评价、类比法、事故树、事件树反复评价,准确性高,但工作量大,是一种周到的评价方法。除化工领域外,该评价法还可以用于其他行业进行安全评价。

五、层次分析评价法

1. 层次分析法简介

层次分析法(AHP)是美国运筹学家萨蒂(Saaty)教授于 20 世纪 80 年代提出的一种实用的多方案或多目标的决策方法,是建立在系统理论基础上的一种解决实际问题的方法。层次分析法将复杂问题分解成各个组成因素,又将这些因素按支配关系分组,形成递阶层次结构;同时,通过两两比较的方式确定各个因素相对重要性,然后综合决策者的判断,最终确定决策方案相对重要性的总排序。

(1) 运用层次分析法进行系统分析、设计、决策的步骤:

① 分析系统中各因素之间的关系,建立系统的递阶层次结构。

② 对同一层次的各元素关于上一层中某一准则的重要性进行两两比较,构造两两比较的判断矩阵。

③ 由判断矩阵计算被比较元素对于该准则的相对权重。

④ 计算各层元素对系统目标的合成权重,并进行排序。

(2) 递阶层次结构的建立

将系统问题条理化、层次化,构造出一个层次分析的结构模型。在模型中,复杂问题被分解,分解后各组成部分称为元素,这些元素又按属性分成若干组,形成不同层次。同一层次的元素作为准则对下一层的某些元素起支配作用,同时它又受上面层次元素的支配。层次可分为 3 类:

① 最高层。这一层次中只有一个元素,它是问题的预定目标或理想结果,也叫作目标层。

② 中间层。这一层次包括要实现目标所涉及的中间环节中需要考虑的准则。该层可由若干层次组成,有准则和子准则之分,这一层也叫作准则层。

③ 最底层。这一层次包括为实现目标可供选择的各种措施、决策方案等,也叫作措施层或方案层。

上层元素对下层元素的支配关系所形成的层次结构被称为递阶层次结构。当然，上一层元素可以支配下层的所有元素，但也可只支配其中部分元素。递阶层次结构中的层次数与问题的复杂程度及需要分析的详尽程度有关，可不受限制。每一层次中各元素所支配的元素一般不要超过 9 个，因为支配的元素过多会给两两比较判断带来困难。层次结构的好坏对于解决问题极为重要，但层次结构建立得好坏与决策者对问题的认识是否全面、深刻有很大关系。

层次分析法简单明了，不仅适用于存在不确定性和主观信息的情况，还允许以合乎逻辑的方式运用经验、洞察力和直觉，是一种系统的分析方法、定性与定量结合，易被了解和掌握。但是从建立层次结构模型到给出成对比较矩阵，人主观因素对整个过程的影响很大，而且计算过程是粗糙的。

2. 层次分析法评价过程

(1) 构造两两比较判断矩阵

在递阶层次结构中，设上一层元素 C 为准则，所支配的下一层元素为 $u_1, u_2, \cdots, u_n$ 对于准则 C 相对重要性，即权重。通常可分以下两种情况：

① 如果 $u_1, u_2, \cdots, u_n$ 对 C 的重要性可定量(如可以使用货币、质量等)，其权重可直接确定。

② 如果问题复杂，$u_1, u_2, \cdots, u_n$ 对于 C 的重要性无法直接定量，而只能定性，那么确定权重用两两比较方法。其方法是：对于准则 C，元素 u_i 和 u_j 哪一个更重要，重要的程度如何，通常按 1～9 的比例标度对重要性程度赋值。表 4-76 中列出了 1～9 标度的含义。

表 4-76　标度的含义

标度	含义
1	表示两个元素相比，具有同样重要性
3	表示两个元素相比，前者比后者稍重要
5	表示两个元素相比，前者比后者明显重要
7	表示两个元素相比，前者比后者强烈重要
9	表示两个元素相比，前者比后者极端重要
2,4,6,8	表示上述相邻判断的中间值
倒数	若元素 i 与 j 的重要性之比为 a_{ij}，那么元素 j 与元素 i 重要性之比为 $a_{ji} = 1/a_{ij}$

对于准则 C，n 个元素之间相对重要性的比较得到一个两两比较判断矩阵：

$$\mathbf{A} = (a_{ij})_{n\times n} \tag{4-105}$$

式中，a_{ij} 为元素 u_i 和 u_j 相对于 C 的重要性的比例标度。

判断矩阵 $\mathbf{A}$ 具有下列性质：$a_{ij} > 0, a_{ji} = 1/a_{ij}, a_{ii} = 1$。

由判断矩阵所具有的性质知，一个 n 个元素的判断矩阵只需要给出其上(下)三角的 $n(n-1)/2$ 个元素就可以了，即只需做 $n(n-1)/2$ 个比较判断。

若判断矩阵 $\mathbf{A}$ 的所有元素满足 $a_{ij} \cdot a_{jk} = a_{ik}$，则称 $\mathbf{A}$ 为一致性矩阵。

不是所有的判断矩阵都满足一致性条件，也没有必要这样要求，只是在特殊情况下才有可能满足一致性条件。

（2）权重计算以及判断矩阵一致性检验

单一准则下元素相对权重的计算以及判断矩阵的一致性检验。

已知 n 个元素 $u_1,u_2,\cdots,u_n$ 对于准则 C 的判断矩阵为 $\boldsymbol{A}$，求 $u_1,u_2,\cdots,u_n$ 对于准则 C 的相对权重 $w_1,w_2,\cdots,w_n$，写成向量形式即为 $\boldsymbol{W}=(w_1,w_2,\cdots,w_n)^{\mathrm{T}}$

① 权重计算方法：

a. 和法。将判断矩阵 $\boldsymbol{A}$ 的 n 个行向量归一化后的算术平均值，近似作为权重向量：

$$w_i=\frac{1}{n}\sum_{j=1}^{n}\frac{a_{ij}}{\sum_{k=1}^{n}a_{kj}}\qquad(i=1,2,\cdots,n)\tag{4-106}$$

计算步骤如下：

第一步：$\boldsymbol{A}$ 的元素按行归一化；

第二步：将归一化后的各行相加；

第三步：将相加后的向量除以 n，即得权重向量。

类似的还有列和归一化方法计算，即：

$$w_i=\frac{\sum_{j=1}^{n}a_{ij}}{n\sum_{k=1}^{n}\sum_{j=1}^{n}a_{kj}}\tag{4-107}$$

b. 根法。将 $\boldsymbol{A}$ 的各个行向量进行几何平均，然后归一化，得到的行向量就是权重向量。其公式为：

$$w_1=\frac{\left(\prod_{j=1}^{n}a_{ij}\right)^{\frac{1}{n}}}{\sum_{k=1}^{n}\left(\prod_{j=1}^{n}a_{kj}\right)^{\frac{1}{n}}}\qquad(i=1,2,\cdots,n)\tag{4-108}$$

计算步骤如下：

第一步：$\boldsymbol{A}$ 的元素按列相乘得一新向量；

第二步：将新向量的每个分量开 n 次方；

第三步：将所得向量归一化后即为权重向量。

③ 特征根法。解判断矩阵 $\boldsymbol{A}$ 的特征根问题：

$$\boldsymbol{AW}=\lambda_{\max}\boldsymbol{W}\tag{4-109}$$

式中，$\lambda_{\max}$ 为 $\boldsymbol{A}$ 的最大特征根；$\boldsymbol{W}$ 为 $\boldsymbol{A}$ 的特征向量，所得到的 $\boldsymbol{W}$ 经归一化后就可以作为权重向量。

④ 对数最小二乘法。用拟合方法确定权重向量 $\boldsymbol{W}=[w_1\quad w_2\quad\cdots\quad w_n]^{\mathrm{T}}$，使残差平方和 $\sum_{1\leqslant i\leqslant j\leqslant n}[\lg a_{ij}-\lg(w_i/w_j)]^2$ 为最小。

⑤ 最小二乘法。确定权重向量 $\boldsymbol{W}=[w_1\quad w_2\quad\cdots\quad w_n]^{\mathrm{T}}$，使残差平方和 $\sum_{1\leqslant i\leqslant j\leqslant n}[\lg a_{ij}-\lg(w_i/w_j)]^2$ 为最小。

（3）一致性检验

在计算单准则下权重向量时，还必须进行一致性检验。在判断矩阵的构造中，并不要求判断具有传递性和一致性。也就是说，不要求 $a_{ij} \cdot a_{jk} = a_{ik}$ 严格成立，这是由客观事物的复杂性与人的认识的多样性所决定的。但是，要求判断矩阵满足大体上的一致性是应该的。如果出现“甲比乙极端重要，乙比丙极端重要，而丙又比甲极端重要”的判断，显然是违反常识的，一个混乱的经不起推敲的判断矩阵有可能导致决策上的失误。另外，在判断矩阵过于偏离一致性时，上述各种计算排序权重向量（即相对权重向量）的方法，其可靠程度也就值得怀疑了。因此，要对判断矩阵的一致性进行检验。具体步骤如下：

① 计算一致性指标 C. I.：

$$\text{C. I.} = \frac{\lambda_{\max} - n}{n - 1} \tag{4-110}$$

② 查找相应的平均随机一致性指标 R. I.。表 4-77 给出了 1～15 阶正互反矩阵计算 1 000次得到的平均随机一致性指标。

表 4-77 平均随机一致性指标 R. I.

矩阵阶数	1	2	3	4	5	6	7	8
R. I.	0	0	0.52	0.89	1.12	1.26	1.36	1.41
矩阵阶数	9	10	11	12	13	14	15	
R. I.	1.46	1.49	1.52	1.54	1.56	1.58	1.59	

③ 计算一致性比例 C. R.：

$$\text{C. R.} = \frac{\text{C. I.}}{\text{R. I.}} \tag{4-111}$$

当 C. R. <0.1 时，认为判断矩阵的一致性是可以接受的；当 C. R. $\geqslant 0.1$ 时，应该对判断矩阵做适当的修正。

为了讨论一致性，需要计算矩阵最大特征根 $\lambda_{\max}$，除常用的特征根方法外，还可使用公式：

$$\lambda_{\max} = \sum_{i=1}^{n} \frac{(AW)_i}{nw_i} = \frac{1}{n}\sum_{i=1}^{n} \frac{\sum_{j=1}^{n} a_{ij} w_j}{w_i} \tag{4-112}$$

④ 计算各层元素对目标层的总排序权重。以上得到的是一组元素对其上一层中某元素的权重向量，最终要得到各元素，特别是最底层中各元素对于目标的排序权重，即所谓总排序权重，从而进行方案的选择。总排序权重要自上而下地将单准则下的权重进行合成，并逐层进行总的判断一致性检验。

设 $\boldsymbol{W}^{(k-1)} = [w_1^{(k-1)} \quad w_2^{(k-1)} \quad \cdots \quad w_{k-1}^{(k-1)}]^{\mathrm{T}}$ 表示第 $k-1$ 层上 $n_{(k-1)}$ 个元素相对于总目标的排序权重向量，用 $\boldsymbol{P}_j^{(k)} = [p_{1j}^{(k)} \quad p_{2j}^{(k)} \quad \cdots \quad p_{n_k j}^{(k)}]^{\mathrm{T}}$ 表示第 k 层上 n_k 个元素对第 $k-1$ 层上第 j 个元素为准则的排序权重向量，其中不受 j 元素支配的元素权重取为零。矩阵 $\boldsymbol{P}^{(k)} = [P_1^{(k)} \quad P_2^{(k)} \quad \cdots \quad P_{n_{k-1}}^{(k)}]^{\mathrm{T}}$ 是 $n_k \times n_{k-1}$ 阶矩阵，表示第 k 层上元素对 $k-1$ 层上各元素的排序。那么，第 k 层上元素对目标的总排序 $\boldsymbol{W}(k)$ 为：

$$\boldsymbol{W}^{(k)} = [w_1^{(k)} \quad w_2^{(k)} \quad \cdots \quad w_{n_k}^{(k)}]^{\mathrm{T}} = \boldsymbol{P}^{(k)} \cdot \boldsymbol{W}^{(k-1)} \tag{4-113}$$

或者：

$$w_i^{(k)} = \sum_{j=1}^{n_{k-1}} p_{ij}^{(k)} w_j^{(k-1)} \tag{4-114}$$

一般公式为：

$$\boldsymbol{W}^{(k)} = \boldsymbol{P}^{(k)} \boldsymbol{P}^{(k-1)} \cdots \boldsymbol{W}^{(2)}$$

式中，$\boldsymbol{W}^{(2)}$是第二层上元素的总排序向量，也是单准则下的排序向量。

要自上而下逐层进行一致性检验，若已求得 $k-1$ 层上元素 j 为准则的一致性指标 C. I. $j(k)$，平均随机一致性指标 R. I. $j(k)$，一致性比例 C. R. $j(k)$，其中 $j=1,2,\cdots,n_{k-1}$，则 k 层的综合指标为：

$$\text{C. I.}^{(k)} = [\text{C. I.}_1^{(k)} \quad \cdots \quad \text{C. I.}_{n_{k-1}}^{(k)}] \cdot \boldsymbol{W}^{(k-1)} \tag{4-115}$$

$$\text{R. I.}^{(k)} = [\text{R. I.}_1^{(k)} \quad \cdots \quad \text{R. I.}_{n_{k-1}}^{(k)}] \cdot \boldsymbol{W}^{(k-1)} \tag{4-116}$$

当 C. R. $(k)<0.1$ 时，认为递阶层次结构在 k 层水平的所有判断具有整体满意的一致性。

六、概率风险分析评价法

1. 概率风险分析概念

概率风险分析（PRA）又称为定量风险分析（QRA）或概率安全分析（PSA），通过综合分析单个元件（如管路、泵、阀门、压力容器、控制装置、操作人员等）的设计和操作性能来估计整个系统发生事故的概率。概率危险评价是评价和改善技术安全性的一种方法，通过建造导致不希望后果的事件树或故障树来分析事故原因；通过估算事件发生概率或事故率以及损失值，可定量地表示危险性大小。损失值通常用死亡人数、受伤人数、设备和财产损失表示，有时也用生态危害来表示。

2. 概率风险分析评价过程

① 辨识引发事件。

② 对已辨识事件发生的后果及概率建模。

③ 对危险性进行量化分析。

3. 概率风险分析应用范围

目前，概率风险分析已广泛应用于运输、建筑、能源、化工、航空、军事等许多领域，有的甚至还运用到项目计划和财务管理等方面。在上述诸多领域，概率风险分析已被有关权力部门作为制定法律框架的依据。当应用于其他领域时，作为安全方面的法定要求或为表明持续改进的需要，解析的概率风险分析也得到了广泛的应用。这种在所有领域应用概率风险分析作为制定管理决策的支持工具的趋势已经形成一门新的学科，即风险管理。

作为危险分析的一部分，定量危险评价包括辨识与公众健康、安全和环境有关的危险并估计危险发生的概率和严重度。20 世纪 60 年代末概率危险评价方法问世以来，其主要应用于以下 3 个方面：

① 提供某种技术的危险分析情况，用于制定政策、答复公众咨询、评价环境影响等。

② 提供危险定量分析值及减小危险的措施，帮助建立有关法律的操作程序。

③ 在工厂设计、运行质量管理、改造及维修时提出安全改进措施。

七、模糊数学评价法

1. 模数数学评价简介

(1) 模糊综合评价法的定义

模糊集合理论的概念于1965年由美国自动控制专家扎德(Zadeh)教授提出，用于表达事物的不确定性。模糊综合评价法是一种基于模糊数学的综合评标方法。该评价法根据模糊数学的隶属度理论将定性评价转化为定量评价，即用模糊数学对受到多种因素制约的事物或对象做出一个总体的评价。它具有结果清晰、系统性强的特点，能够较好地解决模糊的、难以量化的问题，适合各种非确定性问题的解决。

(2) 模糊综合评价法的有关术语

为了便于描述，依据模糊数学的基本概念，对模糊综合评价法中的有关术语定义如下：

① 评价因素：为便于权重分配和评议，可以按评价因素的属性将评价因素分成若干类，将每一类都视为单一评价因素，称为第一级评价因素；第一级评价因素可以设置下属的第二级评价因素，第二级评价因素可以设置下属的第三级评价因素，依此类推。

② 评价因素值：指评价因素的具体值。

③ 评价值：指评价因素的优劣程度。

④ 平均评价值：指评标委员会成员对某评价因素评价的平均值。

⑤ 权重：指评价因素的地位和重要程度。第一级评价因素的权重之和为1；每一个评价因素的下一级评价因素的权重之和为1。

⑥ 加权平均评价值：指加权后的平均评价值。加权平均评价值＝平均评价值×权重。

⑦ 综合评价值：指同一级评价因素的加权平均评价值之和。综合评价值也是对应的上一级评价。

(3) 模糊综合评价法的特点

① 相互比较，以最优的评价因素值为基准，其评价值为1；其余欠优的评价因素依据欠优的程度得到相应的评价值。

② 可以依据各类评价因素的特征，确定评价值与评价因素值之间的函数关系。

2. 模数数学评价过程

模糊综合评价是通过构造等级模糊子集将反映被评事物的模糊指标进行量化(即确定隶属度)，然后利用模糊变换原理对各指标综合进行计算。

(1) 确定评价对象的因素论域

p 个评价指标，$u=(u_1, u_2, \cdots, u_p)$。

(2) 确定评语等级论域

$v=\{v_1, v_2, \cdots, v_p\}$，即等级集合。每个等级可对应一个模糊子集。

(3) 建立模糊关系矩阵 $\boldsymbol{R}$

在构造了等级模糊子集后，要逐个对被评事物从每个因素 $u_i(i=1,2,\cdots,p)$ 上进行量化，即确定从单因素来看被评事物对等级模糊子集的隶属度 (R/u_i)，进而得到模糊关系矩阵：

$$\boldsymbol{R}=\begin{bmatrix} R/u_1 \\ R/u_2 \\ \vdots \\ R/u_p \end{bmatrix}=\begin{bmatrix} r_{11} & r_{12} & \cdots & r_{1m} \\ r_{21} & r_{22} & \cdots & r_{2m} \\ \vdots & \vdots & & \vdots \\ r_{p1} & r_{p2} & \cdots & r_{pm} \end{bmatrix}_{pm} \tag{4-117}$$

矩阵 $\boldsymbol{R}$ 中第 i 行第 j 列元素 r_{ij}，表示某个被评事物从因素 u_i 来看对 v_j 等级模糊子集的隶属度。一个被评事物在某个因素 u_i 方面的表现是通过模糊向量 $(R/u_i)=[r_{i1} \quad r_{i2} \quad \cdots \quad r_{im}]$ 来刻画的，而在其他评价方法中多是由一个指标实际值来刻画的。因此，从这个角度来讲，模糊综合评价要求更多的信息。

(4) 确定评价因素的权向量

在模糊综合评价中,确定评价因素的权向量 $\boldsymbol{A}=[a_1 \quad a_2 \quad \cdots \quad a_p]$。权向量 $\boldsymbol{A}$ 中的元素 a_i 本质上是因素 u_i 对模糊子{对被评事物重要的因素}的隶属度。本书使用层次分析法确定评价指标间的相对重要性次序,从而确定权系数,并且在合成之前归一化,即:

$$\sum_{i=1}^{p} a_i = 1 \qquad (a_i \geqslant 0, i = 1,2,\cdots,n)$$

(5) 合成模糊综合评价结果向量

利用合适的算子将 $\boldsymbol{A}$ 与各被评事物的 $\boldsymbol{R}$ 进行合成,得到各被评事物的模糊综合评价结果向量 $\boldsymbol{B}$,即:

$$\boldsymbol{A} \cdot \boldsymbol{R} = [a_1, a_2, \cdots, a_p] \begin{bmatrix} r_{11} & r_{12} & \cdots & r_{1m} \\ r_{21} & r_{22} & \cdots & r_{2m} \\ \vdots & \vdots & & \vdots \\ r_{p1} & r_{p2} & \cdots & r_{pm} \end{bmatrix} = [b_1 \quad b_2 \quad \cdots \quad b_m] = \boldsymbol{B} \qquad (4\text{-}118)$$

式中,b_1 是由 $\boldsymbol{A}$ 与 $\boldsymbol{R}$ 的第 v_j 列运算得到的,它表示被评事物从整体上来看对 v_j 等级模糊子集的隶属程度。

(6) 对模糊综合评价结果向量进行分析

实际中最常用的方法是最大隶属度原则,但在某些情况下使用会有些很勉强,损失信息很多,甚至得出不合理的评价结果。提出使用加权平均求隶属等级的方法,对于多个被评事物便可以依据其等级位置进行排序。

(7) 确定权重

求权重是综合评价的关键。层次分析法是一种行之有效的确定权系数的有效方法,特别适宜于那些难以用定量指标进行分析的复杂问题。它将复杂问题中的各因素划分为互相联系的有序层使之条理化,根据对客观实际的模糊判断,就每一层次的相对重要性给出定量的表示,再利用数学方法确定全部元素相对重要性次序的权系数。

八、灰色系统理论评价法

1. 灰色系统理论评价简介

(1) 灰色系统理论概念

灰色系统是指部分信息明确,部分不明确的系统。

灰色系统理论是1982年,由中国华中理工大学邓聚龙教授首先提出并创立的一门新兴学科,它是基于数学理论的系统工程学科,是一种研究少数据、贫信息不确定性问题的新方法。灰色系统理论以“部分信息已知,部分信息未知”的“小样本”“贫信息”不确定性系统为研究对象,主要通过对“部分”已知信息的生成、开发,提取有价值的信息,实现对系统运行行为、演化规律的正确描述和有效监控。社会、经济、农业、工业、生态、生物等许多系统,是按照研究对象所属的领域和范围命名的,而灰色系统却是按颜色命名的。在控制论中,人们常用颜色的深浅形容信息的明确程度,如艾什比(Ashby)将内部信息未知的对象称为黑箱(black-box),这种称谓已被人们普遍接受。我们用“黑”表示信息未知,用“白”表示信息完全明确,用“灰”表示部分信息明确、部分信息不明确。

(2) 灰色综合评价法步骤

灰色综合评价法是一种以灰色关联分析理论为指导，基于专家评判的综合性评价方法。其过程是：

① 建立灰色综合评估模型。

② 对各种评价因素进行权重选择。

③ 进行综合评价。

其中，灰色综合评估法中的权重选择可以结合层次分析法，以提高评估的准确性。

2. 灰色综合评价过程

(1) 建立灰色综合评价模型

$$\boldsymbol{R}=\boldsymbol{WE} \tag{4-119}$$

式中，$\boldsymbol{R}$ 为 m 个被评价的综合评价结果向量；$\boldsymbol{W}$ 为 n 个评价指标的权重分配向量；$\boldsymbol{E}$ 为各指标的评价矩阵。

$$\boldsymbol{R}=[r_1 \quad r_2 \quad \cdots \quad r_m]^{\mathrm{T}} \tag{4-120}$$

$$\boldsymbol{W}=[w_1 \quad w_2 \quad \cdots \quad w_n]^{\mathrm{T}}\left(\sum_{\mathrm{i}=1}^{\mathrm{n}} w_i=1\right) \tag{4-121}$$

$$\boldsymbol{E}=\begin{bmatrix} \xi_1(1) & \xi_1(2) & \cdots & \xi_1(n) \\ \xi_2(1) & \xi_2(2) & \cdots & \xi_2(n) \\ \vdots & \vdots & & \vdots \\ \xi_m(1) & \xi_m(2) & \cdots & \xi_m(n) \end{bmatrix} \tag{4-122}$$

式中，$\delta_i(k)$为第 i 种方案的第 K 个指标与第 K 个最优指标的关联系数。根据 $\boldsymbol{R}$ 的数值，进行排序。

(2) 灰色综合评价实施

① 确定最优指标集。高最优指标集为：

$$\boldsymbol{F}^*=[j_1^* \quad j_2^* \quad \cdots \quad j_n^*] \tag{4-123}$$

式中，j_k^* 为第 k 个指标的最优值，$k=1,2,\cdots,n$。

该最优值可以是诸方案中的最优值，也可以是评价者公认的最优值。不过在确定最优值时，既要考虑到先进性，又要考虑到可行性。若最优指标选得过高，则不现实，评价的结果也就不可能正确。选定最优指标集后，可构造矩阵 $\boldsymbol{D}$ 为：

$$\boldsymbol{D}=\begin{bmatrix} j_1^* & j_1^* & \cdots & j_1^* \\ j_1^1 & j_2^1 & \cdots & j_n^1 \\ \vdots & \vdots & & \vdots \\ j_1^m & j_2^m & \cdots & j_n^m \end{bmatrix} \tag{4-124}$$

式中，j_k^i 为第 i 个方案中第 k 个指标的原始数值。

② 指标值的规范化处理。由于系统中各因素的物理意义不同，导致数据的量纲也不一定相同，不便于比较，或者在比较时难以得到正确的结论，因此在进行灰色关联度分析时，一般都要进行无量纲化的数据处理。如要做量化研究分析，需要对系统行为特征映射量和各有效因素进行处理，通过算子作用使之化为数量级大体相近的无量纲数据，并将负相关因素转化为正相关因素。

设第 k 个指标的变化区间为$[j_{k1},j_{k2}]$，j_{k1} 为第 k 个指标在所有方案中的最小值，j_{k2} 为第 k 个指标在所有方案中的最大值，则可将上式中原始数值变换成无量纲值 $C_k^i\in(0,1)$，其关系式为：

$$C_k^i = \frac{j_k^i - j_{k1}}{j_{k2} - j_{kj}} \qquad (i = 1,2,\cdots,m; k = 1,2,\cdots,n) \tag{4-125}$$

D→C 矩阵为：

$$\boldsymbol{C} = \begin{bmatrix} C_1^* & C_1^* & \cdots & C_1^* \\ C_1^1 & C_2^1 & \cdots & C_n^1 \\ \vdots & \vdots & & \vdots \\ C_1^m & C_2^m & \cdots & C_n^m \end{bmatrix} \tag{4-126}$$

(3) 确定各评价指标的权重

用灰色关联分析确定评价指标的权重，实际上是对各位专家经验判断权重与某一专家经验判断的最大值进行量化比较，根据其彼此间的差异性的大小分析确定专业群体经验判断数值的关联程度，即关联度。关联度越大，说明专家经验判断趋于一致，该指标在整个指标体系中的重要程度就越大，权重也就越大。据此，可对各个指标的关联度进行归一处理，确定其相应的权重。

① 确定各评价指标权重的步骤如下：

a. 给出各专家的权重经验判断值。

b. 确定参考权重。

c. 计算关联系数和关联度。

d. 确定各评价指标的权重。

② 根据关联度的定义，可得关联度的计算步骤如下：

a. 根据评价目的确定评价指标体系，收集评价数据。

b. 确定参考数据列。参考数据列应该是一个理想的比较标准，可以以各指标的最优值(最劣值)构成参考数据列，也可根据评价目的选择其他参照值。

c. 对指标数据序列用关联算子进行无量纲化(也可以不进行无量纲化)，无量纲化后的数据序列形成矩阵。

d. 逐个计算每个被评价对象指标序列与参考序列对应元素的绝对差值。

e. 确定绝对差值的最小值 m 与最大值 M。

f. 计算关联系数，分别计算每个比较序列与参考序列对应元素的关联系数。

g. 计算关联度。

(4) 计算综合评价结果

反映系统行为特征的数据序列，称为参考数列。影响系统行为的因素组成的数据序列，称比较数列。

根据灰色系统理论，将 $[C_1^* \quad C_2^* \quad \cdots \quad C_n^*]$ 作为参考数列，将 $[C_1^i \quad C_2^i \quad \cdots \quad C_n^i]$ 作为被比较数列，则用关联度分析法求得第 i 个方案第 k 个最优指标的关联系数，即：

$$\delta_i(k) = \frac{m + \lambda M}{\Delta_i(k) + \lambda M} \tag{4-127}$$

式中，$m = \min\limits_i - \min\limits_k |C_k^* - C_k^i|$；$M = \max\limits_i - \max\limits_k |C_k^* - C_k^i|$；$\lambda \in [0,1]$，一般取 $\lambda = 0.5$；$\Delta_i(k) = |C_k^* - C_k^i|$。

由 $\delta_i(k)$ 即可求得 E。这样，综合评价结果为：

$$r_i = \sum_{k=1}^{n} W(k) \cdot \delta_i(k) \tag{4-128}$$

若关联度 r_i 最大，则说明被比较数列与最优指标最接近，即第 i 个方案优于其他方案，据此可以排出各方案的优劣次序。

【知识拓展】

神经网络评价法：

1. 神经网络评价法简介

(1) 神经网络评价法的定义

神经网络是人工神经网络(ANN)的简称，是一类模拟生物神经系统结构、由大量处理单元组成的非线性自适应动态系统，具有学习能力、记忆能力、计算能力及智能处理能力功能，可在不同程度和层次上模仿大脑的信息处理机理。另外，它被看作硬件与软件的结合体，对神经网络的研究在国际上已经形成一种热潮，其研究成果已在模式识别、自动控制、图像处理、语言识别等许多方面得到广泛的应用。将神经网络理论应用于安全评价之中，能克服传统评价方法的一些缺陷，能快速、准确地得到评价结果。这将为企业安全管理提供科学的决策信息，从而避免事故的发生。

(2) 神经网络评价法的分类

目前，比较典型的神经网络模型有 BP(误差反向传递)神经网络模型和 H(Hopfield，霍费尔)动态神经网络模型 2 种。BP 神经网络模型是由韦伯斯(Werbos)在 1994 年提出的，不仅具有输入和输出单元，而且还有一层或多层隐含层单元。当信号输入时，首先是到隐层点，经过作用函数后，再将隐含层单元输出信息传到输出层单元，经过处理后给出输出结果。目前，在安全评价中应用较多的是具有多输入单元和单输出单元的 3 层 BP 神经网络。输入信号从输入层经隐含层单元逐层处理，并传向输出层，每一层神经元的状态只影响下一层神经元的状态。如果输出层没有得到期望的输出，则转入反向传播，将输出信号的误差沿原来的连接通路返回。通过修改各层神经元的权值，使得误差最小(收敛)。

下面以 BP 神经网络模型为例介绍其评价实施过程。

2. 神经网络评价法过程

(1) BP 神经网络算法

设网络输入为 P，输入神经元有 r 个，隐含层有 s_1 个神经元，激活函数为 f_1，输出层内有 s_2 个神经元，对应的激活函数为 f_2。输出为 A，目标矢量为 T。

① 信息的正向传播。

a. 隐含层中第 i 个神经元的输出为：

$$a_{1i} = f_1\left(\sum_{j=1}^{r} w_{1ij} p_j + b_{1i}\right) \qquad (i = 1,2,\cdots,s_1) \tag{4-129}$$

b. 输出层第 k 个神经元的输出为：

$$a_{2k} = f_2\left(\sum_{i=1}^{s_1} w_{2ki} a_{1i} + b_{2k}\right) \qquad (k = 1,2,\cdots,s_2) \tag{4-130}$$

c. 定义误差函数为：

$$E(W,B) = \frac{1}{2}\sum_{k=1}^{s_2}(t_k - a_{2k})^2 \tag{4-131}$$

网络通过学习找到一组权重，使总误差函数最小，这可归结为在权重空间 E 内寻优，BP 算法采用了梯度寻优法。

② 求权值的变化及误差的反向传播。

a. 输出层的权值变化。从第 i 个输入到第 k 个输出的权值变化量为：

$$\Delta w_{2ki} = -\eta \frac{\partial E}{\partial w_{2ki}} = -\eta \frac{\partial E}{\partial a_{2k}} \cdot \frac{\partial a_{2k}}{\partial w_{2ki}} = \eta (t_k - a_{2k}) f_2' a_{1i} = \eta \delta_{ki} a_{1i} \tag{4-132}$$

式中，$\delta_{ki} = (t_k - a_{2k}) f_2' = e_k f_2'$，$e_k = (t_k - a_{2k})$。

同理，可得：

$$\Delta b_{2k} = -\eta \frac{\partial E}{\partial b_{2ki}} = -\eta \frac{\partial E}{\partial a_{2k}} \cdot \frac{\partial a_{2k}}{\partial b_{2ki}} = \eta (t_k - a_{2k}) f_2' = \eta \delta_{ki} \tag{4-133}$$

b. 隐含层权值的变化。从第 j 个输入到第 i 个输出的权值变化量为：

$$\Delta w_{1ij} = -\eta \frac{\partial E}{\partial w_{1ij}} = -\eta \frac{\partial E}{\partial a_{2k}} \cdot \frac{\partial a_{2k}}{\partial a_{1i}} \cdot \frac{\partial a_{ij}}{\partial w_{1iji}}$$

$$= \eta \sum_{k=1}^{s_2} (t_k - a_{2k}) f_2' w_{ki} f_1' p_j = \eta \delta_{iji} p_j \tag{4-134}$$

式中，$\delta_{ij} = e_i f_1'$，$e_i = \sum_{k=1}^{s_2} \delta_{ki} w_{2ki}$

（2）BP 网络误差的反向传播

误差的反向传播是 BP 网络的关键，其过程是：首先计算输出层的误差 e_k，然后将其与输出层激活函数的一阶导数 f_2' 相乘，求得 δ_{ki}。由于隐含层中没有直接给出目标矢量，所以利用输出层的 δ_{ki} 进行误差反向传播求出隐含层的变化量 Δw_{2ki}，然后计算 e_i，并同样将 e_i 与该层激活函数的一阶导数 f_1' 相乘，求得 δ_{ij}，以此求出前一层的权值变化量 Δw_{1ij}。如果前面还有隐含层，则沿用上述同样方法依次类推，一直将输出误差一层一层地反向传播到第一层为止。

BP 算法要求各层激活函数的一阶导数处处可微。对于 S 形（Sigmoid）函数 $f(x) = \frac{1}{1+e^{-x}}$，其一阶导数为：

$$f'(n) = \frac{e^{-n}}{(1+e^{-n})^2} = \frac{1+e^{-n}-1}{(1+e^{-n})^2} = \frac{1}{1+e^{-n}} \cdot \left(1 - \frac{1}{1+e^{-n}}\right)$$

$$= f(n)[1 - f(n)] \tag{4-135}$$

对于线性激活函数，一阶导数为 $f'(n) = n' = 1$。

（3）BP 神经网络的设计

① 确定网络的拓扑结构，包括中间隐含层的层次，输入层、输出层和隐含层的节点数。

② 确定被评价系统的指标体系，包括特征参数和状态参数。运用神经网络进行安全评价时，首先必须确定评价系统的内部构成和外部环境，然后确定能够正确反映被评价对象安全状态的主要特征参数（输入节点数，各节点实际含义及其表达形式等）以及这些参数下系统的状态（输出节点数，各节点实际含义及其表达形式等）。

③ 选择学习样本，供神经网络学习。选取多组对应系统不同状态参数值时的特征数值作为学习样本，供网络系统学习。这些样本应尽可能地反映各种安全状态。神经网络的学习过程是根据样本确定网络的连接权值和误差反复修正的过程。

④ 确定作用函数,通常选择非线性S形函数。

⑤ 建立系统安全评价知识库。

⑥ 进行实际系统的安全评价。经过训练的神经网络将实际评价系统的特征值转换后输入到已具有推理功能的神经网络中,运用于系统安全评价知识库处理后得到评价实际系统安全状态的评价结果。实际系统的评价结果又作为新的学习样本输入到神经网络,使系统安全评价知识库进一步充实。

【思考练习】

1. 常见的统计图表分析法有哪些?

2. 简述层次分析法的评价过程。

3. 简述模糊数学评价过程。

4. 简述因果分析图法分析步骤。

5. (　　)评价方法通过综合分析单个元件的设计和操作性能来估计整个系统发生事故的概率。

6. (　　)评价方法是通过构造等级模糊子集将反映被评事物的模糊指标进行量化,然后利用模糊变换原理对各指标综合进行计算。

7. 灰色综合评价法是一种以灰色关联分析理论为指导,基于(　　)评判的综合性评价方法。

8. 神经网络是人工神经网络的简称,是一类模拟生物神经系统结构、由大量处理单元组成的非线性(　　)动态系统,具有学习能力、记忆能力、计算能力及智能处理能力功能,可在不同程度和层次上模仿大脑的信息处理机理。

【技能训练】

某库区影响因素及层次结构,见图4-31。

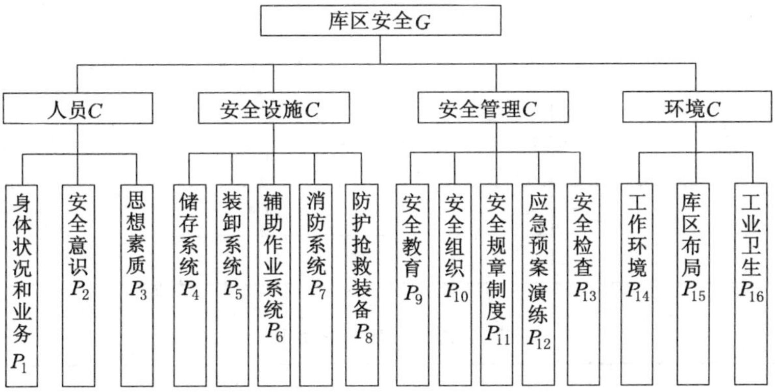

图4-31　库区安全层次结构图

专家给出的比较矩阵结果见表 4-78 至表 4-83。

表 4-78 库区安全比较矩阵

G	C_1	C_2	C_3	C_4
C_1	1	1	2	3
C_2	1	1	2	3
C_3	1/2	1/2	1	1
C_4	1/3	1/3	1	1

表 4-79 人员比较矩阵

C_1	P_1	P_2	P_3
P_1	1	2	4
P_2	1/2	1	2
P_3	1/4	1/2	1

表 4-80 安全设施比较矩阵

C_2	P_4	P_5	P_6	P_7	P_8
P_4	1	1	4	2	6
P_5	1	1	4	3	6
P_6	1/4	1/4	1	1/2	2
P_7	1/2	1/3	2	1	4
P_8	1/6	1/2	1/2	1/4	1

表 4-81 安全管理比较矩阵

C_3	P_9	P_{10}	P_{11}	P_{12}	P_{13}
P_9	1	2	1/3	4	2
P_{10}	1/2	1	1/4	3	1
P_{11}	3	4	1	8	4
P_{12}	1/4	1/3	1/8	1	1/3
P_{13}	1/2	1	1/4	3	1

表 4-82 人员比较矩阵

C_4	P_{14}	P_{15}	P_{16}
P_{14}	1	5	2
P_{15}	1/5	1	1/2
P_{16}	1/2	2	1

表 4-83 不一致选取表

N	1	2	3	4	5
R. I.	0	0	0.52	0.89	1.12

要求：运用层次分析法对该系统进行分析，并给出各影响因素的权重排序。

计算过程见表 4-84 至表 4-89，将计算结果填入空格中（权重结果保留小数点后 2 位）。

表 4-84 库区安全比较矩阵权重与 C. R. 计算结果

G	C_1	C_2	C_3	C_4	权重	C. R.	
C_1	1	1	2	3			
C_2	1	1	2	3			
C_3	1/2	1/2	1	1			
C_4	1/3	1/3	1	1			

表 4-85 人员比较矩阵权重与 C. R. 计算结果

C_1	P_1	P_2	P_3	权重	C. R.
P_1	1	2	4		
P_2	1/2	1	2		
P_3	1/4	1/2	1		

表 4-86 安全设施比较矩阵权重与 C. R. 计算结果

C_2	P_4	P_5	P_6	P_7	P_8	权重	C. R.
P_4	1	1	4	2	6		
P_5	1	1	4	3	6		
P_6	1/4	1/4	1	1/2	2		
P_7	1/2	1/3	2	1	4		
P_8	1/6	1/2	1/2	1/4	1		

表 4-87 安全管理比较矩阵权重与 C. R. 计算结果

C_3	P_9	P_{10}	P_{11}	P_{12}	P_{13}	权重	C. R.
P_9	1	2	1/3	4	2		
P_{10}	1/2	1	1/4	3	1		
P_{11}	3	4	1	8	4		
P_{12}	1/4	1/3	1/8	1	1/3		
P_{13}	1/2	1	1/4	3	1		

表 4-88　人员比较矩阵权重与 C. R. 计算结果

C_4	P_{14}	P_{15}	P_{16}	权重	C. R.
P_{14}	1	5	2		
P_{15}	1/5	1	1/2		
P_{16}	1/2	2	1		

综上所述，可行各影响因素权重及排序(权重结果保留小数点后 6 位)见表 4-89。

表 4-89　影响因素的权重排序

G	C	P	权重	排序
库区安全	人员 C_1	P_1		
		P_2		
		P_3		
	安全设施 C_2	P_4		
		P_5		
		P_6		
		P_7		
		P_8		
	安全管理 C_3	P_9		
		P_{10}		
		P_{11}		
		P_{12}		
		P_{13}		
	环境 C_4	P_{14}		
		P_{15}		
		P_{16}		

项目 5　安全对策措施与评价结论

任务一　安全对策措施与建议

【学习目标】

知识目标：掌握安全技术、安全管理和事故应急救援预案安全对策措施的主要内容。

技能目标：能够根据危险有害因素辨识和安全评价方法结果编制安全对策措施。

【实例展示】

以某化工股份有限公司安全条件评价（安全预评价）报告为例，介绍安全对策措施及建议。

1. 可行性研究报告中的安全对策措施与建议

① 环境保护措施。施工期环境保护措施、运营期环境保护措施、污染物总量控制措施。

② 消防设施和措施。

③ 安全管理和职业安全卫生措施。

2. 安全条件评价中补充完善的安全对策措施与建议

（1）选址与总平面布局（表 5-1）

表 5-1　选址与总平面布局安全对策措施与建议

序号	安全对策措施与建议	依据
1	石油化工企业的生产区宜位于邻近城镇或居民区全年最小频率风向的上风侧	《石油化工企业设计防火标准（2018 年版）》（GB 50160—2008）
2	石油化工企业的生产区沿江河岸布置时，宜位于邻近江河的城镇、重要桥梁、大型锚地、船厂等重要建筑物或构筑物的下游	《石油化工企业设计防火标准（2018 年版）》（GB 50160—2008）
3	石油化工企业应采取防止泄漏的可燃液体和受污染的消防水排出厂外的措施	《石油化工企业设计防火标准（2018 年版）》（GB 50160—2008）
⋮	⋮	⋮

（2）主要工艺和装置、设备、设施的安全对策措施与建议

根据《安全生产法》《化工企业安全卫生设计规范》（HG 20571—2014）的要求，生产工艺、装置（设施）拟建项目安全对策措施与建议应符合表 5-2 和表 5-3 的规定。

表 5-2　生产工艺、装置(设施)安全对策措施与建议

序号	安全对策措施与建议	依据
1	生产经营单位不得使用应当淘汰的危及生产安全的工艺、设备	《安全生产法》
2	具有危险和有害因素的生产过程,应设计可靠的监测仪器、仪表,并设计必要的自动报警和自动联锁系统	《化工企业安全卫生设计规范》(HG 20571—2014)
3	化工生产装置内的设备、管道、建筑(构)筑物之间防火距离应符合 GB 50160 中的规定	《化工企业安全卫生设计规范》(HG 20571—2014)
⋮	⋮	⋮

表 5-3　特种设备及强制检验设施安全对策措施与建议

序号	安全对策措施与建议	依据
1	生产经营单位使用的危险物品的容器、运输工具,以及涉及人身安全、危险性较大的海洋石油开采特种设备和矿山井下特种设备,必须按照国家有关规定,由专业生产单位生产,并经具有专业资质的检测、检验机构检测、检验合格,取得安全使用证或者安全标志,方可投入使用。检测、检验机构对检测、检验结果负责	《安全生产法》
2	特种设备使用单位应当按照安全技术规范的定期检验要求,在安全检验合格有效期届满前 1 个月向特种设备检验检测机构提出定期检验要求	《特种设备安全监察条例》
3	压力容器使用单位应当按照《特种设备使用管理规则》的有关要求,对压力窗口进行使用安全管理,设置安全管理机构,配备安全管理负责人、安全管理人员和作业人员,办理使用登记,建立各项安全管理制度,制定操作规程,并且进行检查	《固定式压力容器安全技术监察规程(第 1 号修改单)》(TSG 21—2016)
⋮	⋮	⋮

(3) 采暖、通风、空气调节和除尘的安全对策措施与建议(表 5-4)

表 5-4　采暖、通风、空气调节和除尘的安全对策措施与建议

序号	安全对策措施与建议	依据
1	通风、空气调节系统应采取防火安全措施	《建筑设计防火规范(2018 年版)》(GB 50016—2014)
2	甲、乙类厂房要具备良好的通风重要任务,将室内空气及时排出到室外,而不循环使用,同时,需向车间内送入新鲜空气	《建筑设计防火规范(2018 年版)》(GB 50016—2014)
3	甲、乙类厂房(仓库)内严禁采用明火和电热散热器供暖	《建筑设计防火规范(2018 年版)》(GB 50016—2014)
⋮	⋮	⋮

（4）给排水系统的安全对策措施与建议（表 5-5）

表 5-5　给排水系统的安全对策措施与建议

序号	检查项目及内容	依据
1	循环水设施的布置，应位于所服务的生产设施附近，并能使回水具有自流条件，或能减少扬程的地段。沉淀池附近，应有相应的淤泥堆积、排水设施和运输线路的场地	《工业企业总平面设计规范》（GB 50187—2012）
2	消防给水和消防设施的设置应根据建筑的用途及其重要性、火灾危险性、火灾特性和环境条件等因素综合确定。	《建筑设计防火规范（2018 年版）》（GB 50016—2014）
3	循环水设施的布置，应位于所服务的生产设施附近，并能使回水具有自流条件	《工业企业总平面设计规范》（GB 50187—2012）
⋮	⋮	⋮

（5）储存区安全卫生设计对策措施与建议（表 5-6）

表 5-6　储存区安全卫生设计对策措施与建议

序号	安全对策措施与建议	依据
1	储存甲、乙类物品的库房、罐区、液化烃储罐宜归类分区布置在厂区边缘地带，其储存量和总平面及交通线路等各项设计内容应符合有关规范的规定	《化工企业安全卫生设计规范》（HG 20571—2014）
2	在不正常条件下，可能超压的设备是否设安全阀	《石油化工企业设计防火标准（2018 年版）》（GB 50160—2008）
3	转动设备的转动部位应装安全防护罩	《生产过程安全卫生要求总则》（GB 12801—2008）
⋮	⋮	⋮

（6）重点监管的危险化学品安全对策措施

过氧化（二）苯甲酰属于国家第二批重点监管的危险化学品，应该按表 5-7 的要求采取安全对策措施。

表 5-7　第二批重点监管的危险化学品[过氧化（二）苯甲酰]安全对策措施与建议

序号	安全对策措施与建议	依据
1	操作人员必须经过专门培训，严格遵守操作规程，熟练掌握操作技能，具备应急处置知识	《国家安全监管总局关于公布第二批重点监管危险化工工艺目录和调整首批重点监管危险化工工艺中部分典型工艺的通知》（安监总管三〔2013〕3 号）
2	生产过程密闭，加强通风。使用防爆型的通风系统和设备，提供安全淋浴和洗眼设备。可能接触其粉尘时，建议佩戴自吸过滤式防尘口罩。戴化学安全防护眼镜，戴橡胶手套。工作业现场禁止吸烟、进食和饮水	

表 5-7(续)

序号	安全对策措施与建议	依据
3	远离火种、热源。应与禁配物分开存放，切忌混储	《国家安全监管总局关于公布第二批重点监管危险化工工艺目录和调整首批重点监管危险化工工艺中部分典型工艺的通知》(安监总管三〔2013〕3 号)
4	生产、储存区域应设置安全警示标志。禁止震动、撞击和摩擦。配备相应品种和数量的消防器材及泄漏应急处理设备	
5	采用湿法粉碎工艺时，应待物料全部浸湿后方可开机；当采用金属球和金属球磨筒方式进行粉碎时，宜用水或含水溶剂作为介质。粉碎混合加工过程中应设置自动导出静电的装置，出料时应将接料车和出料器用导线可靠连接并整体接地	
6	生产过程中易引起燃烧爆炸的机械化作业应设置自动报警、自动停机、自动泄爆、自动雨淋等安全自控装置；自动化生产线的单机设备除有自动控制系统监控外，在现场还应设置应急控制操作装置	
7	生产过程中产生的不合格品和废品应隔离存放、及时处理；内包装材料应统一回收存放在远离热源的场所，并及时销毁	
8	【操作安全】略	
9	【储存安全】略	
10	【运输安全】略	
11	【急救措施】略	
12	【灭火方法】略	
13	【泄漏应急处置】略	

(7) 劳动安全卫生措施与建议

依据《使用有毒物质作业场所劳动保护条例》(国务院令第 352 号)、《化工企业安全卫生设计规范》(HG 20571—2014)等法律、法规，职业卫生应该符合表 5-8 的规定。

表 5-8　职业卫生安全对策措施与建议

序号	检查项目及检查内容	依据
1	有毒作业场所与生活场所分开，作业场所不得住人	《使用有毒物质作业场所劳动保护条例》(国务院令第 352 号)
2	产生噪声、振动的厂房设计和设备布局应采取降噪和减振措施	《工业企业设计卫生标准》(GBZ 1—2010)
3	在生产过程中，对可能逸出含尘毒气体的生产过程，应尽量采用自动化操作，并设计可靠排风和净化回收装置，保证作业环境和排放的有害物质浓度符合国家标准和有关规定	《化工企业安全卫生设计规范》(HG 20571—2014)
⋮	⋮	⋮

(8) 安全管理和其他方面的对策措施(表 5-9)

表 5-9　安全管理对策措施与建议

序号	对策措施与建议	依据
1	生产经营单位应当对从业人员进行安全生产教育和培训，保证从业人员具备必要的安全生产知识，熟悉有关的安全生产规章制度和安全操作规程，掌握本岗位的安全操作技能，了解事故应急处理措施，知悉自身在安全生产方面的权利和义务。未经安全生产教育和培训合格的从业人员，不得上岗作业	《安全生产法》
2	危险化学品单位应当制定本单位危险化学品事故应急预案，配备应急救援人员和必要的应急救援器材、设备，并定期组织应急救援演练	《危险化学品安全管理条例》（国务院令第 645 号）
3	企业应当根据危险化学品的生产工艺、技术、设备特点和原辅料、产品的危险性编制岗位操作安全规程	《危险化学品生产企业安全生产许可证实施办法》（安监总局令第 41 号）
⋮	⋮	⋮

（9）其他方面的对策措施

① 应为有关职工办理工伤保险。

② 建设项目应进行压力容器、压力管道安装监督检验。建设单位不得对设计、施工、工程监理等单位提出不符合建设工程安全生产法律法规和强制性标准规定的要求。

③ 从组织体系上落实安全生产工作。如安全网络机构、设置安全管理部门和专职安全管理人员，建立义务消防队伍并组织演练，制定安全目标及建立各级安全生产责任制，若以承包方式承包给其他单位，应签订安全协议，并明确双方安全职责、安全义务等。

④ 单位主要负责人和安全生产管理人员每年应经属地安全生产监督管理部门进行签证再教育。

⑤ 压力容器、压力管道等特种作业人员须持证上岗。

⑥ 人员素质是防止发生人为失误、预防事故发生的基本条件。因此，在人员招聘中，除要求基本文化素质外，还应考虑是否具有必需的心理素质（如有恒心、敏感性、独立性、自律性等）。

⑦ 建立防火防爆安全规定、巡回检查制度、交接班管理制度、安全保卫制度、消防安全管理制度、职业卫生和劳动保护管理制度、安全目标管理制度、安全检查制度、安全奖惩制度、从业人员安全教育培训制度、安全保卫工作制度、安全设施管理制度等各项管理制度，制定各工作岗位安全责任制，并制定巡检规定、安全操作规定、卸车操作规程等各种安全操作规程。要落实各项制度的责任人和核查人，责任人和核查人应向安全生产主管定时报告该制度的执行情况。对于异常情况，应记录在案，并立即报告。杜绝违章指挥、违章作业、违反劳动纪律。

⑧ 必须制定符合有关规定的检修动火制度和开停车制度，并责任到人。各级管理人员和维修工、操作工，在作业时应使用防爆工具。检修储罐、管道、阀门时，必须做好隔离措施（如安装盲板等），并且要彻底清洗置换，经分析合格后，在有现场监护、通风良好的条件下，方能进行动火作业。

⑨ 做好设备的防腐、维修保养、定期检验、计量管理等工作。

⑩ 易燃易爆生产场所应设立醒目的警示标志，加强巡检制度，发现问题及时处理。厂内全年 365 天必须有值班人员负责安全管理和消防管理。

⑪ 对员工进行消防知识培训。与附近的专业消防队保持密切联系，以便紧急情况下可以得到有效支援，防止事故蔓延。

⑫ 应在专门指定场所备有急救器材和药品，并设专人定期检查，以防失效。同时，还应具备可靠的通信联络手段，抢救、运送中毒人员的条件。

⑬ 制定并落实劳保用品发放、使用管理制度。操作工应穿着防静电服、防静电鞋。要培训员工正确使用劳保用品。

⑭ 加强门卫管理，运送物料的车辆必须携带完好的阻火器，听从指挥，正确行驶，防止发生故障和车祸。

(10) 应急预案对策措施与建议

项目在建设、生产运营过程中，存在着火灾、爆炸等危险有害因素，一旦发生意外，有可能造成人员伤害或财产损失。项目在建设期间和投入使用之前，应根据《生产经营单位生产安全事故应急预案编制导则》(GB/T 29639—2020)、《危险化学品事故应急救援预案编制导则(单位版)》和本项目的设计规划情况制定详尽的事故应急救援预案(并组织专家评审)，建立救援组织，并且每年至少组织一次演练，通过演练和实际救援情况，不断完善事故应急救援预案。

【相关知识】

一、安全对策措施概述

安全对策措施是要求设计单位、生产单位在建设项目设计、生产、管理中采取的消除或减少危险、有害因素的技术和管理措施，并制定事故应急救援预案，是保障整个生产、劳动过程中安全卫生的对策措施，在生产全过程中预防和控制事故和职业危害。安全技术措施是以工程技术手段解决安全问题，预防事故发生及减少事故造成的伤害和损失，是预防和控制事故的最佳安全措施；安全管理措施是以制度手段解决安全问题，是有效地预防和控制事故的切实可行措施；事故应急救援预案措施是预防和控制事故的关键。

1. 安全对策措施的基本要求

在制定安全措施时，要满足以下基本要求：

① 能消除或减弱运行过程中产生的危险、危害因素。

② 将产生危险、危害因素的可能性降低到可以接受的水平。

③ 预防生产装置失灵和工作人员操作失误产生的危险、有害因素。

④ 能有效预防运行过程中重大事故和职业危害的发生。

⑤ 发生意外事故时，能为遇险人员提供自救和互救条件。

2. 制定安全对策措施的原则

安全技术对策措施的原则是优先应用无危险或危险性较小的工艺和物料，广泛采用综合机械化、自动化生产装置(生产线)和自动化监测、报警、排除故障和安全连锁保护等装置，实现自动化控制、遥控或隔离操作。尽可能防止操作人员在生产过程中直接接触可能产生危险因素的设备、设施和物料，使系统在人员误操作或生产装置(系统)发生故障的情况下也不会造成事故的综合措施，是应优先采取的对策措施。具体工程技术预防方法措施很多，适用对象也不同，但它们一般遵循以下基本原则：

① 安全对策措施应具有针对性、可操作性和经济合理性原则。

② 消除潜在危险的原则。

③ 减弱原则。对无法消除和预防的应采取措施减弱其危害。当危险和有害因素无法根除时，应采取措施使之降低到人们可接受的水平，如依靠个体防护降低吸入尘毒数量等。

④ 距离防护原则。

⑤ 防止接近原则。

⑥ 时间防护原则。

⑦ 屏蔽和隔离原则。

⑧ 坚固原则。

⑨ 设置薄弱环节原则。

⑩ 闭锁原则。

⑪ 取代操作人员的原则。

⑫ 禁止、警告和报警原则。

3. 安全对策措施的内容

安全对策措施主要包括：安全技术对策措施、安全管理对策措施和制定事故应急救援预案。

二、安全技术对策措施

安全技术对策是控制物质形态的事故起因，即对工厂规划、设备设计、工艺操作、机器维修等方面，采用安全技术的和卫生技术的手段，实现生产的本质安全化，是预防和控制事故的最佳安全措施。安全技术对策措施的原则是优先应用无危险或危险性较小的工艺和物料，广泛采用综合机械化、自动化生产装置（生产线）和自动化监测、报警、排除故障和安全连锁保护等装置，实现自动化控制、遥控或隔离操作。尽可能防止操作人员在生产过程中直接接触可能产生危险因素的设备、设施和物料，使系统在人员误操作或生产装置（系统）发生故障的情况下也不会造成事故的综合措施，是应优先采取的对策措施。

1. 厂址厂区布局安全对策措施

(1) 厂址选择

根据《工业企业总平面设计规范》(GB 50187—2012)等法律、法规的要求选择厂址。选择厂址时，除考虑建设项目的经济性和技术合理性并满足工业布局和城市规划要求外，在安全方面应重点考虑地质、地形、水文、气象等自然条件对企业安全生产的影响和企业与周边区域的相互影响。

(2) 厂区平面布置

在满足生产工艺流程、操作要求、使用功能需要和消防、环保要求的同时，主要从风向、安全距离、交通运输安全和各类作业、物料的危险、危害性出发，在平面布置方面采取对策措施。

2. 防火、防爆安全对策措施

从理论上讲，使可燃物质不处于危险状态或消除一切着火源，这两项措施只要控制其一，就可以防止火灾和化学爆炸事故的发生。但在实践中，由于生产条件的限制或某些不可控因素的影响，仅采取一种措施是不够的，往往需要采取多方面的措施，以提高生产过程的安全程度。另外，还应考虑其他辅助措施，以便在发生火灾爆炸事故发生时减少危害的程度，将损失降到最低限度，这些都是在防火防爆工作中必须全面考虑的问题。

(1) 设备防火防爆设计(略)

(2) 建筑物防火防爆安全对策措施(略)

(3) 仪器防火防爆安全对策措施(略)

(4) 消防设施安全对策措施

在进行工厂设计时，必须同时进行消防设计。在采取有效的防火措施的同时，应根据工厂的规模、火灾危险性和相邻单位消防协作的可能性，设置相应的灭火设施。

3. 机械伤害安全对策措施

(1) 设计与制造安全对策措施

① 选用适当的设计：采用本质安全技术；限制机械应力；材料和物质的安全性；履行安全人机工程学原则；设计控制系统的安全原则。

② 机械化和自动化技术。机械化和自动化技术可以使人的操作岗位远离危险或有害现场，从而减少工伤事故。

(2) 安全防护

安全防护是通过采用安全装置、防护装置或其他手段，对一些机械危险进行预防的安全技术措施，其目的是防止机器在运行时产生各种对人员的接触伤害。安全防护的重点是机械的传动部分、操作区、高处作业区、机械的其他运动部分、移动机械的移动区域，以及某些机器由于特殊危险形式需要采取的特殊防护等。

防护装置的设置原则：

① 以操作人员所站立的平面为基准，凡高度在 2 m 以内的各种运动零部件应设防护。

② 以操作人员所站立的平面为基准，凡高度在 2 m 以上，有物料传输装置、皮带传动装置以及在施工机械施工处的下方，应设置防护。

③ 凡在坠落高度基准面 2 m 以上的作业位置，应设置防护。

④ 为避免挤压伤害，直线运动部件之间或直线运动部件与静止部件之间的间距应符合安全距离的要求。

⑤ 运动部件有行程距离要求的，应设置可靠的限位装量，防止因超行程运动而造成伤害。

⑥ 对可能因超负荷发生部件损坏而造成伤害的，应设置负荷限制装置。

⑦ 有惯性冲撞运动部件必须采取可靠的缓冲装置，防止因惯性而造成伤害事故。

⑧ 运动中可能松脱的零部件必须采取有效措施加以紧固，防止由于启动、制动、冲击、振动而引起松动。

⑨ 每台机械都应设置紧急停机装置，使已有的或即将发生的危险得以避开。紧急停机装置的标识必须清晰、易识别，并可迅速接近其装置，使危险过程立即停止并不产生附加风险。

(3) 安全信息的使用安全对策措施

使用信息由文字、标记、信号、符号或图表组成，以单独或联合使用的形式向使用者传递信息，用以指导使用者安全、合理、正确地使用机器。

4. 特种设备安全对策措施

特种设备安全对策措施可依据《特种设备安全监察条例》(国务院令第 549 号)制定。特种设备是指涉及生命安全、危险性较大的压力容器(含气瓶，下同)、压力管道、锅炉、起重机械、电梯、客运索道、大型游乐设施和场(厂)内专用机动车辆。

5. 起重机械安全对策措施

超重机械按照《起重机械安全规程 第1部分:总则》(GB 6067.1—2010)要求进行设计。起重机械作业潜在的危险性是物体打击。如果吊装的物体是易燃、易爆、有毒、腐蚀性强的物料,若吊索吊具发生意外断裂、吊钩损坏或违反操作规程等发生吊物坠落,除有可能直接伤人外,还会将盛装易燃、易爆、有毒、腐蚀性强的物件包装损坏,介质流散出来,造成污染,甚至会发生火灾、爆炸、腐蚀、中毒等事故。起重设备在检查、检修过程中,存在着触电、高处坠落、机械伤害等危险性;汽车吊在行驶过程中存在着引发交通事故的潜在危险性。

6. 电气安全对策措施

电气设备必须具有国家指定机构的安全认证标志。停电能造成重大危险后果的场所,必须按规定配备自动切换的双路供电电源或备用发电机组、保安电源。以防电气火灾爆炸、防触电、防静电和防雷击为重点,提出防止电气事故的对策措施。

7. 有毒、有害因素安全对策措施

(1) 防中毒安全对策措施

根据《职业性接触毒物危害程度分级》(GBZ/T 230—2010)、《工业企业设计卫生标准》(GBZ 1—2010)、《工作场所有害因素职业接触限值 第1部分:化学有害因素》(GBZ 2.1—2019)、《生产过程安全卫生要求总则》(GB/T 12801—2008)、《危险化学品安全管理条例》(国务院令第645号)、《使用有毒物品作业场所劳动保护条例》(国务院令第352号)等法律、法规,对物料和工艺、生产设备(装置)、控制及操作系统、有毒介质泄漏(包括事故泄漏)处理、抢险等技术措施进行优化组合,采取综合对策措施。

(2) 防尘安全对策措施

① 工艺和物料。选用不产生或少产生粉尘的工艺,采用无危害或危害性较小的物料,是消除、减弱粉尘危害的根本途径。

② 限制、抑制扬尘和粉尘扩散。

③ 通风除尘。建筑设计时要考虑工艺特点和除尘的需要,利用风压、热压差,合理组织气流(如进排风口、天窗、挡风板的设置等),充分发挥自然通风改善作业环境的作用。当自然通风不能满足要求时,应设置全面或局部机械通风除尘装置。

④ 其他措施。由于工艺、技术上的原因,通风和除尘设施无法达到劳动卫生指标要求的有尘作业场所,操作人员必须佩戴防尘口罩、工作服、头盔、呼吸器、眼镜等个体防护用品。

(3) 防噪声安全对策措施

根据《建筑施工场界环境噪声排放标准》(GB 12523—2011)、《工业企业厂界环境噪声排放标准》(GB 12348—2008)、《工业企业设计卫生标准》(GBZ 1—2010)、《工业企业噪声控制设计规范》(GB/T 50087—2013)等,采用低噪声工艺及设备、合理平面布置、隔声、消声、吸声等综合技术措施,控制噪声危害。

(4) 防其他有害因素安全对策措施

① 防辐射对策措施。按辐射源的特征(α粒子、β粒子、γ射线、X射线、中子等,密闭型、开放型)和毒性(极毒、高毒、中毒、低毒)、工作场所的级别(控制区、监督区、非限制区和控制区再细分的区、级、开放型放射源工作场所的级别),为防止非随机效应的发生和将随机效应的发生率降到可以接受的水平,遵守辐射防护“三原则”(屏蔽、防护距离和缩短照射时间)采

取对策措施，使各区域工作人员受到的辐射照射不得超过标准规定的个人剂量限制值。

② 高温作业的防护措施。根据《工业设备及管道绝热工程施工规范》(GB 50126—2008)等法律、法规，按各区对限制高温作业级别的规定采取措施。

③ 低温作业、冷水作业防护措施。根据相关法律、法规提出相应的对策措施。

8. 其他安全对策措施

(1) 人员保护安全对策措施

① 体力劳动安全对策措施：

a. 为消除超重搬运和限制重体力劳动应采取的降低体力劳动强度的机械化、自动化作业的措施。

b. 根据成年男、女单次搬运重量、全日搬运重量的限制提出的对策措施。

c. 针对女职工体力劳动强度、体力负重量的限制提出对策措施。

② 定员编制、制度、劳动组织：

a. 定员编制应满足国家现行工时制的要求。

b. 定员编制还应满足《女职工劳动保护特别规定》和有关限制接触有害因素时间、监护作业的要求，以及其他安全的需要，做必要的调整和补充。

c. 根据工艺、工艺设备、作业条件的特点和安全生产的需要，在设计中对劳动组织(作业岗位设置、岗位人员配备和文化技能要求、劳动定额、工时和作业班制、指挥管理系统等)提出具体安排。

d. 劳动安全管理机构的设置。

e. 根据《中华人民共和国劳动合同法》及《国务院关于修改〈国务院关于职工工作时间〉的规定》(国务院令第 174 号)，提出工时安排方面的对策措施。

③ 工厂辅助用室的设置：

a. 根据生产特点、实际需要和使用方便的原则，按职工人数、设计计算人数设置生产卫生用室，如浴室、存衣室、盥洗室、洗衣房，生活卫生用室，如休息室、食堂、厕所，医疗卫生和急救设施。

b. 根据工作场所的卫生特征等级的需要，确定生产卫生用室。

c. 依据《女职工劳动保护特别规定》(国务院令第 619 号)，应设置女职工劳动保护设施，如妇女卫生室、孕妇休息室、哺乳室等。

④ 女职工劳动保护。根据《中华人民共和国劳动合同法》《女职工劳动保护特别规定》等法律、法规，提出女职工“四期”保护等特殊的保护措施。

(2) 安全色、安全标志安全对策措施

根据《安全色》(GB 2893—2008)、《安全标志及其使用导则》(GB 2894—2008)，充分利用红(禁止、危险)、黄(警告、注意)、蓝(指令、遵守)、绿(通行、安全)4 种传递安全信息的安全色，正确使用安全色，使人员能够迅速发现或分辨安全标志，及时得到提醒，以防止事故、危害的发生。

(3) 防高处坠落、物体打击安全对策措施

可能发生高处坠落危险的工作场所，应设置便于操作、巡检和维修作业的扶梯、工作平台、防护栏杆、护栏、安全盖板等安全设施；梯子、平台和易滑倒操作通道的地面应有防滑措施；设置安全网、安全距离、安全信号和标志、安全屏护和佩戴个体防护用品(如安全带、安全

鞋、安全帽、防护眼镜等)是避免高处坠落、物体打击事故的重要措施。针对特殊高处作业，如强风、高温、低温雨天、雪天、夜间、带电、悬空、抢救高处作业特有的危险因素，提出针对性的防护措施。

(4) 焊割作业安全对策措施

国内外不少案例表明，造船、化工等行业在焊割作业时发生的事故较多，有的甚至引发了重大事故。因此，对焊割作业应予以高度重视，采取有力对策措施，防止事故发生和对焊工健康的损害。

(5) 防腐蚀安全对策措施

① 大气腐蚀。在大气中，由于氧的作用、雨水的作用以及腐蚀性物质的作用，裸露的设备、管线、阀、泵及其他设施会产生严重腐蚀，设备、设施、泵、螺栓、阀等锈蚀会诱发事故的发生。因此，设备、管线、阀、泵及其设施等需要选择合适的材料及涂覆防腐涂层予以保护。

② 全面腐蚀。在腐蚀介质及一定温度和压力下，金属表面会发生大面积均匀的腐蚀，如果腐蚀速度分别控制在 0.05～0.5 mm/a、≤0.05 mm/a，那么金属材料耐蚀等级分别为良好、优良。对于这种腐蚀，应考虑介质、温度、压力等因素，选择合适的耐腐蚀材料或在接触介质的内表面涂覆涂层，或者加入缓蚀剂。

③ 电偶腐蚀。这是容器、设备中常见的一种腐蚀，又称为“接触腐蚀”或“双金属腐蚀”。它是两种不同金属在溶液中直接接触，因其电极电位不同构成腐蚀电池，使电极电位较负的金属发生溶解腐蚀。

④ 缝隙腐蚀。在生产装置的管道连接处、衬板、垫片等部件的金属与金属、金属与非金属间及金属涂层破损时，金属与涂层之间所构成的窄缝于电解液中，会造成缝隙腐蚀。

⑤ 孔蚀。由于金属表面露头、错位、介质不均匀等，使其表面膜完整性遭到破坏，成为点蚀源，腐蚀介质会集中于金属表面个别小点上形成深度较大的腐蚀。

⑥ 其他。金属材料在腐蚀环境中会产生沿晶界间腐蚀的晶间腐蚀，它可以在外观无任何变化的情况下使金属强度完全丧失；金属及合金在拉应力和特定介质环境的共同作用下会产生应力腐蚀破坏，其外观见不到任何变化，裂纹发展迅速，危险性更大。此外，还要注意氯离子对不锈钢的腐蚀、高温高压下的氢腐蚀以及交变应力作用下的疲劳腐蚀等。

三、安全管理对策措施

安全管理对策主要控制制度形态的事故起因，包括国家行政部门进行的宏观安全监察管理，也是国家职业安全工作的体现，是保证国家安全生产法规得以正确执行的基本手段。其工作的内容主要包括两个方面：制定国家安全生产法规及政策；从工程技术及组织管理角度对经济部门的生产安全进行监督。企业内部微观安全管理是企业生产安全的重要保证，也是管理对策的核心。主要包括：安全管理体系的建立，设备、作业环境的技术管理与控制措施，人员的管理，以及群众性监督管理等。

安全生产管理是以保证建设项目建成以后以及现实生产过程安全为目的的现代化、科学化的管理。其基本任务是发现、分析和控制生产过程中的危险、有害因素，制定相应的安全卫生规章制度，对企业内部实施安全卫生监督、检查，对各类人员进行安全、卫生知识的培训和教育，防止发生事故和职业病，避免、减少有关损失。

1. 建立安全管理制度

《安全生产法》第 4 条规定：生产经营单位必须遵守本法和其他有关安全生产的法律、法规，加强安全生产管理，建立健全全员安全生产责任制和安全生产规章制度，加大对安全生产资金、物资、技术、人员的投入保障力度，改善安全生产条件，加强安全生产标准化、信息化建设，构建安全风险分级管控和隐患排查治理双重预防机制，健全风险防范化解机制，提高安全生产水平，确保安全生产。

2. 完善机构和人员配置

建立并完善生产经营单位的安全管理组织机构和人员配置，保证各类安全生产管理制度能认真贯彻执行，各项安全生产责任制能落实到人。明确各级第一负责人为安全生产第一责任人。例如：生产经营单位设立安全生产委员会（或者相类似的管理机构），由单位负责人任主任，下设办公室，安全科长任办公室主任；建立安全员管理网络。各生产经营单位的安全管理机构设安全科，各作业区（包括物资储存区）设作业区级兼职安全员 1 名，分别由各作业区作业长兼任，各大班各设班组级兼职安全员 1 名，分别由各大班班长兼任。

《安全生产法》第 24 条规定：矿山、金属冶炼、建筑施工、运输单位和危险物品的生产、经营、储存、装卸单位，应当设置安全生产管理机构或者配备专职安全生产管理人员。其他生产经营单位，从业人员超过一百人的，应当设置安全生产管理机构或者配备专职安全生产管理人员；从业人员在一百人以下的，应当配备专职或者兼职的安全生产管理人员。

3. 加强安全教育和培训

安全教育分为对管理人员的安全教育和对生产岗位职工的安全教育两大部分。《生产经营单位安全培训规定》（安监总局令第 80 号修正）生产经营单位主要负责人和安全生产管理人员应当接受安全培训，具备与所从事的生产经营活动相适应的安全生产知识和管理能力。煤矿、非煤矿山、危险化学品、烟花爆竹等生产经营单位主要负责人和安全生产管理人员，必须接受专门的安全培训，经安全生产监管监察部门对其安全生产知识和管理能力考核合格，取得安全资格证书后，方可任职。生产经营单位主要负责人和安全生产管理人员初次安全培训时间不得少于 32 学时。每年再培训时间不得少于 12 学时。煤矿、非煤矿山、危险化学品、烟花爆竹等生产经营单位主要负责人和安全生产管理人员安全资格培训时间不得少于 48 学时；每年再培训时间不得少于 16 学时。

4. 安全投入与安全设施

《安全生产法》第 25 条规定：生产经营单位的安全生产管理机构以及安全生产管理人员履行下列职责：

（一）组织或者参与拟订本单位安全生产规章制度、操作规程和生产安全事故应急救援预案；

（二）组织或者参与本单位安全生产教育和培训，如实记录安全生产教育和培训情况；

（三）督促落实本单位重大危险源的安全管理措施；

（四）组织或者参与本单位应急救援演练；

（五）检查本单位的安全生产状况，及时排查生产安全事故隐患，提出改进安全生产管理的建议；

（六）制止和纠正违章指挥、强令冒险作业、违反操作规程的行为；

（七）督促落实本单位安全生产整改措施。

5. 实施生产监督和检查

安全管理对策措施的动态表现就是监督与检查，对于有关安全生产方面国家法律法规、技术标准、规范和行政规章执行情况的监督与检查，对于本单位所制定的各类安全生产规章制度和责任制的落实情况的监督与检查。通过监督检查，保证本单位各层面的安全教育和培训能正常有效地进行，保证本单位安全生产投入的有效实施，保证本单位安全设施、安全技术装备能正常发挥作用。应经常性督促、检查本单位的安全生产工作，及时消除生产安全事故隐患。

例如，生产经营单位建有《安全活动日制度》，明确每周一为安全活动日，总结和回顾一周来安全规章制度执行情况，发现存在问题并提出改进措施。

对严重威胁安全生产的事故隐患，安全管理部门应下达《隐患整改通知书》。其内容应包括隐患内容、整改意见和整改期限，由主管安全的领导签署后发出。隐患所在部门负责人签收后应按期实施整改。对因物质和技术原因暂时不具备整改条件的重大隐患，必须采取有效的应急防范措施，并纳入计划，限期解决或停产。

安全管理部门应对查出的隐患和整改情况，分别建立安全检查和隐患整改台账，对重大隐患及整改情况报生产经营单位负责人。

四、事故应急救援预案对策措施

政府和企业应依据《安全生产法》《国家安全生产事故灾难应急预案》《国家突发公共事件总体应急预案》《生产安全事故应急条例》等法律、法规，制定应急救援预案。事故应急救援预案是在认识危险，了解事故发生的可能性，通过对事故后果的预测和估计，针对事故所制定的预防和应急处理对策。事故应急救援预案应由外部预案和内部预案构成，相互独立又协调一致。对同一种事故后果预计，政府部门根据当地安全状况制定外部预案，生产经营单位负责制定内部预案。

应急救援预案是现代工业生产安全管理的产物，是人类在生产斗争中的经验总结。应急救援预案的总目标：通过事前计划和应急措施，充分利用一切可能的力量；在事故发生后迅速控制事故发展并尽可能排除事故，保护现场人员和场外人员的安全；将事故对人员、财产和环境造成的损失降低至最低程度。应急救援预案文本预案包括：综合预案、专项预案、现场处置方案等。

【知识拓展】

职业安全卫生的预防对策。

1. 防尘对策

(1) 工艺和物料

选用不产生或少产生粉尘的工艺，采用无危害或危害较小的物料，如湿法生产工艺代替干法生产工艺等

(2) 限制、抑制扬尘和粉尘扩散

采用密闭管道输送，密闭自动(机械)称量；降低物料落差等；对亲水性、弱黏性的物料和粉尘应尽量采用增温、喷雾、喷蒸汽等措施；减少二次尘源。

(3) 通风排尘

2．防毒、防窒息对策

（1）防毒对策

物料和工艺：尽可能用无毒、低毒的工艺和物料代替有毒、高毒工艺和物料；工艺设备：防止泄漏；通风净化；对有毒物质泄漏可能造成重大事故的设备和工作场所必须设置可靠的事故处理装置和应急防护设施；大中型化工、石油企业及有毒气体危害严重的单位应有专门的气体防护机构，接触Ⅰ、Ⅱ级有毒物质的车间应设有急救室，配有抢救设施；其他措施：防毒教育、定期检测、体检等，根据标准、采取其他措施。

（2）防缺氧、窒息措施

配备相应的检测和救护装置；按先检测、通风、后作业的原则；有警示标志；有相应的措施。

3．噪声控制措施

具体包括：工艺设计与设备选择；噪声源的平面布置：主要强噪声源应相对集中，低位布置，主要噪声源周围宜布置对噪声较不敏感的辅助车间、仓库、料场，设置隔声屏障；隔声、消声、吸声和隔振降噪。

4．职业安全卫生管理对策

① 建立职业安全卫生管理体系。

② 配备职业安全卫生管理、检查、事故调查分析、检测、检验室和设备设施。

③ 配备职业安全卫生培训、教育设备设施。

④ 根据生产特点，适应事故应急计划措施的需要，配备必要的训练、急救、抢险、的设备、设施。

⑤ 职业安全卫生管理需要的其他设备、设施。

【思考练习】

1．简述安全对策措施制定的原则。

2．简述安全对策措施的基本要求。

3．厂址厂区布局应从哪个几方面提出安全对策措施和建议？

4．《建筑设计防火规范（2018年版）》（GB 50016—2014）的规定，生产和储存的火灾危险性分为（　　）、（　　）、（　　）、（　　）、（　　）5类。

5．特种设备是指涉及生命安全、危险性较大的压力容器（含气瓶，下同）、（　　）、锅炉、（　　）、（　　）、客运索道、（　　）和（　　）。

6．企业安全管理应从哪几个方面提出安全对策措施？

7．简述综合应急救援预案的主要内容。

8．简述专项应急救援预案的主要内容。

【技能训练】

编写学校或企业消防安全检查表，对某一栋建筑（教学楼、学生公寓楼、图书馆、食堂、办公楼、生产厂房等）进行一次消防安全大检查，根据检查结果，提出有针对性的安全对策措施和建议。

任务二　安全评价结论

【学习目标】

知识目标：理解安全评价结果与结论的关系，掌握安全评价结论编制原则和内容。

技能目标：能够根据评价过程编制完整的安全评价结论。

【实例展示】

以某化工有限公司60万t/a联碱技改工程项目安全验收评价为例，介绍安全评价结论的编写。

1. 各单元安全检查表汇总

将本次评价各单元的安全检查表检查结果，见表5-10。该表中所有项目均是在某化工有限公司60万t/a联碱技改工程现场检查出的隐患整改完毕以后的评价结果。

表5-10　各单元安全检查表情况汇总

序号	单元	检查项		
		小计	符合	不符合
1	区域规划、总平面布置及周边关系单元	76	76	0
2	生产系统单元	29	29	0
3	储罐区单元	29	29	0
4	公用工程及辅助设施单元	17	17	0
5	安全管理单元	17	17	0
总计		168	168	0

2. 现场勘查存在的问题及安全隐患整改复查情况

某化工有限公司60万t/a联碱技改工程的工艺技术处于国际领先水平，严格按照国家相关法律、法规和标准规范的要求，认真落实项目建设“三同时”和安全生产工作。本评价机构的评价项目组成员在评价过程中与建设单位积极交流，发现问题及时提出整改意见。在项目竣工验收安全评价过程中，评价机构项目组成员多次进行现场勘查、分析和检查，并随机抽查操作人员及安全管理人员交流，在检查中发现的问题和安全隐患，提交该公司，要求及时整改。对该项目在总平面布置、生产和储存场所等存在的问题提出了整改措施并进行了复查，见表5-11。复查结果：公司已按要求完成整改。

表5-11　现场勘查存在的问题及安全隐患整改复查情况

序号	不合格内容	整改意见	复查情况	复查结果	备注
1	分离厂房部、分灭火器箱腐蚀严重	腐蚀严重部分更换完毕	已整改	符合	
2	冰机厂房行车电动机不防爆，导绳器脱落	更换防爆电动机，整修限位器	已整改	符合	

表 5-11(续)

序号	不合格内容	整改意见	复查情况	复查结果	备注
3	3# 闪发器放空总管振动	进行加固，振动明显减弱	已整改	符合	
4	煅烧工序吊装井一楼防护栏靠路侧缺失	按规范增加了防护栏	已整改	符合	
5	冰机操作平台无防护	按规范增加了防护栏	已整改	符合	
6	2# 泵母液泵存在风叶罩腐蚀、破损	风叶罩腐蚀破损进行了更换	已整改	符合	
7	干铵炉两侧部分缺失防护栏	按规范增加了防护栏	已整改	符合	
8	煅烧西侧储水槽、闪发器安全阀出口导向管未固定	按规范固定	已整改	符合	
9	3# 滤碱机搅拌电动机联轴器无防护	按规范增加了防护罩	已整改	符合	
10	煅烧 2# 冷凝水罐安全阀渗漏	按规范进行了更换	已整改	符合	
11	碳化南边消防通道不畅	清理完毕	已整改	符合	

3. 结论

依据有关法律、法规的规定和要求，对某化工有限公司年产 60 万 t/a 联碱技改工程项目进行了安全验收评价，得出该项目安全验收评价结论：

(1) 建设项目地处徽德邦化工有限公司厂区东、西侧，在正常生产状态和事故状态下内在的危险、有害因素对该项目周边单位生产经营活动或者居民生活的影响在可接受范围内。周边单位生产、经营活动或者居民生活对该项目的影响在可接受范围内。项目所在地的水文、地质、气象等自然条件满足项目安全生产需要，对该建设项目的影响在可接受范围内；周边的安全防护距离满足《危险化学品安全管理条例》(国务院令第 645 号)、《石油化工企业设计防火标准(2018 年版)》(GB 50160—2008)等法律、法规的相关要求。

(2) 该项目安全设施在施工前，已要求浓度检测报警设施、防爆电气设施、防雷防静电设施、配电设施电器过载保护设施、安全阀、自控仪表、劳动保护用品等安全设施生产单位提供检测合格报告，经测试，符合安全生产要求的设施才能进行施工。在施工过程中本建设项目按相关规范设置了完善的消防水灭火系统、灭火器、洗眼器等安全设施，装置内的压力管道、氨储罐、压缩空气罐等重要设备安装了安全阀、压力表等安全保护设施，火灾、爆炸危险场所设置可燃气体检测报警系统。在施工完成后，对要求强制检测的压力容器安全附件、仪器仪表等送特检中心检验合格后投入生产试运行。防雷防静电设施经淮南市气象局防雷中心检测合格。对其他安全设施如坑沟盖板、平台及过道防护栏、减震防噪设施、安全警示标志、事故收集池、气体保护系统、消防等安全设施在试运行中进行监测使用。单机或联动试车合格后由施工单位交付项目建设单位使用。经现场对安全设施查验，主要安全设施在施工前后有检测、监测记录，强制监测的设施有合法有效的检测报告。经现场对安全设施查验，主要安全设施在施工前后有检测、监测记录，强制监测的设施有合法有效的检测报告，主要安全设施全都合格、有效。

(3) 通过试生产运行，工艺技术稳定，产品质量好，达到设计能力；设备(设施)安全、稳定运行，未出现因工艺技术不成熟、不安全导致停车或事故发生，未出现设备事故、装置安全事故。因此，该项目工艺技术先进、成熟，装置、设备及设施安全可靠。

(4) 通过现场安全检查，在防火防爆、防机械伤害等方面的安全设施及防护用品的设置方面存在一些隐患，经整改，已符合相关规范和标准的要求。

（5）某化工有限公司建立了完善的安全生产管理体系、完整的安全生产管理制度和安全管理程序。在试生产前就对全体员工进行教育、培训和贯彻执行。

（6）公司编制了该项目的《生产安全事故应急预案》和《重大事故应急救援预案》，并对有关员工进行了相应的培训及演习。新从业人员及特种作业人员均经过相应的培训，特种作业人员均持证上岗。

表 5-12　危险化学品重大危险源落实安全管理检查表

序号	检查内容	依据	检查结果	评价结果
1	危险化学品单位应当建立完善重大危险源安全管理规章制度和安全操作规程，并采取有效措施保证其得到执行	《危险化学品重大危险源监督管理暂行规定》（安监总局令第 40 号）	公司建立并完善了重大危险源安全管理规章制度和安全操作规程，并采取了有效措施保证其得到执行	符合
2	危险化学品单位应当根据构成重大危险源的危险化学品种类、数量、生产、使用工艺（方式）或者相关设备、设施等实际情况，按照下列要求建立健全安全监测监控体系，完善控制措施：① 重大危险源配备温度、压力、液位、流量、组分等信息的不间断采集和监测系统以及可燃气体和有毒有害气体泄漏检测报警装置，并具备信息远传、连续记录、事故预警、信息存储等功能；一级或者二级重大危险源，具备紧急停车功能。记录的电子数据的保存时间不少于 30 天。② 重大危险源的化工生产装置装备满足安全生产要求的自动化控制系统；一级或者二级重大危险源，装备紧急停车系统。③ 对重大危险源中的毒性气体、剧毒液体和易燃气体等重点设施，设置紧急切断装置；毒性气体的设施，设置泄漏物紧急处置装置。涉及毒性气体、液化气体、剧毒液体的一级或者二级重大危险源，配备独立的安全仪表系统（SIS）。④ 重大危险源中储存剧毒物质的场所或者设施，设置视频监控系统。⑤ 安全监测监控系统符合国家标准或者行业标准的规定	《危险化学品重大危险源监督管理暂行规定》（安监总局令第 40 号）	公司建立健全了符合国家标准和行业标准的安全监测监控体系，并制定了完善的控制措施	符合
3	企业的厂房、作业场所、储存设施和安全设施、设备、工艺应当符合下列要求：涉及危险化工工艺、重点监管危险化学品的装置装设自动化控制系统；涉及危险化工工艺的大型化工装置装设紧急停车系统；涉及易燃易爆、有毒有害气体化学品的场所装设易燃易爆、有毒有害介质泄漏报警等安全设施	《危险化学品生产企业安全生产许可证实施办法》（安监总局令第 41 号）	项目中的氧化工艺属于危险化工工艺，在工艺中采用了自动化控制系统和安全联锁系统	符合
⋮	⋮	⋮	⋮	⋮

(7) 重大危险源安全管理评价。严格按照《危险化学品重大危险源监督管理暂行规定》(安监总局令第 40 号)第三章的规定和要求落实安全管理进行评价及《危险化学品生产企业安全生产许可证实施办法》(安监总局令第 41 号)对危险化工工艺安全联锁控制的基本要求。本技改项目重大危险源安全管理符合性评价 13 个项目,全都符合《危险化学品重大危险源监督管理暂行规定》(安监总局令第 40 号)第三章的规定和要求落实的安全管理要求。

评价总结论:项目所在地的水文、地质、气象等自然条件满足项目安全生产需要;周边的安全防护距离满足《危险化学品安全管理条例》(国务院令第 344 号)、《石油化工企业设计防火标准(2018 年版)》(GB 50160—2008)等法律、法规的相关要求;项目内外设施、设备防火间距均符合相关标准要求;项目安全设施严格按照设计施工,经检测安全设施全都符合要求;项目试生产运行,设备(设施)安全、稳定运行,安全设施能满足安全生产需要;通过现场安全检查,在防火防爆、防机械伤害等方面的安全设施及防护用品的设置方面存在一些隐患,经整改,已符合相关规范和标准的要求。项目建设过程中采用了安全设施设计专篇中的安全措施,并进行了落实情况,采用的安全设施均有效,并增加了水喷淋设施、行程限制器、制动设施等安全设施,所有安全设备(设施)、主要装置现状完好、有效。试运行后符合国家现行有关安全生产法律、法规和部门规章制定的安全生产条件。某化工有限公司 60 万 t/a 联碱技改工程项目符合安全验收条件。

4. 建议

(1) 年产 60 万 t/a 联碱技改工程项目生产工艺技术水平、自动化控制技术、设备设施符合安全生产要求,公司应及时了解并掌握先进的安全设施设计及先进的安全管理模式,完善并改进该项目安全设施,以提高本质安全水平。

(2) 年产 60 万 t/a 联碱技改工程项目中涉及多种特种设备,应严格按照国家对特种设备的检测检验要求定期进行,对主要装置、设备(设施)进行维护与保养。

(3) 虽然某化工有限公司在安全投入资金上有保证,但公司应建立安全生产投入保障制度,包括制定提取安全生产费用制度、规定存储安全生产风险抵押金、参加安全生产与保险互动等。

(4) 对于各种检测报警仪、安全设施运行进行详细记录,当发现报警仪、安全设施存在灵敏度降低或者损坏时及时更换,报警仪、安全设施的维护责任到人。

(5) 公司应进一步加强基础安全管理,加强对从业人员的安全教育和培训,加强日常安全巡查,定期对设备进行检测及维护,保持各项安全设施有效运行,并能有计划地及时消除事故隐患,扎实做好安全管理基础工作,确保项目"安、稳、长、满、优"地运行。

(6) 应急救援预案应定期在不同层次和不同规模进行演练,以保证在发生事故时能及时准确地启动救援预案减少事故损失。

【相关知识】

一、安全评价结果与结论的关系

评价结果是指子系统或单元的各评价要素通过检查、检测、检验、分析、判断、计算、评价、汇总后得到的结果;评价结论是对整个被评价系统进行安全状况综合评价的结果,是评价结果的综合。评价结果与评价结论是输入与输出的关系,输入的评价结果按照一定的原则整合后,得到评价小结,各评价小结通过整合在输出端可以得到评价结论。整合的原则可以因评价对象的不同而不同，但基本的原理则是逻辑思维的理论。

从评价结果到形成评价结论的具体流程分为3个阶段：评价单元内各类评价结果的汇总和对汇总数据的分析；得出单项评价结果（综合评价结果）；将单项评价结果（综合评价结果）整合为单项评价结论。

二、安全评价结论的编制原则

由于系统进行安全评价时，通过分析和评估将单元各评价要素的评价结果汇总成各单元安全评价的小结，因此整个项目的评价结论应是各评价单元评价小结的高度概括，而不是将各评价单元的评价小结简单地罗列起来作为评价的结论。

评价结论的编制应着眼于整个被评价系统的安全状况。评价结论应遵循客观公正、观点明确的原则，做到概括性、条理性强且文字表达精练。

1. 客观公正性

评价报告应客观地、公正地针对评价项目的实际情况，实事求是地给出评价结论，做到既不夸大危险、也不缩小危险。

（1）对危险、危害性分类、分级的确定，如火灾危险性分类、防雷分类、重大危险源辨识、火灾危险环境电力装置危险区域的划分、毒性分级等，应做到恰如其分、实事求是。

（2）对定量评价的计算结果进行认真分析，检查是否与实际情况相符。如果发现计算结果与实际情况出入较大，就应该认真分析所建立的数学模型或采用的定量计算模式是否合理，数据是否合格，计算是否有误。

2. 观点明确

在评价结论中观点要明确，不能含糊其词、模棱两可、自相矛盾。

3. 清晰准确

评价结论是对评价报告进行充分论证的高度概括，层次要清楚，语言要精练，结论要准确、符合客观实际，还要有充足的理由。

三、安全评价结论的主要内容

1. 评价结论分析

评价结论应较全面地考虑评价项目各方面的安全状况，要从“人、机、料、法、环”厘清评价结论的主线并进行分析。交代建设项目在安全卫生技术措施、安全设施上是否能满足系统安全的要求，安全验收评价还需考虑安全设施和技术措施的运行效果及可靠性。

2. 评价结果归类及重要性判断

由于系统内各单元评价结果之间存在关联且各评价结果在重要性上不平衡，对安全评价结论的贡献有大有小，因此在编写评价结论之前最好对评价结果进行整理、分类并按严酷度和发生频率分别将结果排序列出。例如，将影响特别重大的危险（群死群伤）或故障（事故）频发的结果；将影响重大危险（个别伤亡）或故障（事故）发生的结果；将影响一般危险（偶有伤亡）或故障（事故）偶然发生的结果等进行排序列出。

3. 安全评价结论的内容

安全评价经常作为政府部门行政审批的条件之一，很多地方不允许评价机构以“基本合格”作为安全评价结论。因为“基本”这个词包含不确定性，没有说明“基本”之中的“不合格”部分。若评价结论写明“不合格”的部分，行政审批因项目存在“不合格”将不予受理。评价结论必须真实反映评价对象的总体状况，当然也不能简单地删去“基本”一词，而将结论改写成“合格”，将留有“不合格”的部分作为评价机构承接评价项目的“风险”接受下来。这样的评价是“虚假”的评价，也是要承担法律责任的，而且可能误导政府部门行政审批的决定，后果十分严重。为此，做出评价结论前必须说明前提条件。具体包括：评价信息采集的来源、评价的性质、评价方法的偏差、目前评价的技术水平、合格结论的条件、受技术及经济影响评价对象所在地区对“可接受风险”的定义等。

描述评价结论的前提条件后，评价结论就是带限制条件的评价结论，这样评价结论才能较真实和准确地反映评价对象总体状况。

评价结论的核心一般包含3个方面内容：

① 评价对象在采纳评价机构提出的安全对策措施后，是否还存在危险有害因素“失控”的状态，即是否存在“事故隐患”。

② 经安全补偿后，评价对象在总体上是否符合国家安全生产法规和标准的要求。

③ 评价对象是否仍存在“风险”，这些“风险”对于评价对象所在地区（受技术和经济影响）是否属“可接受风险”。

一般认为，对于安全评价结论：一方面不能低估，因为它是以科学手段和方法得出的，具有实时性，有时也具有前瞻性；另一方面也不能过分高估其准确性，因为数据采集有随机性、评价方法有局限性、采用类比时更有偶然性。在采信评价结论作为某项工作依据时，必须同时接受评价结论可能存在某种不确定的概率，这才是科学的态度。

在评价过程中要做到以下几点：对受条件限制而遗留的问题，应提出改进方向和措施建议；对评价结果可接受项目，应进一步提出重点防范的危险危害因素；对于评价结果不可接受的项目，要指出存在的问题，列出不接受的理由，提出保持现有安全水平的要求，提出进一步提高安全水平的建议。

【知识拓展】

安全评价报告与安全生产许可证的关系。

（1）如果是公司新建、改（扩）建项目（涉及危险化学品或矿山开采这些需要安全生产、安全经营证的项目），在立项后需要先做安全预评价（又称为项目设立安全评价报告）并出具报告，再由设计单位以此进行设计，最后在工程验收时再进行安全验收评价。通过验收评价，安全管理部门会以此核发安全生产许可证或安全经营许可证。

（2）已建成项目在安全生产许可证或安全经营许可证快到期、需要换证时候，应进行安全现状评价，由安全管理部门依照安全评价报告核发换证。

【思考练习】

1. 简述安全评价结果和评价结论的关系。

2. 从评价结果到形成评价结论的具体流程分为3个阶段：评价单元内（　　）的汇总和对汇总数据的分析；得出单项评价结果（综合评价结果）；将单项评价结果（综合评价结果）整合为（　　）。

3. 简述安全评价结论的主要内容。

4. 评价结论应从哪几个方面进行分析？

5. 安全评价结论的内容，因（　　）的不同而各有差异。

6. 影响安全评价结论的主要因素?

7. 评价结论应较全面地考虑评价项目各个方面的安全状况,要从(　　)几个方面理出评价结论的主线并进行分析。

8. 简述评价结论的3个核心内容。

【技能训练】

根据校园或企业某栋建筑(教学楼、学生公寓楼、图书馆、食堂、办公楼、生产厂房等)消防安全检查结果和现场检查中发现的问题及安全隐患,编写安全评价结论。

项目6　安全评价报告与质量控制

任务一　安全评价报告编制

【学习目标】

知识目标：掌握安全评价资料收集的要求，熟悉编制安全评价报告的格式。

技能目标：能够编制完整的安全评价报告。

【实例展示】

以某市某配套路网工程建设项目安全预评价报告为例，展示安全预评价报告的编写过程。封面、安全评价资质证书影印件、著录项（略）。

前言

根据《安全生产法》《建筑工程施工许可管理办法》等法律、法规的要求，受某市某建设发展有限公司的委托，某安全生产技术服务有限公司对某配套路网工程项目进行安全预评价，我公司组织了由安全评价人员和安全技术人员组成的评价组对该建设项目进行了现场检查和安全评价，编制完成了本次安全预评价报告。

本次安全评价，按照《安全预评价导则》要求，根据《建筑工程施工许可管理办法》《关于进一步加强建筑工程施工许可证管理工作的通知》《××省建筑工程施工许可管理实施细则》等法律、法规的要求，针对××市××配套路网的现场情况，从总体布局和周边环境、线路设计符合性、路基工程、路面工程安全评价、交通工程及沿线设施、施工过程、运营过程、安全管理等方面着手，经过现场勘查，收集有关资料，在对该项目充分调研分析的基础上，辨识与分析存在的危险、有害因素及其发生作用的途径和变化规律，分析危险、有害因素引发事故的可能性及其严重程度，提出有针对性的整改建议和改进措施，得出评价结论。

本次安全预收评价工作得到了××建设发展有限公司领导和技术人员的大力支持和积极配合，在此表示衷心的感谢！

正文

1　安全评价概述

1.1　预评价目的

1.2　前期准备

本评价机构接受公司委托后，安排安全评价相关技术人员到××建设发展有限公司进行了交流，并勘察了该项目的选址和周边环境状况，进行了项目风险分析。本评价公司与××建设发展有限公司签订了安全评价协议书，组成了该配套路网工程项目评价课题组，制定工作计划，于××年××月××日开展现场调查、收集评价所需资料收集相关资料，并对其建设项目进行了安全预评价。评价组根据检查发现的问题，提出了该项目的安全对策措施。

1.3　评价对象、范围

评价对象：××市××配套路网工程建设项目安全预评价。

评价范围：配套路网工程的路基、路面、桥梁、排水、照明、绿化、交通工程、管线综合等建设。涉及该项目的环保问题，不包括在本次评价范围之内。

1.4　安全预评价程序

1.5　评价依据

1.5.1　法律、法规

1.5.2　技术标准

1.5.3　其他依据

2　建设项目简介

2.1　项目概况

2.1.1　建设项目概况(表6-1)

表6-1　建设项目基本情况表

项目名称	××市××配套路网工程项目		
项目建设单位	××建设发展有限公司		
项目建设地址	××市××区××地		
项目建设性质	新建项目		
建设单位法人		联系电话	
项目勘察单位	××建筑勘察有限责任公司		
项目设计单位	××建筑设计咨询有限责任公司		
项目监理单位	××建设项目管理有限公司		
项目施工单位	××建设集团有限公司		
施工项目负责人		联系电话	
建设规模	本项目全线长，建设范围包括全线的道路工程(含平、纵、横、路基、路面结构)、桥梁工程、交通工程、给排水工程、照明工程、管线综合、景观绿化等内容。(其中燃气、弱电、强电为预留费用，具体由相关专业另行设计)		
总投资	本项目总投资估算约××万元。其中：工程费用××万元、工程建设其他费××万元、预备费××万元		
资金来源	本项目建设资金来源为全部为政府财政资金，在建设期内，每年均衡投入资金		
项目建设目标	略		
项目建设内容	××条市政道路的路基、路面、排水、照明、绿化、桥梁、交通工程、管线综合等工程		
项目建设工期	本项目建设工期 年，从××年××月到××年××月		
项目建设条件	本项目符合国家相关政策与规划，周边自然、社会环境较好，项目建设、运营对环境无不利影响，基本建设条件能满足本项目的需要		

2.2.2 建设项目背景

2.2.3 项目建设地点

2.2.4 建设项目周边情况

标示出建设项目地理位置图。

2.2 项目建设方案

2.2.1 道路规划设计

该建设项目涉及的主要道路具体情况(表 6-2)。

表 6-2 路网一览表(全部列出)

序号	道路名称	起终点	道路性质	红线宽度/m	车道数	道路长度/m
1	建国路	某大道～某大道	次干路	36	4	4 200
2						
3						
4						

2.2.2 主要设备设施(表 6-3)

表 6-3 主要施工设备一览表(按要求列出)

序号	机械或设备名称	型号规格	数量	额定功率/kW	总功率/kW	来源
1	钢筋切断机	GQ50A	4	5.5	22	购置
2	挖掘机	—	4	—	—	租赁
3						
4						

2.2.3 公共服务设施及附属工程设计

该建设项目公共服务设施及附属工程包括道路主要附属工程、排水工程、公交车站及无障碍设施、道路交通安全与安全设施、道路照明、道路绿化、管线等。(详细说明)

2.3 项目工程自然条件

2.3.1 地形地貌条件

2.3.2 工程地质条件

2.3.3 水文、气象条件

2.3.4 交通运输条件

2.4 安全管理

根据××建设发展有限公司的要求和本工程的实际情况，本工程施工单位某建设集团有限公司设置了安全管理机构，配备了安全管理人员，能够保证人员到位，各项职责落实，保障安全管理各项工作到位(表 6-4 和表 6-5)。

表6-4　安全管理人员一览表(全部列出)

序号	部门(职务)	姓名	执业或职业资格证书及编号	电话	进场时间	退场时间
1	项目经理				项目开工	项目竣工
2	安全部长					
4	安全员					
5	安全员					
6						

表6-5　特种作业人员操作证书登记表(全部列出)

序号	姓名	性别	出生年月	工种	发证单位	发证日期	证书编号
1							
2							
3							
4							
5							

项目部成立了安全事故应急处理领导小组和安全事故应急处理队,承担生活区、办公区及各施工区的安全事故应急处理任务,应急事件由主管施工队长或安全值班人员负责;各小组的统一协调管理由该项目值班领导负责。

2.5　建设项目技术经济指标

2.6　工程环境影响

2.6.1　对自然环境的影响

2.6.2　对土地利用的影响

2.6.2　对社会环境的影响

2.6.3　对生物环境的影响

2.6.5　减缓工程环境影响的对策

2.7　政策符合性分析

3　主要危险、有害因素识别与分析

3.1　自然条件危险、有害因素分析

分析天气、地震、地质灾害等自然条件对施工期和运营期的影响。(详细分析)

3.2　项目施工过程中危险、有害因素识别与分析

根据《生产过程危险和有害因素分类与代码》《企业职工伤亡事故分类》或《职业病危害因素分类目录》分析施工过程中的危险有害因素。本工程危险有害因素主要从物体打击、高处坠落、车辆伤害、机械伤害、起重伤害、触电事故、坍塌、火灾、淹溺、灼烫、中毒和其他伤害等方面进行分析。(详细分析)

3.3　建设项目运营期存在的主要危险、有害因素辨识

主要从道路建设质量存在问题带来的危害、养护不及时带来的危害、桥梁的危害、夜间行车的危害、驾驶员的违法违规驾驶行为带来的危害、危险化学品运输的危害等方面进行

分析。(详细分析)

3.4 安全管理的危险、有害因素辨识

3.5 涉及危险、有害物质分析

建设项目施工过程中涉及危险有害物质主要为沥青。沥青是可燃物质,所以有发生火灾的危险;沥青可导致人员发生中毒。(详细分析)

3.6 重大危险源辨识与分析

3.7 危险、有害因素分布情况

建设项目施工过程中可能出现作业人员伤亡的危险、有害因素及其分布(表 6-6)。

表 6-6 主要危险、有害因素及其分布(全部列出)

序号	危险、有害因素	危险、有害因素存在部位及场所
1	物体打击	各类机械设备传动部件、工器件等,同一垂直作业面的交叉作业中和通道口处坠落物体的打击
2	高处坠落	人员从临边、洞口,包括预留洞口、从脚手架上坠落;龙门架物料提升机和塔吊在安装、拆除过程坠落;安装、拆除模板时坠落;结构和设备吊装坠落等
3	车辆伤害	车辆行驶中引起的人员受伤或物质倒塌等,施工现场内道路转弯处视野不开阔、车辆机械故障、超载超重运输、违章驾驶等
4	机械伤害	使用过程涉及的各类机械设备传动部件、工器件等,如挖掘机械、起重机械、铲土运输机械、压实机械、钢筋加工机械、混凝土机械等
5	超重伤害	吊车及其他吊装设备的安装、检修、实验中发生的挤压、坠落、物体打击
6	触电	用施工中的电气照明,主要的是电动机械和电动工具
7	坍塌	土石方坍塌,现浇混凝土梁、板的模板倒塌,拆除工程中的坍塌等
8	火灾	沥青熬炼熔化过满,加温过高;施工过程中涉及使用电气设施,电气设施因过热、短路等
9	淹溺	河床,雨季施工,遇突发洪水等
10	灼烫	高温沥青、电气焊作业等
11	中毒	沥青蒸气、沥青装卸、搬运等
12	其他	粉尘、高温、噪声、道路交通事故、翻倒、碰伤、扭伤、轧伤、滑倒、割伤等

4 评价单元划分与评价方法选择

4.1 评价单元的划分

4.1.1 评价单元划分的原则

4.1.2 评价单元的划分

4.2 评价方法的选择

根据企业提供的施工方案和现场调查情况以及各个评价单元的特点,选择与其适应的评价方法,采用安全检查表法、预先危险分析法进行评价(表 6-7)。

表 6-7　安全评价方法选择

序号	评价单元	评价方法	说明
1	线路设计	安全检查表	包括总体要求、公路分级、公路通行能力、总体设计、公路交叉及其他、速度协调性、停车视距、平曲线超高
2	路基工程	安全检查表	包括一般路基要求、公路纵断面、公路横断面
3	路面工程	安全检查表	包括公路平面基本要求、公路与公路平面交叉、公路沥青路面一般规定、公路沥青路面结构层要求、公路沥青路面面层要求、桥面铺装要求
4	交通工程及沿线安全设施	安全检查表	包括总体要求、路基及桥梁护栏、交通标志、交通标线、隔离栅和桥梁护网、防眩设施、收费站、排水
5	施工过程	预先危险性分析	对存在的物体打击、车辆伤害、道路交通事故、机械伤害、起重伤害、触电伤害、淹溺、灼烫、火灾、高处坠落、坍塌、倒塌、翻倒、中毒、粉尘伤害、高温伤害等进行预先危险性分析
6	运营过程	预先危险性分析	对存在的坍塌、道路交通事故、火灾、爆炸、中毒等进行预先危险性分析
7	安全管理	安全检查表	安全管理制度、组织机构等符合性评价

4.3　评价方法的介绍

5　安全评价

5.1　线路设计符合性安全评价

依据《公路工程技术标准》《公路路线设计规范》等标准和规范要求，使用安全检查表对线路总体设计、公路分级、公路交叉等项目进行逐项检查，检查是否符合相关标准和规范的要求（表 6-8）。

表 6-8　线路设计符合性评价单元安全检查表（全部列出）

序号	检查项目及内容	依据标准	检查结果	是否符合	备注
1	公路设计应根据公路的功能、使用任务及其在路网中的作用，并考虑铁路、水路、航空、管道等运输方式，同城镇、农田规划的关系，合理确定公路等级和路线走向、走廊带	《公路路线设计规范》（JTGD 20—2017）	根据项目可行性研究报告，该工程项目充分论证了该线路在某市公路网中所起的作用，符合规范要求	是	
2					
3					
4					

5.2　路基工程安全评价

依据《公路路线设计规范》《公路路基设计规范》《公路路基施工技术规范》等法律、法规的要求，使用安全检查表对建设项目的路基工程路基要求、横断面设计等项目进行逐项检查，检查是否符合相关标准和规范的要求。（列表表示）

5.3　路面工程安全评价

依据《公路路线设计规范》《公路路面设计规范》等标准和规范，对建设项目的路面工程公路与公路平面交叉、公路沥青路面等项目进行逐项检查，检查是否符合相关标准和规范的要求。(列表表示)

5.4 交通工程及沿线安全设施安全评价

依据《公路交通安全设施设计规范》《公路排水设计规范》等标准规范，使用安全检查表对交通工程及沿线设施的标志、视线、诱导标、护栏、防眩设施等项目进行逐项检查，检查是否符合相关标准和规范的要求。(列表表示)

5.5 施工过程安全性评价

使用预先危险分析法对施工过程中存在的物体打击、高处坠落、车辆伤害、机械伤害、起重伤害、触电伤害、坍塌、火灾、淹溺、灼烫、中毒、粉尘和高温等其他伤害进行安全评价，找到危险等级高，需要重点防范的对象。(列表表示)

5.6 运营过程中安全性评价

使用预先危险性分析法对公路运营过程中可能发生的火灾、爆炸、中毒等其他伤害进行安全评价，找到危险等级高，需要重点防范的对象。(列表表示)

5.7 安全管理评价

依据《安全生产法》《××省建筑工程施工许可管理实施细则》等法律、法规的要求，使用安全检查表对安全管理单元进行逐项检查，检查是否符合相关标准和规范的要求。(列表表示)

6 安全对策措施及建议

6.1 可行性研究报告中的安全对策措施与建议

将可行性研究报告中提到的安全对策措施与建议列于表6-9中。

表6-9 可行性研究报告中的安全对策措施与建议(全部列出)

序号	项目	安全对策措施	提出依据
1	施工期环境保护措施	1.大气污染防治措施 2.水污染防治措施 3.噪声污染防治措施 4.固体废物污染防治措施	《中华人民共和国环境保护法》 《中华人民共和国大气污染防治法》
2			
3			
4			

6.2 本报告补充的安全对策措施和建议

6.2.1 建设单位应采取的安全对策措施与建议

同上，可列表表示。

6.2.3 施工单位作业应采取的安全对策措施与建议

同第5部分，列表表示。可从施工企业安全管理、安全技术、设备与设施安全控制、路基施工、路面施工、桥梁施工、施工和运营过程主要伤害安全防范、交通安全、安全设施和其他等方面提出了相应的安全技术对策措施与建议。

7 评价结论

本次对某配套路网工程项目进行安全预评价，我们根据该项目的项目申请报告、项目平面图和现场调查情况，分析和预测了该建设项目在建设施工过程中可能存在的主要危险、有害因素，运用安全检查表、预先危险分析等安全评价方法对7个评价单元进行了定性、定量评价，提出了相应的安全对策措施及建议。

7.1 各评价单元安全评价结论(略)

7.2 安全对策措施和建议(略)

总体来说，某配套路网在施工建设过程采纳本项目的可行性研究报告及本预评价报告中提出的安全对策措施与建议后，对安全设施执行同时设计、同时施工、同时投入生产和使用，则该项目在施工建设过程中能够达到《安全生产法》《公路路线设计规范》《公路路基设计规范》《公路路面设计规范》《公路交通安全设施设计规范》等法律、法规的要求。

附件

F1. 某市发展和改革委员会文件"关于某配套路网工程项目可行性研究报告及确定项目法人的批复"

F2. 某市国土资源局文件"关于某配套路网工程项目用地预审意见的复函"

F3. 某公司"某市某配套路网工程可行性研究报告"

F4. 签订的安全预评价合同、安全预评价委托书

F5. 某公司文件"关于成立某配套路网工程项目部的通知"

F6. 项目平面布置图

⋮

附录(略)

【相关知识】

一、安全评价资料收集整理

1. 评价数据采集分析处理原则

对安全评价资料、数据采集处理方面，应遵循以下原则：首先应保证满足评价的全面、客观、具体、准确的要求；其次应尽量避免不必要的资料索取，以免给企业带来不必要的负担。根据这一原则，参考国外评价资料要求，结合我国对各类安全评价的各项要求，各阶段安全评价资料、数据收集应满足以下要求，见表6-10。表6-10中只列出了安全预评价、安全验收评价和安全现状评价，专项安全评价和区域风险评价未列出(这两种方法视情况收集资料)。

表6-10 安全评价资料收集要求

资料类别	评价类别		
	安全预评价	安全验收评价	安全现状评价
企业法人营业执照	○	○	○
设计单位营业执照及资质证书	○	○	—
施工和监理单位营业执照及资质证书	—	○	—

表 6-10(续)

资料类别	评价类别		
	安全预评价	安全验收评价	安全现状评价
项目的备案材料	○	○	○
土地使用证明文件	○	○	○
评价所依据工程设计文件	○	○	○
厂区或装置平面布置图	○	○	○
工艺流程图与工艺概况	○	○	○
设备清单	○	○	○
厂区布置图及周围人口分布	○	○	○
气象条件	○	○	○
事故应急救援预案	○	○	○
事故应急救援备案登记表	—	○	○
安全环保机构设置证明文件	○	○	○
主要负责人、分管安全负责人和安全管理人员法定有效证件复印件	○	○	○
管理制度目录	○	○	○
岗位操作安全规程清单	○	○	○
特种人员上岗资格证一览表	○	○	○
气体防护设备分布情况	○	○	○
厂消防组织、机构、装备	○	○	○
开车试验资料	—	○	○
建设项目竣工环境保护验收批复	—	○	—
防雷、防静电检测法定报告	—	○	○
职业卫生检验报告	—	○	○
危险化学品重大危险源备案登记表	—	○	○
建筑工程消防验收意见书及消防演练评估报告	—	○	—
试生产方案备案意见	—	○	—
社会保险缴纳证明	—	○	○
特种设备检测、检验报告及使用登记证	—	○	○
有毒、有害气体探测仪法定检测报告	—	○	○
强制检定仪器仪表标定检定资料	—	○	○
近年来职业卫生监测数据	—	○	○
近年来事故统计及记录	—	—	○
可行性研究报告	○	—	—
安全设施设计专篇	—	○	○
预评价报告	—	○	○

表 6-10(续)

资料类别	评价类别		
	安全预评价	安全验收评价	安全现状评价
验收评价报告	—	—	○
不同行业的其他资料要求	○	○	○

注:表中"○"表示该类评价需要该项资料,"—"表示不需要。

2. 评价数据的分析处理

(1) 数据收集

数据收集是进行安全评价最关键的基础工作。所收集的数据要以满足安全评价需要为前提。由于相关数据可能分别掌握在管理部门,如设备、安全、卫生、消防、人事、劳动工资、财务等,检测部门以及生产车间,因此数据收集时要做好协调工作,尽量使收集到的数据全面、客观、具体、准确。

(2) 数据处理

在安全检测检验中,通常用随机抽取的样本来推断总体。为了使样本的性质充分反映总体的性质,在样本的选取上遵循随机化原则:样本各个体选取要具有代表性,不得任意删留;样本各个体选取必须是独立的,各次选取的结果互不影响。若采用了无效或无代表性的数据,会造成检查、检测结果错误,得出不符合实际情况的评价结论。对获得的数据在使用之前,要进行数据处理,消除或减弱不正常数据对检测结果的影响。

(3)"异常值"和"未检出"的处理

①"异常值"的处理。异常值是指现场检测或实验室分析结果中偏离其他数据很远的个别极端值,极端值的存在导致数据分布范围拉宽。当发现极端值与实际情况明显不符时,首先要在检测条件中直接查找可能造成干扰的因素,以便使极端值的存在得到解释,并加以修正。若发现极端值属于外来影响造成,则应舍去;若查不出产生极端值的原因时,则应对极端值进行判定后再决定取舍。

对极端值有许多处理方法。这里介绍一种"Q值检验法"。"Q值检验法"是迪克森(W. J. Dixon)在1951年专为分析化学中少量观测次数($n<10$)提出的一种简易判据式。检验时将数据从小到大依次排列:$X_1, X_2, X_3, \cdots, X_{n-1}, X_n$,然后将极端值代入以下公式求出$Q$值,若$Q$值大于0.90,则有90%的置信,此极端值应被舍去。

$$Q=\frac{X_n-X_{n-1}}{X_n-X_1} \quad (\text{检验最大值 } X_n \text{ 时}) \tag{6-1}$$

$$Q=\frac{X_2-X_1}{X_n-X_1} \quad (\text{检验最小值 } X_1 \text{ 时}) \tag{6-2}$$

式中,X_n-X_{n-1}及X_2-X_1分别为极端值与邻近值间的偏差;X_n-X_1为全距。

【例 6-1】 在瓦斯检查比赛中,四位瓦斯检查工用同一瓦斯检测仪对同一气囊中的瓦斯检查,浓度分别为0.002 08、0.002 07、0.002 09、0.002 14,其中0.002 14与其他数值差距较大,是否应该舍去?

根据"Q值检验法":

$$Q=\frac{X_n-X_{n-1}}{X_n-X_1}=\frac{0.002\,14-0.002\,09}{0.002\,14-0.002\,07}=0.71<0.90$$

所以，0.002 14 不能舍弃。

② “未检出”的处理。在检测上，有时因采样设备和分析方法不够精密，会出现一些小于分析方法“检出限”的数据，在报告中称为“未检出”。这些“未检出”并不是真正的零值，而是处于“零值”与“检出限”之间的值，用“0”来代替不合理(可造成统计结果偏低)。“未检出”的处理在实际工作中可用两种方法进行处理：将“未检出”按标准的 1/10 加入统计整理；将“未检出”按分析方法“最低检出限”的 1/2 加入统计整理。总之，在统计分组时不要轻易将“未检出”舍掉。

③ 检测数据质量控制。检测质量控制经常采用两种控制方式来保证获得数据的正确性：一是用线性回归方法对原制作的“标准曲线”进行复核；二是核对精密度和准确度。记录精密度和准确度最简便的方法是制作“休哈特控制图”，通过控制图可以看出检测、检验是否在控制之中，有利于观察正、负偏差的发展趋势，及时发现异常，找出原因，采取措施。

④ 安全评价的数据处理。收集到的数据要经过筛选和整理，才能用于安全评价。数据要：来源可靠，收集到的数据要经过甄别，舍去不可靠的数据；数据完整，凡安全评价中要使用的数据都应设法收集到；取值合理，评价过程取值带有一定主观性，取值正确与否往往影响评价结果。

为提高取值准确性可从以下 3 个方面着手：严格按技术守则规定取值；有一定范围的取值，可采用内插法提高精度；较难把握的取值，可采用向专家咨询方法，集思广益来解决。

二、安全评价报告格式

1. 评价报告的基本格式要求

(1) 封面

(2) 安全评价资质证书影印件

(3) 著录项

(4) 前言

(5) 目录

(6) 正文

(7) 附件

(8) 附录

2. 规格

安全评价报告应采用 A4 幅面，左侧装订。

3. 封面格式

(1) 封面的内容

委托单位名称、评价项目名称、标题、安全评价机构名称、安全评价机构资质证书编号、评价报告完成时间。

(2) 标题

标题应统一写为“安全评价××报告”或“区域风险评价××报告”，其中“××”应根据评价项目的类别填写为：预 、验收、现状、专项。

4. 著录项格式

“安全评价机构法定代表人、评价项目组成员”等著录项一般分两页布置。第一页署明安全评价机构的法定代表人、技术负责人、评价项目负责人等主要责任者姓名，下方为报告编制完成的日期及安全评价机构公章用章区域；第二页则为评价人员、各类技术专家以及其他有关责任者名单，评价人员和技术专家均应亲笔签名。

【知识拓展】

职业病危害评价。

1. 评价依据

开展职业病危害评价的主要依据是各种法律、法规以及企业提供的各种资料。

2. 评价程序

(1) 收集各种与评价项目有关的资料，包括适用的各类法律、法规，企业提供的各类安全卫生技术、管理文件资料、运行记录，以及现场的安全卫生状况等。

(2) 根据收集到的资料及企业的评价要求和评价目的，制定相应的评价计划或评价方案，以指导评价工作按时有序地开展。

(3) 在获得充分资料的基础上进行工程分析，对物料、工艺过程、设备设施、作业场所等进行危险、有害因素或职业病危害因素的识别，并明确其存在的部位或环节。

(4) 结合企业实际情况，划分评价单元或确定重点评价因子，并选择评价方法。

(5) 利用选定的各种评价方法进行定性、定量或综合评价，以明确危险、有害因素或职业病危害因素的危害程度。

(6) 结合现场或类比现场实际情况或可行性研究报告中的职业安全卫生的考虑，依据相应的法律、法规的要求，对企业的安全卫生管理、工程技术措施等进行评价。

(7) 针对辨识、评价的情况，有针对性地提出各种合理可行的安全、卫生对策措施，包括管理措施、工程技术措施、应急救援预案等。

(8) 做出职业病危害评价结论。

(9) 在评价过程中要对评价报告进行反复审核、修改、完善工作，确保职业病危害评价报告的质量。

3. 评价内容

由于企业危险、有害因素与职业病危害因素的差异，职业病危害评价侧重对作业环境中可能影响企业职工身体健康的职业病危害因素进行识别、评价和控制，重点在于职业病的预防和控制。

4. 工程分析

从原辅助物料、中间产品及产品、工艺过程、生产设备设施、作业场所、安全卫生投入等方面进行工程分析，重点关注的毒性和腐蚀性，分析操作的工艺过程或设备设施中存在的有毒有害物质的挥发、溢出或意外泄漏及噪声等危害因素对工人健康的影响，并分析卫生用室、辅助用室、工时制度等。

5. 评价方法的选择

职业病危害评价方法相对固定，主要有检查表法、类比法和定量分级法。

6. 对策措施

对辨识出的危险、有害因素或职业病危害因素进行定性、定量评价后，需结合企业情况提出合理可行的对策措施来降低风险。主要包括：防尘、防毒、防噪、防振动、防暑、防湿、防寒、防电离/非电离辐射、防生物危害等措施。

【思考练习】

1. 安全评价资料、数据采集处理，应遵循什么原则？

2. 为提高安全评价取值准确性可从(　　)方面着手。(多选题)

A. 严格按技术守则规定取值

B. 有一定范围的取值，可采用内插法提高精度

C. 采用类推法取值

D. 较难把握的取值，可采用向专家咨询方法，集思广益来解决

3. 安全评价报告的基本格式不包括(　　)。

A. 附件　B. 安全评价资质证书影印件　C. 著录项　D. 参考文献

4. 不属于安全评价报告封面内容是的(　　)。

A. 委托单位名称　　B. 评价项目名称、标题

C. 评价报告编制人　　D. 安全评价机构名称

5. 安全评价报告著录项一般哪些人员需要签字？

6. 使用 Q 值检验法处理极端值时，当 Q 值小于(　　)，此极端值应当保留。

7. 可行性研究报告是安全(　　)评价必需的资料。

8. 安全(　　)评价，不需要事故应急救援备案登记表。

【技能训练】

根据已学知识，编制一份某新校区建筑施工项目安全评价目录。

任务二　风险和过程控制

【学习目标】

知识目标：掌握项目风险分析程序和报告审核内容，熟悉安全评价过程体系的构成。

技能目标：能够制定安全评价项目风险分析方案，建立安全评价过程控制文件。

【实例展示】

某安全评价机构设经理、副经理、技术负责人和过程控制负责人，其中技术负责人负责安全评价部工作、副经理负责综合部工作、过程控制负责人负责质监部工作，综合部设市场业务组、档案管理组、财务组、技术专家组。该评价机构编制安全评价过程控制职能分配见表 6-11。

表 6-11　安全评价过程控制职能分配表

管理要素	经理	副经理	技术负责人	安全评价过程控制负责人	综合部	安全评价部	质监部
总体要求	★	△	△	△	△	△	△
安全评价体系	★	★	△	★	△	△	△

表6-11(续)

管理要素	经理	副经理	技术负责人	安全评价过程控制负责人	综合部	安全评价部	质监部
文件控制	△	△	★	★	★	△	△
管理承诺	★	△	△	△	△	△	△
接受政府职能监督	★	△	△	△	△	△	△
服务顾客	△	★	△	△	★	★	△
安全评价方针	★	△	△	△	△	△	△
策划	★	△	△	△	△	△	△
职责、权限与沟通	★	△	△	△	△	△	△
管理评审	★	△	△	★	△	△	★
资源的提供	★	△	△	△	★	△	△
人力资源	△	△	△	△	★	△	△
基础数据库资源	△	△	★	★	★	△	★
工作环境	△	△	△	△	★	△	△
评价业务的实现策划	△	△	★	△	★	★	△
与顾客有关的过程	△	△	△	△	★	★	△
项目风险分析	△	△	★	△	★	★	△
实施安全评价控制	△	△	★	★	△	★	△
评价过程控制监督	△	△	△	★	△	△	★
评价作业质量保证	△	△	★	★	△	★	★
顾客满意	△	★	△	△	★	★	△
投诉申诉	△	△	△	★	△	△	★
不符合的安全评价工作的控制	△	△	△	★	△	★	★
纠正措施	△	△	△	★	△	△	★
预防措施	△	△	△	★	△	△	★
内部审核	△	△	△	★	△	△	★

注：★表示主要职能，△表示相关职能。

【相关知识】

一、项目风险分析

安全评价机构根据委托方的要求和前置条件、自身的业务能力和业务范围，根据收集到的被评价对象的信息和评价机构对评价项目风险分析判断准则，分析、预测承接评价项目的风险程度，策划评价过程，确定实施评价项目可行性和经济性，决定是否签订合同的过程。风险分析的时机应在安全评价项目合同签订之前，对被评价对象的相关资料、信息收集基本完成之后且能够基本了解被评价对象所属行业风险特点的基础上进行。

1. 项目风险分析的重点

① 被评价单位。主要包括：基本概况、评价类别、评价范围、投资规模、地理位置、周边

环境、行业风险等。

② 评价机构。主要包括:资质业务范围、评价人员专业构成、相关技术专家等是否满足项目评价要求。

③ 项目的经济性。

④ 项目的可行性。

⑤ 工作计划。

2. 项目风险分析的方法

① 专家调查法。

② 头脑风暴法。

③ 情景分析法。

④ 核对表法。

⑤ 面谈法。

3. 项目风险分析判断准则

出现下列情况之一时,不得签订评价合同:

① 超出评价机构资质范围。

② 不支付预付款或付款条件太苛刻。

③ 评价人员和技术专家从技术上难以承担的项目。

④ 时间太紧不能按期完成的项目。

⑤ 委托方提出不合法、不合理要求的。

⑥ 有效、合法证件以及相关证明材料和文件等前置条件不符合法律、法规规定的:

a. 安全预评价项目没有合法的建设单位:或者没有落实投资资金,或者没有正规批复立项文件,或者没有正式正规批复的可行性研究报告。

b. 安全验收评价项目未取得营业执照:或者未取得有关许可证,或者没有建设项目批准文件,或者项目没有建成并试运转正常;或者危险化学品类企业未经消防验收合格的。

c. 安全现状评价项目中营业执照被依法吊销的:或者被政府依法取缔的,或者虽未被取缔但已被列入取缔计划的,或者没有有关许可证,或者有关许可证到期的。

d. 安全专项评价和区域风险评价参照上述要求。

⑦ 不能提供技术数据、资料、设计文件或提供的技术数据不真实,故意隐瞒现场真实情况的。

⑧ 工程、系统很不完善,存在重大安全隐患,且暂时得不到整改的。

4. 项目风险分析方案

(1) 确定风险分析时机

风险分析时机应在合同签订之前。风险分析应在得到需求信息后尽快进行,要求风险分析应在对被评价对象相关资料的收集已基本完成且能够基本了解被评价对象所属行业的风险特点的基础上进行,否则容易造成分析结果不正确,为后续工作带来不必要的困难。

(2) 确定风险分析形式

一般采取风险分析会议、会签等形式进行。项目较大、行业风险较高的项目,通常采取风险分析会议形式;行业风险较小且又经常开展的项目可采取会签形式。

(3) 确定风险体制参加人员

评价机构项目管理人员、技术负责人、具备被评价项目职业基础知识的安全评价人员、具备被评价项目专业基础知识的评价人员或技术专家。

(4) 风险分析程序

① 对拟评价项目的相关信息进行收集。

② 核对评价项目是否属于本机构所具备的评价资质规定的业务范围。

③ 检查评价委托方的安全评价前置条件是否具备。

④ 确定本机构所拥有的评价人员是否能根据行业的风险特性完成该评价项目。如不具备,技术专家是否能弥补。

⑤ 安排风险分析会议,具体内容风险分析

⑥ 确定负责部门、参与部门、进行人员配置、专业搭配、进度安排等初步计划

⑦ 与客户商定合同条款,确保合同内容符合国家有关法律、法规的要求,且无损害本机构利益的条款。

⑧ 项目评价的可行性和经济性分析,确定评价费用是否在本机构所接受的范围内。

⑨ 用风险判断准则判断风险程度、是否可接受

⑩ 形成风险分析的结论并形成记录。

⑪ 合同签订后,应制订详细的安全评价工作计划。

(5) 审定评价工作计划

评价工作计划的审定是风险分析中的重点,工作计划制订得是否合理、可行,这些直接关系到风险分析的结果。审核评价工作计划重点包括以3个方面:

① 评价工作的人员安排。人员配置是否合理、专业搭配是否满足项目的要求,决定了评价工作计划的可行性。因此,应重点审查人员的专业能力是否满足评价工作的需要,是否能覆盖安全评价所需的各个专业,是否存在人员安排上的重大缺陷。这就要求审查人员必须对机构内部的技术力量有透彻的了解,且有丰富的现在勘察和评价经验。

② 评价工作的进度安排。审定评价工作的分解后的工作活动清单是否包括了项目需要进行的所有活动、项目活动持续时间的估算是否准确、各工作活动的顺序是否合理等内容。

③ 检测检验安排。现场检测、检验是保证勘察结果科学、真实的必需条件。检测、检验的项目应全面,检测的时机应是被评价对象正常开展工作、具有代表性的时间。对仪器设备进行合理安排可提高现场勘察的工作效率。通常情况下,现场勘察是分组进行的。当所需要检测不足时,要求在安排勘察路线时合理安排检测工作,避免同时使用同一检测设备。

二、安全评价过程控制

1. 安全评价过程控制体系

安全评价过程控制是保证安全评价工作质量的一系列文件,是安全评价机构为实现预先设定的方针和目标,依据一系列文件化的管理制度对本机构的安全评价业务活动所实施的管理措施的总和,安全评价过程控制的目的是使安全评价的质量管理工作规范化,标准化。

安全评价过程控制体系的内容主要包括:方针与目标、机构与职责、人员培训、风险分析、合同评审、编写计划、实施评价、编写报告、报告审核、技术支撑、作业文件、内部管理、档案管理、持续改进。

（1）方针和目标

① 方针。安全评价过程控制方针是用来阐明安全评价机构的质量目标和改进安全评价绩效的管理承诺。方针在内容上应适合安全评价机构安全评价工作的性质和规模，确保其对具体工作的指导作用；包括对持续改进的承诺，遵守现行安全评价法律、法规和其他要求的承诺。方针需经最高管理者批准；确保与员工及其代表进行协商，并鼓励员工积极参与；文件化，付诸实施，予以保持；传达到全体员工；可为相关方所获取。安全评价过程控制方针应定期评审，以适应评价机构不断变化的内外部条件和要求，确保体系的持续适宜性。

② 目标。安全评价机构应针对其内部相关职能和层次，建立并保持文件化的安全评价机构过程控制目标。目标应符合安全评价过程控制方针，并遵循过程控制体系对持续改进的承诺。评价机构在确立和评审其过程控制目标时，应考虑法律、法规及其他要求，可选安全评价技术方案以及财务、运行和经营要求。

（2）机构与职责

① 机构。安全评价机构要求有独立的法人资格，即有明确的法定代表人。评价机构的最高管理者应确定评价机构的过程控制方针，提供实施安全评价方案和活动以及绩效测量和监测工作所需的人力、专项技能与技术、财力资源，并在安全评价活动中起领导作用。评价机构还应明确与评价资质业务范围相适应的技术负责人和安全评价过程控制负责人。

② 职责。为了做好安全评价工作，必须对安全评价机构相关部门与人员的作用、职责和权限加以界定，使之文件化并予以传达。明确安全评价机构内部的组织机构及职责是安全评价过程控制体系运行的关键环节。职责不清、权限不明，会造成许多问题。评价机构中只有每个人按照规定做好自己的本职工作、共同参与安全评价过程控制体系的建设与维护，过程控制体系才能真正实现持续改进和保证安全评价的工作质量。体系的建立、实施和维护均是以评价机构为单位，按职能和层次展开，在体系运行过程中明确各职能部门与层次间的相互关系，规定其作用、职责与权限是体系建立的必要条件，也是体系运行的有力保障。而且组织机构与职责的明确也为培训需求的确定、信息沟通的渠道与方式、文件的编写与管理等若干环节的实施与保持提供基本的框架。

（3）人员培训

安全评价人员的水平对安全评价的质量起着至关重要的作用。对人员培训要求：

① 根据评价人员的作用和职责，确定各类人员所必需的安全评价能力。

② 制订并保持确保各类人员具备相应能力的培训计划。

③ 定期评审培训计划，必要时予以修订，以保证其适宜性和有效性。

④ 在制定和保持培训计划或方案时，其内容应重点针对以下领域：机构人员的作用与职责培训；新员工的安全评价知识培训；针对安全评价的法律、法规和指导性文件的培训；针对中高层管理者的管理责任和管理方法的培训；针对分包方、委托方等所需要的培训。

（4）风险分析

风险分析应在安全评价项目合同签订之前进行。通过安全评价风险分析，确保合同在签订过程中得到有效控制，避免签订违反有关法律、法规和存在较大风险的评价合同，避免在安全评价过程中产生不必要的纠纷，以保证安全评价工作过程符合法律法规和体系文件规定。风险分析的重点如下：

① 被评价单位基本情况、评价类别、项目投资规模、地理位置、周边环境、行业风险特

征等。

② 评价机构是否在资质业务范围之内,现有评价人员专业构成是否满足评价项目需要,是否需要聘请相关专业技术专家。

③ 承担项目的风险以及项目的经济性、可行性等。

(5) 合同评审

完成风险分析后,要进行合同评审。安全评价机构的合同评审要求市场开发人员、安全评价技术负责人等共同参与完成。合同评审应包括以下内容:

① 客户的各项要求是否明确。

② 合同要求与委托书内容是否一致,所有与委托书不一致的要求是否得到解决。

③ 安全评价机构能否满足全部要求。

在签订了一个评价项目的合同之后,安全评价机构便开始了一次针对某个企业的评价活动,即启动了安全评价质量保证程序,每一次评价活动都将为下一次评价活动提供新的经验、新的技术支持和现场改进的依据。

(6) 编写计划

在安全评价项目签订之后,首先要制订安全评价计划,以保证评价项目有效的实施,确保评价项目根据合同规定的进度和质量要求如期完成。

(7) 实施评价

根据过程控制方针和目标实施安全评价,组建评价项目组并任命项目组组长。项目组应由与评价项目相关的专业人员组成,且评价人员专业配备能够满足项目要求,个别专业人员不足时,应选择相应专业的技术专家参加。项目组按照有关法律、法规和技术标准及过程控制要求进行安全评价。

(8) 编制报告

编制安全评价报告是安全评价工作的核心问题。安全评价报告编制程序文件是编制各项目安全评价报告的通用程序规范。对于不同的评价项目编制安全评价报告的具体操作的指导属于作业指导书的内容,应根据评价对象的不同编制安全评价作业指导书。

(9) 报告审核

报告审核的重点是评价依据资料的完整性,危险、有害因素辨识的充分性,评价单元划分的合理性,评价方法的适用性,对策措施的针对性和评价结论的正确性等。

(10) 技术支撑

① 数据库和软件。安全评价机构应有法律、法规数据库,有关物质特性、事故案例数据库及其他数据库等基础数据库,以及购买及自主开发的技术及应用软件、内部管理信息系统软件、图书和资料管理系统软件等。

② 检测检验及科研开发能力。检验能力主要指检测检验资质类别、业务范围、项目及检测检验人员资格等。科研能力是指机构安全评价技术研究的基础条件、科研开发项目、科研经费与资金投入等。安全评价机构如果自身不具备检测检验及科研开发能力,应与有关的安全科学技术研究单位和具有相关检测检验资质的机构签订技术协作协议作支撑渠道。

(11) 作业文件

作业文件是程序文件的支持性文件,是按照相关规定和技术标准并结合业务范围及领域编制的安全评价作业文件。

(12) 内部管理

内部管理主要有以下内容：

① 评价人员和技术专家管理。评价人员管理主要包括劳动关系和从业资格、业绩、培训、保密及从业行为等；技术专家管理主要包括聘用协议和业绩、培训、保密及从业行为等。

② 业绩考核。建立业绩考核管理制度就是建立机构、评价人员和技术专家业绩档案，及时统计和报送业绩情况。

③ 业务培训。根据职责明确评价人员的能力要求；编制评价人员业务培训计划，保存培训记录；定期审查和不断改进业务培训计划，保证其适宜性和有效性；确定业务培训内容。

④ 信息通报。安全评价机构情况发生变化或发生重大事件应及时报告资质管理部门。

⑤ 跟踪服务。明确跟踪服务基本要求，对跟踪服务各环节实施有效控制，积极、妥善解决被评价单位提出的问题，及时处理被评价单位或来自其他方面的投诉、申诉；项目完成后，应对评价报告中提出的对策措施的实施情况进行跟踪，确认其适用性及有效性，适时进行调整。

⑥ 保密。明确保密范围，确定保密等级，对被评价单位的技术和商业机密保守秘密。

⑦ 资质和印章管理。严格资质和印章管理，认真履行相关手续，严禁转借或出租资质和印章。

(13) 档案管理

(14) 持续改进

持续改进是安全评价机构进行过程控制时实现自我约束、自我发展、自我完善的重要环节。

① 内部审查。

② 及时采取纠正和预防措施。

③ 建立并不断改进内部审查程序。

④ 建立并不断改进投诉、申诉处理程序。

2. 安全评价过程控制的作用

(1) 强化安全评价质量管理，提高安全评价工作质量水平。

(2) 有利于安全评价规范化、法制化及标准化的建设和安全评价事业的发展。

(3) 在安全生产工作中发挥安全评价的作用，确保人民生命安全、生活安定，具有重要的社会效益。

(4) 有利于安全评价结构管理层实施系统和透明的管理，学习运用科学的管理思想和方法。

(5) 加强对安全评价人员的培训，促进其工作交流，持续不断地提高其业务技能和工作水平。

(6) 促进安全评价工作的有序进行，使安全评价人员在评价过程中做到各负其责，提高工作效率。

(7) 提高安全评价机构的市场信誉，在市场竞争中取胜。

3. 安全评价过程控制文件

(1) 安全评价过程控制文件的构成

安全评价过程控制体系是安全评价机构为保障安全评价工作的质量而形成的文件化的

体系，是安全评价机构实现其质量管理方针、目标和进行科学管理的依据。

安全评价过程控制体系文件一般分为3个层次：管理手册（一级）、程序文件（二级）、作业文件（三级），如图6-1所示。

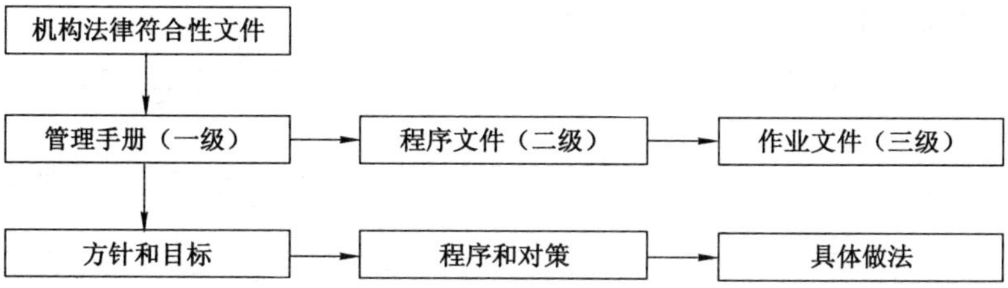

图6-1 安全评价过程控制体系文件的内容

① 管理手册。管理手册是评价机构根据安全评价过程控制的方针、目标全面地描述安全评价过程控制体系的文件，主要供机构中、高层管理人员和客户及第三方审核机构使用。管理手册应表述本机构的安全评价质量保证能力。管理手册涉及以下内容：方针目标、职责权限、人员培训和安全评价过程控制的有关要求，关于程序文件的说明和查询途径，关于手册的评审、修改和控制规定。

② 程序文件。程序文件是机构根据安全评价过程控制体系的要求，为达到既定的安全评价过程控制方针、目标所需要履行的程序和对策，是描述实施安全评价涉及的各个职能部门活动的文件，供各职能部门使用。程序文件处于安全评价过程控制体系文件的第二层，起到一种承上启下的作用：对上，它是管理手册的展开和具体化，使得管理手册中原则性和纲领性的要求得到展开和落实；对下，它引出相应的支持性文件，包括作业指导书和记录表格等。

③ 作业文件。作业文件是围绕管理手册和程序文件的要求，描述在具体的工作岗位和工作现场完成某项工作任务的具体做法，是一个详细的操作性工作文件。作业文件是第三层文件，包括作业指导书、记录表格等。

(2) 安全评价过程控制文件的编制

① 管理手册的编写。管理手册的编写要有系统性，避免面面俱到、冗长重复。管理手册不可能像具体工作标准或管理制度那样详尽，对各重要环节和控制要求只需概括地做出原则规定。在编写管理手册时，要求文字准确、语言精练、结构严谨，还要通俗易懂，以便评价机构全体员工能理解和掌握。

② 管理手册的编写程序。管理手册应当按照评价机构安全评价工作分析的结果，系统、明确地规定体系的构成、涉及的内容及其相互之间的联系。安全评价过程控制管理手册的编写流程如图6-2所示。

③ 管理手册的内容：

a. 安全评价过程控制方针目标。

b. 组织结构及安全评价管理工作的职责和权限。

c. 安全评价机构运行中涉及的重要环节的描述。

d. 管理手册的审批、管理和修改的规定。

(3) 程序文件的编写

程序文件是管理手册的支持性文件，是管理手册中原则性要求的进一步展开和落实，因此，编制程序文件必须以管理手册为依据，符合管理手册的有关规定和要求，并从评价机构的实际出发，进行编制。

安全评价过程控制程序文件的编写流程如图 6-3 所示。

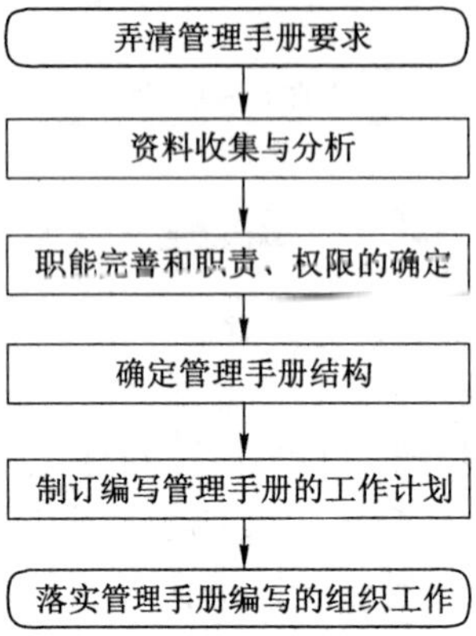

图 6-2 安全评价过程控制文件管理手册的编写流程

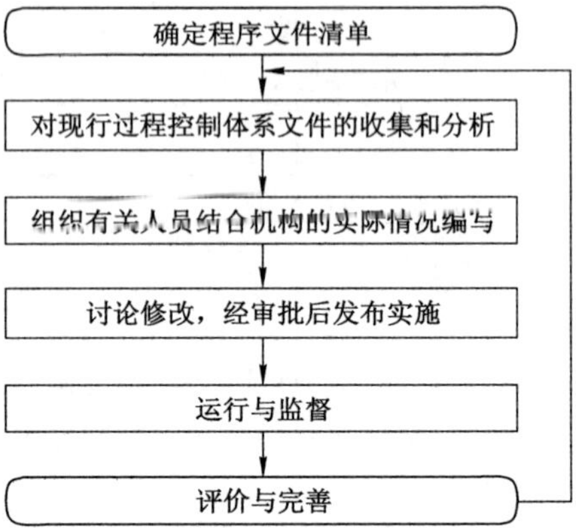

图 6-3 安全评价过程控制文件程序文件编写流程

（4）作业文件的编写

作业文件是程序文件的支持性文件。作业文件应与程序文件相对应，是对程序文件的补充和细化。评价机构现行的许多制度、规定、办法等文件，很多具有与作业文件相同的内容。

（5）记录的编写

记录是为已完成的活动或达到的结果提供客观证据的文件，它是重要的信息资料，为证实可追溯性以及采取预防措施和纠正措施提供依据。安全评价机构所产生的记录覆盖过程控制的各个环节。

将安全评价过程记录文件目录汇总，见表 6-12。

表 6-12 安全评价过程控制记录文件目录

<table>
<tr><td>被评价单位</td><td colspan="3"></td></tr>
<tr><td>项目名称</td><td colspan="3"></td></tr>
<tr><td>评价类别</td><td colspan="3">□预评价 □验收评价 □现状评价 □专项评价 □区域风险评价</td></tr>
<tr><td>报告编号</td><td colspan="3"></td></tr>
<tr><td colspan="4">安全评价过程控制记录文件目录</td></tr>
<tr><td>序号</td><td>文件名称</td><td>份数（页数）</td><td>备注</td></tr>
<tr><td>1</td><td>风险分析和审核意见记录</td><td></td><td>包含附图</td></tr>
<tr><td>2</td><td>安全评价技术服务合同（委托书）</td><td></td><td></td></tr>
<tr><td>3</td><td>组建评价项目组及项目组长任命记录</td><td></td><td></td></tr>
</table>

表 6-12(续)

4	安全评价实施计划记录		
5	安全评价技术文件资料收集记录		
6	关于提请提供安全评价所需资料的函		
7	关于催请提供安全评价所需资料的函		
8	关于催请提供安全评价所需资料函的回执		
9	安全评价现场沟通记录		
10	安全评价现场检查记录		包含现场照片
11	安全评价不符合项复查记录		整改前后照片
12	安全评价报告审核流程控制记录		
13	安全评价报告内部审核记录		
14	安全评价报告技术专家审核记录		
15	安全评价报告技术负责人审核记录		
16	过程控制负责人审核记录		
17	安全评价报告交付客户记录		
18	被评价单位意见调查反馈表		
19	专家评审意见反馈表		
20	专家评审意见修改说明		
21	安全评价机构安全评价工作业绩表		
22	安全评价报告归档目录		

4. 安全评价过程控制体系建立与维持

(1) 安全评价过程控制体系建立的依据

安全评价机构过程控制体系建立的主要依据为:管理学原理、国家对安全评价监督管理要求和安全评价机构自身的特点。

(2) 建立安全评价过程控制体系的原则

① 领导层真正重视。任何管理模式的成功建立、任何管理方法的有效实施、任何改革措施的真正落实都离不开领导层的重视,尤其是最高管理者的重视和支持。“重视”就是充分明白和理解在市场经济和竞争的大环境下,质量管理的重要性和迫切性,重视安全评价过程控制体系的实质内容的确定和实施,而不是仅停留在文件上。

② 员工积极参与。任何具体工作的落实,都需要通过各级人员的积极参与来实现。从安全评价过程控制体系的建立到维持,都需要各级员工的积极参与,包括提供安全评价项目策划的依据,收集资料,总结过去的经验教训,提出合理化建议,参与规章制度的策划,提出持续改进的建议等。

③ 专家把关。安全评价过程控制体系的核心是对安全评价过程的质量控制,整个体系的运行都是围绕着安全评价工作开展的。在安全评价过程中,从合同评审、现场勘察、资料收集、危险辨识、评价报告的编制直到报告的评审,整个过程都应配备技术专家审查把关,以确保各个环节的质量。通过技术专家的工作,使评价人员的业务水平得到提升,从而不断提高安全评价工作的质量。

(3) 安全评价过程控制体系建立的步骤(图 6-4)

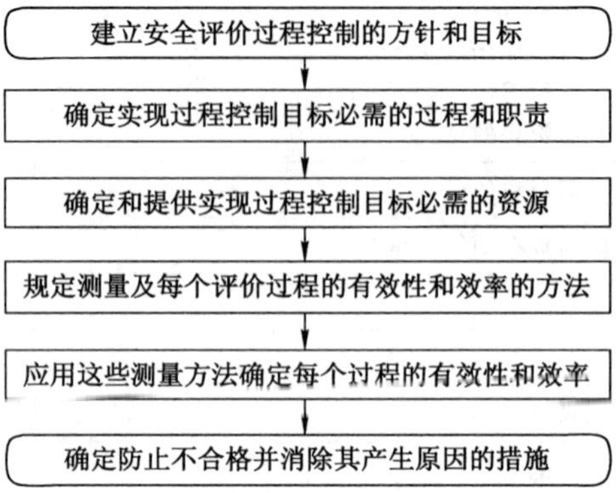

图 6-4　安全评价过程控制体系建立的步骤

(3) 安全评价过程控制体系的维持

安全评价机构在建立了过程控制体系之后,应使过程控制体系真正运行起来,使质量管理职能得到充分的实施。安全评价过程控制体系的维持示意图如图 6-5 所示。

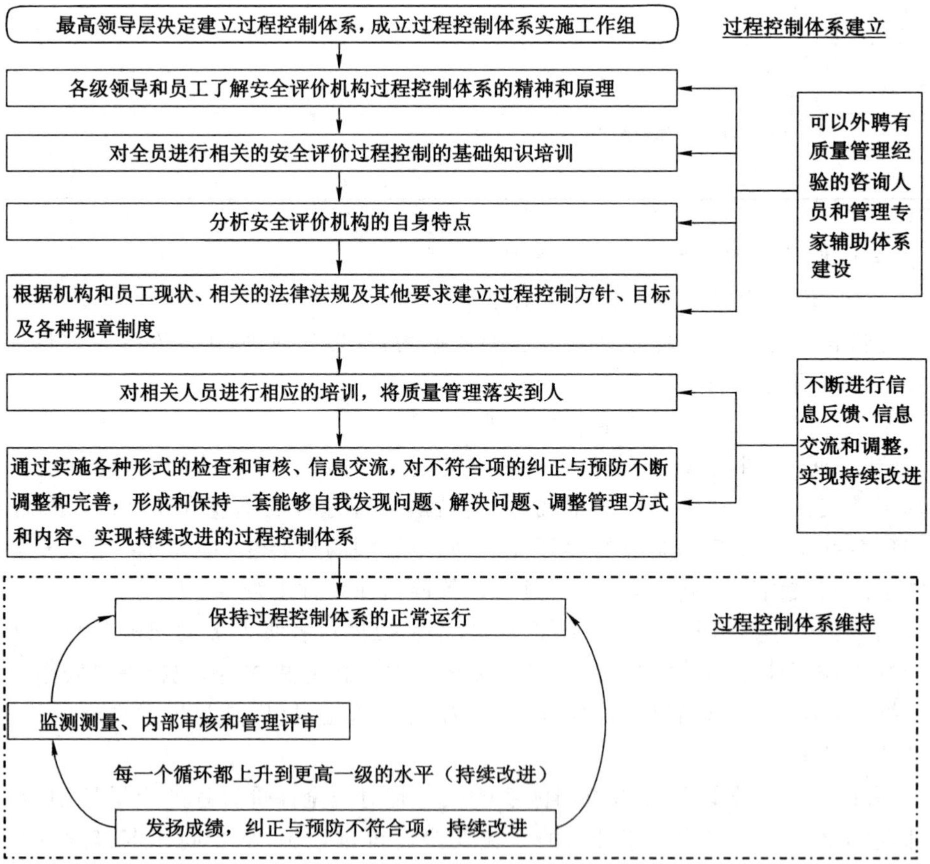

图 6-5　安全评价过程控制体系的维持

从图 6-5 可以看出，持续改进是安全评价过程控制体系的一个核心思想，它体现了管理持续发展的过程。持续改进是一个整体和系统的过程，是一个观念转变、思维进化和思想进步的过程。它不同于不符合项的纠正与预防，相对于不符合项的纠正与预防的“点”或“面”上的变化，持续改进属于全方位的“形”的变化。因此，持续改进必须经过更长期的过程，需要经过无数次的不符合纠正预防，从不断的量变逐渐转化为质变，从行为的改变到思维和观念的进步，从管理结果的持续改进到管理能力的持续改进，逐步实现持续改进的飞跃。

持续改进主要包括以下内容：分析和评价现状，以便辨识改进区域；确定改进目标；为实现改进目标寻找可能的解决办法；评价这些解决办法；实施选定的解决办法；测量、验证、分析和评价实施的结果以证明这些目标已经实现；正式采纳更改；必要时，对结果进行评审，以确定进一步的改进机会。

【知识拓展】

安全评价报告评审专家的评审重点。

1. 安全生产专家的构成

安全生产专家是指在某一行业安全生产领域有所研究的人，熟悉和掌握某一领域安全技术和安全管理的人。安全生产专家应当是行业安全的能手，有丰富的安全工作经验，至少在本地区的某一行业有一定的权威性。

2. 安全生产专家组的特点

根据我国目前的专家管理体制和社会性质，安全生产专家组具有以下特点：

① 专家组不是承担风险责任的组织或实体，对企业、政府主管部门或安全中介机构来讲具有顾问性质，相对于项目建设单位和评价机构来讲属于“第三方”评审。

② 对项目安全审查来讲，安全生产专家组是风险的再评价小组。

③ 通过对评价报告进行评审，专家组的工作可以为企业、中介机构、政府主管部门三方合理地规避风险。

④ 对行政许可、批复、备案登记等工作来讲，专家组的工作可以为政府的安全监管和许可决策提供有力的安全技术支持。

3. 安全生产专家评审的内容

① 危险、有害因素(危险源)的识别是否充分。

② 危险、有害因素(危险源)的分析是否正确、全面、客观。

③ 评价方法的选择是否得当。

④ 评价方法的应用是否全面、结论是否正确。

⑤ 提出的问题是否客观。

⑥ 提出的整改措施及建议是否适用。

⑦ 报告是否层次清晰、主次分明、有针对性。

⑧ 报告内容是否充实、结论是否严谨客观。

【思考练习】

1. 安全评价项目风险分析在签订安全评价项目合同前进行，项目风险分析的重点内容不包括以下哪个方面(　　)?

A. 被评价单位　　　　B. 评价机构

C. 评价方法　　　　D. 工作计划

2. ××企业打算委托甲公司进行安全评价，其前置条件符合，评价公司收集的信息也充足，评价公司现安排你参加承接安全评价项目的风险分析，请你根据《安全评价过程控制文件编写指南》确定风险分析程序，并阐述风险分析的重要性。

3. 简述安全评价报告审核程序。

4. 过程控制负责人审核安全评价的各个控制过程，不包括(　　)。

A. 承接项目风险分析过程　　　　B. 项目评价计划过程

C. 调查分析与现场勘查过程　　　　D. 评价结论是否准确

5. 技术负责人审核安全评价的技术环节，不包括(　　)。

A. 评价资料是否齐全　　　　B. 评价内容和评价方法是否合理

C. 项目自审过程　　　　D. 对策措施或整改意见是否有针对性

6. 简述安全评价过程控制体系的主要内容。

7. 安全评价过程控制体系文件一般分为 3 个层次(　　)、(　　)和作业文件。

8. 安全评价过程控制是保证安全评价工作质量的一系列(　　)，安全评价过程控制的目的是使安全评价的质量管理工作(　　)和(　　)。

【技能训练】

某安全评价机构承接到一个需要用危险与可操作性分析(HAZOP 分析)法评价的有毒、易燃、易爆生产工艺的建设项目，合同约定提交评价报告的时间为 3 个月以内，该机构的领导安排了一个评价人员制订出了对承接到建设项目的评价工作计划安排表，评价人员安排表、评价工作进度安排表和评价工作计划审批表见表 6-13 至表 6-15。

表 6-13　评价人员安排表

序号	姓名	技术职称	专业名称	目前承担的工作
1	叶××	高级工程师	化学工程	化工工艺
2	赵××	高级工程师	仪器仪表	仪表自动化
3	孙××	工程师	机械制造工程	机械设备
4	谭××	工程师	电气工程	电气
5	吴××	工程师	土木工程	工业设备安装工程
6	许××	工程师	给水排水工程	给水排水
7	周××	高级工程师	安全工程	安全工程
8	吴××	工程师	矿井通风与安全	安全工程

表 6-14　评价工作进度安排表

序号	工作名称及内容	开始日期	截止日期
1	确定分析范围和目标	2017 年 06 月 20 日	2017 年 06 月 25 日
2	收集数据及资料	2017 年 06 月 20 日	2017 年 06 月 25 日

表 6-14(续)

序号	工作名称及内容	开始日期	截止日期
3	熟悉并分析委托方提供的数据及资料	2017年06月26日	2017年06月27日
4	将资料变成适当的表格并拟定分析顺序	2017年06月28日	2017年06月30日
5	分析节点划分，将系统分解为若干部分	2017年07月01日	2017年07月02日
6	完成 HAZOP 分析，记录分析情况	2017年07月03日	2017年09月04日
7	对建议措施达成一致意见	2017年09月05日	2017年09月07日
8	编制分析结果文件和报告	2017年09月08日	2017年09月13日
9	跟踪措施的执行情况	2017年09月14日	2017年09月15日
10	完成最终输出报告	2017年09月16日	2017年09月19日

表 6-15　评价工作计划审批表

<table>
<tr><td rowspan="5">建设项目基本信息</td><td>项目名称</td><td></td><td>地理位置</td><td></td></tr>
<tr><td>项目性质</td><td></td><td>厂区用地面积</td><td></td></tr>
<tr><td>评价类别</td><td></td><td>项目红线面积</td><td></td></tr>
<tr><td rowspan="2">提供的技术资料</td><td rowspan="2"></td><td>项目投资规模</td><td></td></tr>
<tr><td>行业风险特性</td><td></td></tr>
<tr><td rowspan="7">项目负责人初审意见</td><td colspan="2">审核项目及要求</td><td colspan="2" rowspan="7">审核意见：
项目负责人：
年　月　日</td></tr>
<tr><td colspan="2">1. 确定评价范围，分析工艺及设备、安全工程设计周边环境的初步情况</td></tr>
<tr><td colspan="2">2. 提出评价项目重点、评价所需要的信息内容</td></tr>
<tr><td colspan="2">3. HAZOP 分析项目的目标和策略</td></tr>
<tr><td colspan="2">4. HAZOP 分析项目实施程序</td></tr>
<tr><td colspan="2">5. 人员配置、专业搭配</td></tr>
<tr><td colspan="2">6. 评价工作进度安排(评价的工时)</td></tr>
<tr><td>技术负责人审定意见</td><td colspan="4">技术负责人：
年　月　日</td></tr>
</table>

问题：(1) 假设你是该安全评价机构的项目负责人，请给出初步审核意见；(2) 假设你是该安全评价机构的技术负责人。请审定该评价工作计划，给出审核意见，并确定是否需要重新修改。

参 考 文 献

[1] 蔡庄红,黄庭刚.安全评价技术[M].北京:化学工业出版社,2014.

[2] 陈宝智.系统安全评价与预测[M].北京:冶金工业出版社,2011.

[3] 陈国华.风险工程学[M].北京:国防工业出版社,2007.

[4] 崔克清.化工过程安全工程[M].北京:化学工业出版社,2002.

[5] 董立斋,巩长春.工业安全评价理论和方法[M].北京:煤炭工业出版社,1998.

[6] 顾祥柏.石油化工安全分析方法及应用[M].北京:化学工业出版社,2001.

[7] 郭振龙.工业装置安全卫生评价方法[M].北京:化学工业出版社,2004.

[8] 国家安全生产监督管理局.危险化学品安全评价[M].北京:中国石化出版社,2003.

[9] 国家安全生产监督管理总局.安全评价[M].3版.北京:煤炭工业出版社,2005.

[10] 何学秋.安全工程学[M].徐州:中国矿业大学出版社,2000.

[11] 刘双跃.安全评价[M].北京:冶金工业出版社,2010.

[12] 刘铁民,张兴凯,刘功智.安全评价方法应用指南[M].北京:化学工业出版社,2005.

[13] 刘铁民.地下工程安全评价[M].北京:科学出版社,2005.

[14] 罗云.注册安全工程师手册[M].北京:化学工业出版社,2004.

[15] 孙世梅,张智超.安全评价[M].北京:中国建筑工业出版社,2016.

[16] 王凯全.危险化学品安全评价方法[M].北京:中国石化出版社,2010.

[17] 王起全,徐德蜀.安全评价操作实务[M].北京:气象出版社,2009.

[18] 王起全.安全评价[M].北京:化学工业出版社,2015.

[19] 魏新利.工业生产过程安全评价[M].北京:化学工业出版社,2007.

[20] 吴令,周波.鱼刺图评价法在尾矿库溃坝事故中的应用[J].价值工程,2012,31(2):280-281.

[21] 吴宗之,高进东,张兴凯.工业危险辨识与评价[M].北京:气象出版社,2000.

[22] 吴宗之.危险评价方法及其应用[M].北京:冶金工业出版社,2001.

[23] 伍爱友,彭新,周波,等.防火与防爆技术[M].北京:国防工业出版社,2014.

[24] 谢红卫,孙志强,李欣欣,等.典型人因可靠性分析方法评述[J].国防科技大学学报,2007,29(2):101-107.

[25] 谢正文,周波,李薇.安全管理基础[M].北京:国防工业出版社,2010.

[26] 徐志胜.安全系统工程[M].北京:机械工业出版社,2007.

[27] 阎春宁.风险管理学[M].上海:上海大学出版社,2002.

[28] 张乃禄.安全评价技术[M].3版.西安:西安电子科技大学出版社,2016.

[29] 赵耀江.安全评价理论与方法[M].北京:煤炭工业出版社,2008.

[30] 中国就业培训技术指导中心,中国安全生产协会.安全评价常用法律法规[M].北京:中国劳动社会保障出版社,2010.

[31] 中国就业培训技术指导中心,中国安全生产协会. 安全评价师[M]. 北京:中国劳动社会保障出版社,2010.
[32] 周波,谭芳敏. 安全管理[M]. 北京:国防工业出版社,2015.
[33] 周波,张国枢,曾宪禄,等. 我国城市重大危险源管理探讨[J]. 工业安全与环保,2006,32(5):56-58
[34] 周波. 安全评价技术[M]. 北京:国防工业出版社,2012.
[35] 周波. 城市重大危险源管理系统研究[D]. 淮南:安徽理工大学,2006.
[36] 周波. 危化企业安全评价工作现状分析[J]. 淮南职业技术学院学报,2016,16(1):1-4.
[37] 周波. 我国安全评价工作中存在的问题及对策分析[J]. 安全,2013(8):18-21.
[38] 周波,肖家平,骆大勇. 安全评价技术[M]. 徐州:中国矿业大学出版社,2018.
[39] 朱宝轩. 化工安全技术基础[M]. 北京:化学工业出版社,2008.